"十四五"职业教育国家规划教材

浙江省普通高校新形态教材项目
三菱电机工业自动化系列教材

工业机器人应用技术

主　编　黄金梭　沈正华
副主编　杨弟平　张乐超
参　编　程向娇　苏绍兴　王哲禄

机 械 工 业 出 版 社

本书共 5 个项目，分别为创建工业机器人虚拟仿真工作站、工业机器人虚拟工作站的仿真操作、工业机器人工作站的离线编程与虚拟仿真、工业机器人圆形码垛工作站的现场编程与实操以及工业机器人上下料工作站的现场编程与实操。教材内容既有虚拟仿真项目，又有现场实操项目，既有理论知识学习，又有实践技能训练，主动适应了"学中做、做中学"的教学方法改革。

本书将虚拟工作站资源包、视频、动画、课件和图片等数字资源，特别是教材中许多无法用"图片+文字"方式描述清楚的内容以二维码形式嵌在相关知识点旁，读者通过扫描二维码即可直观明了地观看操作视频讲解、示范和动画演示，实现了线上、线下相结合的教学新模式。

本书适合高等职业院校和应用型本科院校工业机器人技术、机电一体化技术和电气自动化技术等相关专业作为"工业机器人应用技术""工业机器人综合应用"或"工业机器人技术基础"等课程的教材，也可以作为工业机器人系统集成工程师的职业技能培训、自学的参考资料。

图书在版编目（CIP）数据

工业机器人应用技术/黄金梭，沈正华主编.—北京：机械工业出版社，2019.6
（2025.1 重印）

三菱电机工业自动化系列教材

ISBN 978-7-111-62789-0

Ⅰ.①工…　Ⅱ.①黄…　②沈…　Ⅲ.①工业机器人-高等学校-教材

Ⅳ.①TP242.2

中国版本图书馆 CIP 数据核字（2019）第 119104 号

机械工业出版社（北京市百万庄大街22号　邮政编码　100037）
策划编辑：汤　枫　责任编辑：汤　枫　尚　晨
责任校对：张艳霞　责任印制：张　博

北京建宏印刷有限公司印刷

2025 年 1 月第 1 版·第 8 次印刷
184mm×260mm·17.5 印张·429 千字
标准书号：ISBN 978-7-111-62789-0
定价：55.00 元

电话服务 网络服务
客服电话：010-88361066　　机 工 官 网：www.cmpbook.com
　　　　　010-88379833　　机 工 官 博：weibo.com/cmp1952
　　　　　010-68326294　　金 书 网：www.golden-book.com
封底无防伪标均为盗版　　机工教育服务网：www.cmpedu.com

关于"十四五"职业教育
国家规划教材的出版说明

为贯彻落实《中共中央关于认真学习宣传贯彻党的二十大精神的决定》《习近平新时代中国特色社会主义思想进课程教材指南》《职业院校教材管理办法》等文件精神，机械工业出版社与教材编写团队一道，认真执行思政内容进教材、进课堂、进头脑要求，尊重教育规律，遵循学科特点，对教材内容进行了更新，着力落实以下要求：

1. 提升教材铸魂育人功能，培育、践行社会主义核心价值观，教育引导学生树立共产主义远大理想和中国特色社会主义共同理想，坚定"四个自信"，厚植爱国主义情怀，把爱国情、强国志、报国行自觉融入建设社会主义现代化强国、实现中华民族伟大复兴的奋斗之中。同时，弘扬中华优秀传统文化，深入开展宪法法治教育。

2. 注重科学思维方法训练和科学伦理教育，培养学生探索未知、追求真理、勇攀科学高峰的责任感和使命感；强化学生工程伦理教育，培养学生精益求精的大国工匠精神，激发学生科技报国的家国情怀和使命担当。加快构建中国特色哲学社会科学学科体系、学术体系、话语体系。帮助学生了解相关专业和行业领域的国家战略、法律法规和相关政策，引导学生深入社会实践、关注现实问题，培育学生经世济民、诚信服务、德法兼修的职业素养。

3. 教育引导学生深刻理解并自觉实践各行业的职业精神、职业规范，增强职业责任感，培养遵纪守法、爱岗敬业、无私奉献、诚实守信、公道办事、开拓创新的职业品格和行为习惯。

在此基础上，及时更新教材知识内容，体现产业发展的新技术、新工艺、新规范、新标准。加强教材数字化建设，丰富配套资源，形成可听、可视、可练、可互动的融媒体教材。

教材建设需要各方的共同努力，也欢迎相关教材使用院校的师生及时反馈意见和建议，我们将认真组织力量进行研究，在后续重印及再版时吸纳改进，不断推动高质量教材出版。

机械工业出版社

前　　言

工业机器人作为一种柔性、高效、可靠、可直接执行动作的可编程自动化设备，是企业进行生产自动化改造、实现转型升级的最佳选择之一。工业机器人应用型人才是我国近几年新兴战略产业的紧缺急需人才类型之一，由于专业技术新、课程建设经验不足及配套教材缺乏，高等职业教育在其职业能力的培养上面临着巨大的挑战，工业机器人的应用及其行业的发展遇到了工业机器人应用型人才的结构型矛盾和人才缺失问题，掌握工业机器人应用技术的应用型人才已经出现较大缺口。

本书就是在上述背景下，经过本校 6 年的不断使用改进后正式出版的。本书凝聚了团队在工业机器人应用领域十余年的真实企业项目研发与教育教学改革的心得体会和成果积累，成功获评"十三五"职业教育国家规划教材、浙江省普通高校"十三五"新形态教材。

在内容选用上，本书具有以下 4 个特色：

1）**既有专业理论知识讲解，又有典型工作任务指导，体现了高等职业教育的高教性和职业性**。本书以高职学生的认知特点及职业需求为出发点，阐述必要的工业机器人原理知识和技术手册内容。同时，又设计了 20 个工业机器人应用的典型工作任务，通过这些实训任务的演练，对上述知识、方法和手册资料加以实践应用和实验验证。

2）**既有通用的基础原理知识，又有具体的技术手册内容，做到了"有所取舍、二次加工和有机整合"**。书中针对性地选取了一些必要的工业机器人基础原理知识，并对这些知识进行了二次加工处理，配了大量的分析图，并简化了原理分析的公式。将"抽象深奥"化为"通俗易懂"。又结合三菱工业机器人的应用需要，融入了常用的技术手册内容，例如机器人本体结构、控制器接线和编程语言语法。最终，将工业机器人基础原理知识与技术手册内容有机地整合在一起。

3）**既有虚拟仿真项目，又有真实操作项目，为典型工作任务的实施提供了多样化的训练载体**。书中的虚拟仿真项目实训不需要依赖真实设备，非常适合初级人员作为入门学习之用。书中的真实操作项目需要在现场环境中开展，是为进一步提升工业机器人应用人员的实战能力而设计的。

以上 3 个特点主动适应了"学中做、做中学"的教学方法改革。

4）**既有静态的文本内容，又嵌入动态的教学资源，彰显了"互联网+"信息化技术的新形态立体化设计**。本书将丰富多样的配套教学资源库以二维码的方式嵌入书中。书中许多无法用"图片+文字"方式描述清楚的内容，通过扫描二维码，操作视频讲解、动画演示即可被直观展示，不仅可以让抽象、深奥、乏味的知识变得形象、直观、生动，而且结合虚拟仿真项目内容，可以有效支撑"线上、线下相结合"教学模式的开展。

在组织编排上，为了提高学习的趣味性，通过以项目为载体的方式设计若干学习情境；遵循先易后难、循序渐进的学习规律，全书共设计了 5 个不同复杂程度的项目；按照项目实施的步骤，每个项目均设置有一系列前后关联的典型工作任务以及所需的知识模块；每个工作任务可作为独立的教学单元；最终，全书以"项目+任务+知识"的结构呈现，非常适合"学中做、做中学"的教学方法，更加体现了用知识指导实践、解决问题的科学方法，有助于培养学生严谨的工作作风，为其今后的创新应用奠定基础。

本书由高校"双师"型教师和三菱电机自动化（中国）有限公司的工程师"双元"合作开发，是校企深度融合、长期合作的成果，也是"双高校"高水平专业群的一项重要建设成果。

建议在完成"线性代数""电工电子""SolidWorks 三维建模"等前导课程后，再开始本课程的学习。

本书建议采用 92 学时开展相关课程的教学活动。具体学时分配建议见下表：

序　号	内　容	建议学时
1	创建工业机器人虚拟仿真工作站	12
2	工业机器人虚拟工作站的仿真操作	16
3	工业机器人工作站的离线编程与虚拟仿真	20
4	工业机器人圆形码垛工作站的现场编程与实操	20
5	工业机器人上下料工作站的现场编程与实操	24

本书由黄金梭、沈正华担任主编，杨弟平、张乐超担任副主编。项目 2 整章、项目 3 整章以及项目 4 的部分实训任务、项目 5 的部分知识、实训任务由黄金梭编写；项目 4 的知识部分由沈正华编写；项目 4 的实训任务 4.1 由杨弟平编写；项目 1、实训任务 4.2 由程向娇编写；项目 5 的知识 5.1、知识 5.2 由张乐超编写；项目 5 的知识 5.3、知识 5.4 由王哲禄编写；苏绍兴审阅了全书，并对本书的错误提出了改正意见。在本书编写过程中，三菱电机自动化（中国）有限公司提供了许多宝贵的经验和建议，并提供了大量的素材，对教材的编写工作给予了大力支持及指导；温州职业技术学院的 2015 级自动化专业学生参与了教学素材的制作工作。在此一并表示感谢。

因编者水平有限，书中难免有错漏之处，恳请读者批评指正。

编　者

目　　录

前言

项目1　创建工业机器人虚拟仿真工作站 ················· 1

　　相关知识 ··············· 1

　　　知识 1.1　机器人离线编程与虚拟仿真概述 ··············· 1

　　　　1.1.1　离线编程与虚拟仿真的概念 ··············· 1

　　　　1.1.2　三菱工业机器人离线编程与仿真系统的构成 ··············· 1

　　　　1.1.3　三菱工业机器人离线编程与仿真系统的软件安装 ··············· 2

　　　知识 1.2　机器人虚拟零部件的制作规范 ··············· 3

　　　　1.2.1　虚拟零部件概述 ··············· 3

　　　　1.2.2　虚拟终端执行器的制作规范 ··············· 5

　　　　1.2.3　虚拟工件的制作规范 ··············· 10

　　　　1.2.4　虚拟行走台的制作规范 ··············· 10

　　　知识 1.3　机器人工作站管理 ··············· 11

　　　　1.3.1　机器人管理软件 RT ToolBox3 界面与功能介绍 ··············· 11

　　　　1.3.2　通信服务器 ··············· 17

　　　　1.3.3　机器人虚拟仿真器 MELFA Works 的界面与功能介绍 ··············· 22

　　　　1.3.4　工业机器人工作站的文件构成 ··············· 28

　　实训任务 ··············· 29

　　　实训任务 1.1　安装三菱工业机器人离线编程与虚拟仿真系统 ··············· 29

　　　　一、任务分析 ··············· 29

　　　　二、相关知识链接 ··············· 30

　　　　三、任务实施 ··············· 30

　　　实训任务 1.2　创建虚拟零部件 ··············· 30

　　　　一、任务分析 ··············· 30

　　　　二、相关知识链接 ··············· 30

　　　　三、任务实施 ··············· 30

　　　实训任务 1.3　虚拟工业机器人工作站的创建与装配 ··············· 31

　　　　一、任务分析 ··············· 31

　　　　二、相关知识链接 ··············· 32

　　　　三、任务实施 ··············· 32

项目2　工业机器人虚拟工作站的仿真操作 ··············· 33

　　相关知识 ··············· 33

　　　知识 2.1　机器人坐标系的构成及数学表示 ··············· 33

　　　　2.1.1　空间点的表示 ··············· 33

2.1.2　空间向量的表示 ……………………………… 33

2.1.3　坐标系的表示 ………………………………… 35

2.1.4　工业机器人坐标系的分类及作用 …………… 36

知识 2.2　机器人坐标系的运动变换与数学运算 ………… 36

2.2.1　坐标系的运动和变换矩阵 …………………… 37

2.2.2　坐标系的齐次坐标变换 ……………………… 39

2.2.3　机器人坐标系中的各种变换 ………………… 42

2.2.4　机器人位置数据的定义与运算 ……………… 50

知识 2.3　机器人本体结构介绍 …………………………… 53

知识 2.4　机器人 JOG 操作介绍 …………………………… 54

2.4.1　JOG 控制方式 ………………………………… 54

2.4.2　机器人本体的运动限制 ……………………… 57

知识 2.5　工业机器人编程概述 …………………………… 58

知识 2.6　机器人程序文件的概念 ………………………… 59

知识 2.7　机器人程序文件的创建 ………………………… 60

知识 2.8　机器人程序文件的下载 ………………………… 61

知识 2.9　插槽内机器人程序文件的处理 ………………… 62

实训任务 ……………………………………………………… 65

实训任务 2.1　认识工业机器人的直交 JOG 与 Base 参数 …… 65

一、任务分析 ……………………………………… 65

二、相关知识链接 ………………………………… 65

三、任务实施 ……………………………………… 65

实训任务 2.2　认识工业机器人的工具 JOG 与 Tool 参数 …… 67

一、任务分析 ……………………………………… 67

二、相关知识链接 ………………………………… 67

三、任务实施 ……………………………………… 67

实训任务 2.3　手动控制机器人装配作业 ……………… 69

一、任务分析 ……………………………………… 69

二、相关知识链接 ………………………………… 69

三、任务实施 ……………………………………… 69

实训任务 2.4　自动控制机器人装配作业 ……………… 72

一、任务分析 ……………………………………… 72

二、相关知识链接 ………………………………… 73

三、任务实施 ……………………………………… 73

项目 3　工业机器人工作站的离线编程与虚拟仿真 …………… 77

相关知识 ……………………………………………………… 77

知识 3.1　机器人编程语言概述 …………………………… 77

知识 3.2　标识符 …………………………………………… 78

知识 3.3　注释 ……………………………………………… 78

知识 3.4　数据 ……………………………………………………… 78

　　3.4.1　常量 ……………………………………………………… 79

　　3.4.2　变量 ……………………………………………………… 81

知识 3.5　运算 ……………………………………………………… 85

知识 3.6　标签 ……………………………………………………… 87

知识 3.7　指令 ……………………………………………………… 87

　　3.7.1　机器人动作的控制 ………………………………………… 87

　　3.7.2　程序分支控制 ……………………………………………… 100

　　3.7.3　程序循环控制 ……………………………………………… 106

　　3.7.4　子程序调用控制 …………………………………………… 107

　　3.7.5　各种定义指令 ……………………………………………… 110

知识 3.8　状态变量 ………………………………………………… 117

　　3.8.1　机器人位置相关的状态变量 ……………………………… 117

　　3.8.2　坐标位置相关的状态变量 ………………………………… 118

　　3.8.3　速度、加速度相关的状态变量 …………………………… 119

　　3.8.4　系统状态相关的状态变量 ………………………………… 120

　　3.8.5　其他状态变量 ……………………………………………… 121

知识 3.9　函数 ……………………………………………………… 121

　　3.9.1　数值函数 …………………………………………………… 121

　　3.9.2　三角函数 …………………………………………………… 122

　　3.9.3　字符串函数 ………………………………………………… 123

　　3.9.4　位置变量函数 ……………………………………………… 124

实训任务 …………………………………………………………… 126

实训任务 3.1　机器人拧螺钉虚拟工作站的离线编程与虚拟仿真 …… 126

　　一、任务分析 ……………………………………………………… 126

　　二、相关知识链接 ………………………………………………… 126

　　三、任务实施 ……………………………………………………… 127

　　四、任务拓展 ……………………………………………………… 131

实训任务 3.2　机器人立体仓库工作站的离线编程和虚拟仿真 …… 132

　　一、任务分析 ……………………………………………………… 132

　　二、相关知识链接 ………………………………………………… 132

　　三、任务实施 ……………………………………………………… 132

实训任务 3.3　工具坐标系测算 …………………………………… 139

　　一、任务分析 ……………………………………………………… 139

　　二、相关知识分析 ………………………………………………… 139

　　三、任务实施 ……………………………………………………… 144

实训任务 3.4　工件坐标系测算 …………………………………… 148

　　一、任务分析 ……………………………………………………… 148

　　二、相关知识分析 ………………………………………………… 149

　　　三、任务实施 ·· 151
项目 4　工业机器人圆形码垛工作站的现场编程与实操 ·································· 157
　相关知识 ·· 157
　　知识 4.1　三菱工业机器人系统的构成 ·· 157
　　知识 4.2　三菱工业机器人本体及其技术参数 ··· 160
　　知识 4.3　三菱工业机器人控制器及接线回路 ··· 164
　　　4.3.1　CRnD 系列控制器相关知识 ··· 165
　　　4.3.2　CR700 系列机器人控制器 ·· 168
　　　4.3.3　CR800 系列机器人控制器 ·· 171
　　知识 4.4　三菱工业机器人示教盒的面板构成与功能 ···································· 172
　　知识 4.5　工业机器人抓手专用控制 ··· 177
　　　4.5.1　抓手专用的电气回路 ··· 177
　　　4.5.2　抓手专用的参数设置 ··· 180
　　　4.5.3　抓手专用的示教盒控制 ··· 180
　　知识 4.6　机器人本体的关节原点设置 ·· 181
　实训任务 ·· 182
　　实训任务 4.1　手动控制机器人搬运物体 ·· 182
　　　一、任务分析 ··· 182
　　　二、相关知识链接 ··· 182
　　　三、任务实施 ··· 183
　　实训任务 4.2　码垛工作站的电气设计与连接 ·· 189
　　　一、任务分析 ··· 189
　　　二、相关知识链接 ··· 191
　　　三、任务实施 ··· 191
　　实训任务 4.3　机器人搬运单个工件——延时方式 ······································ 196
　　　一、任务分析 ··· 196
　　　二、相关知识链接 ··· 196
　　　三、任务实施 ··· 197
　　　四、任务拓展 ··· 199
　　实训任务 4.4　机器人搬运单个工件——传感器检测方式 ······························ 199
　　　一、任务分析 ··· 199
　　　二、相关知识链接 ··· 199
　　　三、任务实施 ··· 199
　　　四、任务拓展 ··· 202
　　实训任务 4.5　机器人循环码垛多个工件——传感器检测方式 ························ 204
　　　一、任务分析 ··· 204
　　　二、相关知识链接 ··· 205
　　　三、任务实施 ··· 205
　　　四、任务拓展 ··· 208

项目5 工业机器人上下料工作站的现场编程与实操 ……………………………… 211

  相关知识 ……………………………………………………………………… 211

    知识5.1 机器人并行I/O扩展板 ………………………………………… 211

      5.1.1 板卡简要介绍 ………………………………………………… 211

      5.1.2 板卡外部接头及连接电缆的引脚定义 ……………………… 212

      5.1.3 电气规格与回路连接 ………………………………………… 214

    知识5.2 多任务处理功能 ………………………………………………… 217

      5.2.1 多任务处理功能的基本概念 ………………………………… 217

      5.2.2 多任务处理功能的使能设置 ………………………………… 218

      5.2.3 多任务处理功能的基本类型 ………………………………… 218

    知识5.3 全局变量 ………………………………………………………… 230

    知识5.4 机器控制权 ……………………………………………………… 231

  实训任务 ……………………………………………………………………… 232

    实训任务5.1 上下料工作站之电气设计与连接 ………………………… 232

      一、任务分析 ……………………………………………………… 232

      二、相关知识链接 ………………………………………………… 234

      三、任务实施 ……………………………………………………… 234

    实训任务5.2 上下料工作站之系统状态控制 …………………………… 236

      一、任务分析 ……………………………………………………… 236

      二、相关知识链接 ………………………………………………… 236

      三、任务实施 ……………………………………………………… 237

    实训任务5.3 上下料工作站之供料单元控制 …………………………… 243

      一、任务分析 ……………………………………………………… 243

      二、相关知识链接 ………………………………………………… 244

      三、任务实施 ……………………………………………………… 244

      四、任务拓展 ……………………………………………………… 250

    实训任务5.4 上下料工作站之挤压机单元控制 ………………………… 250

      一、任务分析 ……………………………………………………… 250

      二、相关知识链接 ………………………………………………… 251

      三、任务实施 ……………………………………………………… 251

      四、任务拓展 ……………………………………………………… 256

    实训任务5.5 上下料工作站之机器人本体控制 ………………………… 257

      一、任务分析 ……………………………………………………… 257

      二、相关知识链接 ………………………………………………… 257

      三、任务实施 ……………………………………………………… 258

      四、任务拓展 ……………………………………………………… 266

参考文献 ………………………………………………………………………… 267

项目1 创建工业机器人虚拟仿真工作站

相关知识

知识 1.1 机器人离线编程与虚拟仿真概述

1.1.1 离线编程与虚拟仿真的概念

离线编程与虚拟仿真是指借助计算机图形学的成果，建立机器人及其外围环境的虚拟模型，再通过相应的编程语言，转化成一定的规划与算法，通过对虚拟模型的图形进行控制和操作，来实现虚拟机器人系统的编程控制和运动仿真效果。利用工业机器人的离线编程与模拟仿真功能，能够在不依赖现场设备的条件下，借助计算机中的虚拟工业机器人及其外围环境模型，模拟工业机器人的现场编程操作和作业。机器人离线编程具有以下优点：

1）效果形象直观，便于学习者细致观察机器人动作和理解抽象概念。

2）操作过程安全便捷，环境优越。现场操作具有一定的危险性，而工业机器人往往在比较恶劣的环境中作业。

3）不占用工业机器人作业时间，提高工业机器人的使用率。在计算机上对下一个作业任务进行离线编程和作业仿真时，机器人不需要停机，仍可在生产线上作业。

4）便于实现更加复杂作业任务的程序设计。

5）便于开展机器人作业系统集成的一体化设计。

1.1.2 三菱工业机器人离线编程与仿真系统的构成

MELFA Works 是一个运行在 SolidWorks 软件环境下的插件，借助该插件可进行虚拟工业机器人系统构建、工业机器人动作的模拟控制和参数设置等诸多项目的模拟仿真操作。由于 MELFA Works 是 SolidWorks 中的一个插件，因此，可方便地使用由 SolidWorks 创建的各种虚拟零部件作为虚拟工业机器人的各种外围设备，比如虚拟终端执行器、虚拟工件等。另外，机器人编程软件 RT ToolBox 也可以像链接真实机器人控制器一样，链接至 MELFA Works 中的虚拟控制器。通过 RT ToolBox 可实现对 MELFA Works 中的虚拟控制器进行程序编程、参数设置等虚拟操作。借助 MELFA Works、RT ToolBox 还可以对 SolidWorks 环境中的虚拟机器人本体进行操作，如虚拟机器人本体当前位置的读取、虚拟示教盒操控等。三菱工业机器人离线编程与虚拟仿真系统总览如图 1-1 所示。

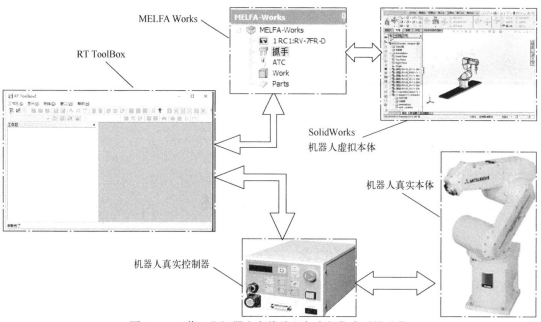

图 1-1　三菱工业机器人离线编程与虚拟仿真系统总览

1.1.3　三菱工业机器人离线编程与仿真系统的软件安装

在计算机上必须先安装 SolidWorks 软件后，再安装 RT ToolBox 软件，才能正常使用 MELFA Works。

1. SolidWorks 的安装

软件版本要求：SolidWorks 2010~2018。上述各版本均已被确认可以正常操作；同样，更高版本也是可以使用的。需要注意的是，高版本 SolidWorks 创建的文件无法被低版本 SolidWorks 软件打开。

计算机安装要求：为了获得流畅的视觉体验，建议优化对计算机显卡的配置，例如，独立显卡、提高显卡内存、提高显卡处理速度等。安装 SolidWorks 计算机配置不能低于表 1-1 所示的要求。

表 1-1　SolidWorks 计算机安装要求

计算机要求	版本	SolidWorks 2015	SolidWorks 2016	SolidWorks 2017
操作系统	Windows10，64 位	√	√	√
	Windows8.1，64 位	√	√	√
	Windows8.2，64 位	√	×	×
	Windows7 SP1，64 位	√	√	√
硬件	内存	8 GB 以上		
	磁盘空间	3 GB 以上		
	显卡	独立显卡和驱动		
	处理器	英特尔或 AMD，支持 SSE2，64 位操作系统		

SolidWorks 安装：请参考 SolidWorks 安装与管理指南。

2. RT ToolBox3 的安装

本书只介绍 RT ToolBox3 Pro 1.01B 及以后版本安装的有关知识。

计算机安装要求：如果需要安装 RT ToolBox 软件，配置不能低于表 1-2 所示的要求。

表 1-2　RT ToolBox 的计算机安装要求

项 目	推 荐 环 境
CPU	1）Mini/标准版： 英特尔 ＊ Core™ 2Duo 处理器 2 GHz 以上 标准版中多台启动时的模拟： 英特尔 ＊ Core™ i7 系列以上 VRAM 1 GB 以上的显卡 2）专业版： 需要 SolidWorks 运行时，参考 SolidWorks 要求的操作环境
主内存	
硬盘	1）Mini/标准版： 32 位操作系统要求 1 GB 以上；64 位操作系统要求 2 GB 以上 2）专业版： 需要 SolidWorks 运行时，参考 SolidWorks 要求的操作环境
虚拟内存	RT ToolBox3 运行时需要 512 MB 以上
显示器	XGA（1024×768 像素）以上
通信功能 通信端口	USB2.0 LAN：100Base-TX/10Base-T RS-232 端口：最低波特率 9600 bit/s
操作系统	需要 SolidWorks 2016 以上版本工作时，操作系统必须是 64 位 建议 Windows 7 及以上版本

知识 1.2　机器人虚拟零部件的制作规范

1.2.1　虚拟零部件概述

1. 虚拟零部件的种类

在虚拟工业机器人仿真作业中，存在以下 4 种类型的虚拟零部件，分别为①虚拟终端执行器（抓取型和加工型执行器）；②虚拟 ATC（Auto Tool Changer，自动换刀器）母体和工具；③虚拟工件；④虚拟行走台，如图 1-2 所示。有关上述虚拟零部件的详细内容，可参见 1.2.2~1.2.4 节。

二维码 1-1

2. 虚拟零部件的仿真特性

1）抓取型虚拟终端执行器：可以被装配在虚拟工业机器人本体末端法兰面上，具有随着工业机器人本体运动而运动的仿真效果；用于抓取虚拟工件，具有抓取工件一起运动的仿真效果。

二维码 1-2

2）加工型虚拟终端执行器：可以被装配在虚拟工业机器人本体末端法兰面上，具有随着工业机器人本体运动而运动的仿真效果；用于焊接、切割等

二维码 1-3

虚拟仿真作业，具有沿着工件上某一特定轨迹运动的仿真效果。

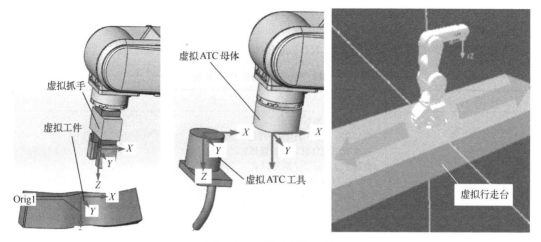

图 1-2　虚拟零部件举例

3）虚拟自动换刀器：自动换刀器母体（ATC Master）可以被装配在虚拟工业机器人本体末端法兰面上，并跟随机器人本体运动而运动。自动换刀器工具（ATC Tool）可被装配在自动换刀器母体上（此时，工具必须在母体200 mm 附近），并跟随机器人本体运动而运动；或从自动换刀器母体上移除。通过控制器置位或复位相应的 I/O 信号，可以实现工具的自动装配和移除动作。

二维码 1-4

4）虚拟工件：可以被抓取型虚拟终端执行器抓取，并跟随该终端执行器运动而运动。

5）虚拟行走台：可将多个虚拟机器人本体依次安装在行走台上，并控制机器人本体在行走台上的移动。

二维码 1-5

3. 虚拟零部件的文件语法结构

在 MELFA Works 中，由 SolidWorks 创建的 .sldprt 文件或由其他 CAD 软件创建且被 SolidWorks 转化为 .sldprt 后的文件，才能被正常识别为虚拟零部件而装配到虚拟工作站中使用。其他语法结构的模型文件，不能用来制作虚拟零部件，如装配体 .asm 文件。

二维码 1-6

4. 虚拟零部件的文件命名要求

一个虚拟零部件的文件名由"用户定义名"＋"_识别符"＋".sldprt"等构成。特别注意的是，文件名区分大小写。

其中，MELFA Works 通过识别符来区分该虚拟零部件是虚拟终端执行器还是虚拟工件；不同的识别符代表不同的虚拟零部件类型，具体如下：

虚拟终端执行器：xxx_Hand.sldprt；

虚拟工件：xxx_Work.sldprt；

虚拟自动换刀器母体：xxx_ToolATC.sldprt；

虚拟自动换刀器工具：xxx_MasterATC.sldprt；

虚拟行走台：xxx.sldprt。

其中，"xxx"表示用户定义名，由数字、中文字符、英文字母及可用符号（如"+""&"）等构成。虚拟行走台没有识别符。

5. 标识

在SolidWorks零部件中添加坐标系，并按照命名规则命名该坐标系后，成为MELFA Works的一个标识（Mark）。当虚拟零部件之间连接时，标识作为相对位置参考之用，如终端执行器安装或工件抓取，如图1-3所示。标识的使用详见各个虚拟零部件的制作规范中标识说明部分。

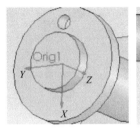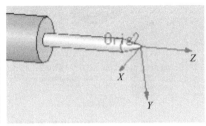

图1-3　终端执行器安装和工件抓取用标识

1.2.2　虚拟终端执行器的制作规范

MELFA Works可以识别并使用表1-3中所述的4种虚拟终端执行器。每个终端执行器必须添加一个连接用的标识Orig1，才能被顺利地装配在机器人本体末端法兰面或自动换刀器母体上。第2个标识略有不同。

表1-3　虚拟终端执行器类型

虚拟终端执行器类型		第1标识	第2标识	说　明
固定终端执行器	抓取型虚拟终端执行器	坐标系Orig1（机器人侧）	坐标系Pick1~Pick8（工件侧，抓取点）	直接被装配到机器人本体末端法兰面上。安装位置由终端执行器上的标识Orig1和机器人本体末端上的标识Orig2决定
	加工型虚拟终端执行器		坐标系Orig2（工件侧，处理点）	
虚拟自动换刀器	虚拟自动换刀器母体		坐标系Orig2（工具侧）	被装配在自动转换器母体上。安装位置由自动换刀器母体上的标识Orig2和自动换刀器上的标识Orig1决定
	虚拟自动换刀器工具	坐标系Orig1（自动换刀器母体侧）	坐标系Orig2（工件侧）	

1. 抓取型虚拟终端执行器的制作规范

（1）文件语法结构和文件名的命名

SolidWorks零件语法结构为xxx_Hand.sldprt。注意用户定义名与识别符之间需加下划线，其他语法结构不能制作虚拟终端执行器。例如，新建一个文件名为Pick1_Hand.sldprt的SolidWorks零件。

（2）标识的添加

第1标识：Orig1。利用SolidWorks在抓取型虚拟终端执行器的安装面上添加一个坐标系，并将该坐标系命名为Orig1（注意区分大小写），从而形成第1个标识Orig1，如图1-4所示；通过将该标识与机器人本体末端法兰面的

二维码1-7

二维码1-8

第2标识Orig2重合，从而实现将抓取型虚拟终端执行器固定在机器人本体末端法兰面上的目的。

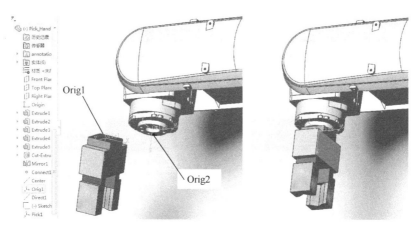

图1-4　抓取型虚拟终端执行器的第1标识

　　第2标识：Pick1~Pick8。利用SolidWorks在抓取型虚拟终端执行器1的抓取位上添加一个坐标系，并将该坐标系命名为Pick1（注意区分大小写），从而形成该终端执行器的第2个标识Pick1，如图1-5所示；MELFA Works通过将该标识与工件上的第1标识Orig1重合，从而实现抓取型虚拟终端执行器抓取工件的目的。一个机器人本体上最多只能安装8只抓取型虚拟终端执行器，可以依次为每个虚拟终端执行器添加Pick2~Pick8第2标识，如图1-6所示。

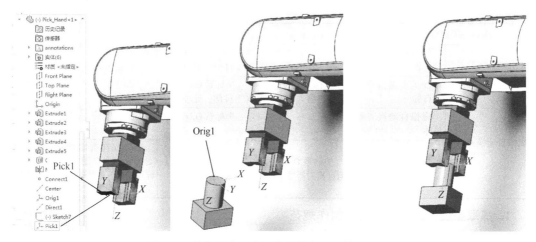

图1-5　单个抓取型虚拟终端执行器的第2标识

2. 加工型虚拟终端执行器的制作规范

（1）文件语法结构和文件名的命名

SolidWorks零件语法结构为xxx_Hand.sldprt。注意用户定义名与识别符之间需加下划线，其他语法结构不能制作虚拟终端执行器。例如，新建一个文件名为Welding_Hand.sldprt的SolidWorks零件。

二维码1-9

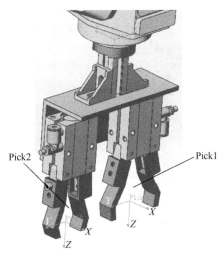

图 1-6　多终端执行器时第 2 标识的定义

（2）标识的添加

第 1 标识：Orig1。利用 SolidWorks 在加工型虚拟终端执行器的安装面上添加一个坐标系，并将该坐标系命名为 Orig1（注意区分大小写），从而形成第 1 个标识 Orig1，如图 1-7 所示；通过将该标识与机器人本体末端法兰面的第 2 标识 Orig2 重合，从而实现将加工型虚拟终端执行器固定在机器人本体末端法兰面上的目的。

二维码 1-10

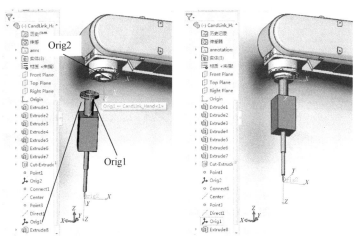

图 1-7　加工型虚拟终端执行器的第 1 标识

第 2 标识：Orig2。利用 SolidWorks 在加工型虚拟终端执行器 1 的加工点添加一个坐标系，并将该坐标系命名为 Orig2（注意区分大小写），从而形成该终端执行器的第 2 个标识 Orig2，如图 1-8 所示；MELFA Works 通过将该标识与工件上的轨迹重合，从而实现控制机器人沿着轨迹运动的目的。

3. 自动换刀器母体的制作规范

二维码 1-11

（1）文件语法结构和文件名的命名

SolidWorks 零件语法结构为 xxx_MasterATC. sldprt。注意用户定义名与识别符之间需加

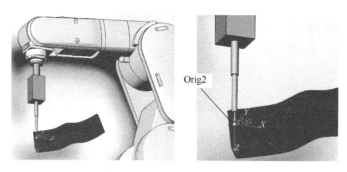

图 1-8　加工型虚拟终端执行器的第 2 标识

下划线，其他语法结构不能制作虚拟终端执行器。例如，新建一个文件名为"转盘_Master-ATC. sldprt"的 SolidWorks 零件。

（2）标识的添加

第 1 标识：Orig1。利用 SolidWorks 在自动换刀器母体（ATC Master）的安装面上添加一个坐标系，并将该坐标系命名为 Orig1（注意区分大小写），从而形成第 1 个标识 Orig1，如图 1-9 所示；通过将该标识与机器人本体末端法兰面的第 2 标识 Orig2 重合，从而实现将自动换刀器母体固定在机器人本体末端法兰面上的目的。

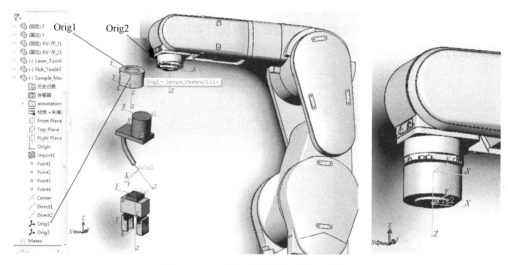

图 1-9　自动换刀器母体的第 1 标识

第 2 标识：Orig2。利用 SolidWorks 在自动换刀器母体的工具侧安装面添加一个坐标系，并将该坐标系命名为 Orig2（注意区分大小写），从而形成该自动换刀器母体的第 2 个标识 Orig2，如图 1-10 所示；MELFA Works 通过将该标识与自动换刀器工具上的第 1 个标识 Orig1 重合，从而实现控制自动换刀器母体抓取自动换刀器工具的目的。

4. 自动换刀器工具的制作规范

（1）文件语法结构和文件名的命名

SolidWorks 零件语法结构为 xxx_ToolATC. sldprt。注意用户定义名与识别符之间需加下划线，其他语法结构不能制作虚拟终端执行器。例如，新建一

二维码 1-12

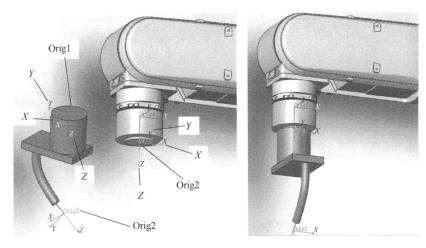

图 1-10　自动换刀器母体的第 2 标识

个文件名为"Pick_ToolATC. sldprt"的 SolidWorks 零件。

（2）标识的添加

第 1 标识：Orig1。利用 SolidWorks 在自动换刀器工具（ATC Toolr）的安装面上添加一个坐标系，并将该坐标系命名为 Orig1（注意区分大小写），从而形成第 1 个标识 Orig1，如图 1-11 所示；通过将该标识与自动转换器母体的第 2 标识 Orig2 重合，从而实现将自动换刀器工具连接在自动换刀器母体上的目的。

二维码 1-13

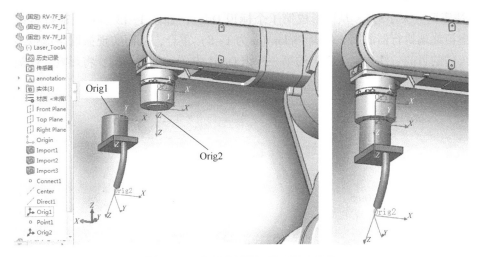

图 1-11　自动换刀器工具的第 1 标识

第 2 标识：Pick1～Pick8 或 Orig2。当自动换刀器工具为抓取型虚拟终端执行器时，其标识添加与功能参照抓取型虚拟终端执行器标识 Pick1～Pick8 的制作规范，抓取型虚拟终端执行器最多可以添加 8 个标识，即最多可以模拟抓取 8 个工件；如果自动换刀器工具为加工型虚拟终端执行器时，其标识的添加与功能参照加工型虚拟终端执行器标识 Orig2 的制作规范，加工型虚拟终端执行器最多可以添加 1 个标识。如图 1-12 所示。

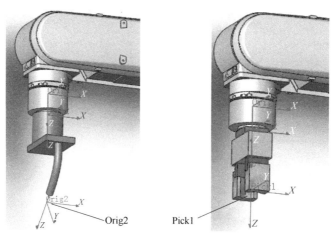

图 1-12   自动换刀器工具的第 2 标识

1.2.3   虚拟工件的制作规范

（1）文件语法结构和文件名的命名

SolidWorks 零件语法结构为 xxx_Work.sldprt。注意用户定义名与识别符之间需加下划线，其他语法结构不能制作虚拟零部件。例如，新建一个文件名为"工件 1_Work.sldprt"的 SolidWorks 零件。

二维码 1-14

（2）标识的添加

第 1 标识：Orig1。利用 SolidWorks 在工件上添加一个坐标系，并将该坐标系命名为 Orig1（注意区分大小写），从而形成第 1 个标识 Orig1，如图 1-13 所示；通过将该标识与抓取型虚拟终端执行器的第 2 标识 Pickn（n 为 1~8）重合，从而实现抓取型虚拟终端执行器抓取工件的目的。注意，工件上的第一标识 Orig1 设置的位置不同，将影响工件被抓手抓取时的位置。

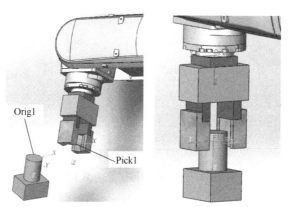

图 1-13   虚拟工件的第 1 标识

1.2.4   虚拟行走台的制作规范

虚拟行走台文件名没有识别符，但必须是 SolidWorks 中的零件文件，且内部必须至少建立一个标识 Robotn，也可以建立多个标识 Robot1 ~ Robotn。如图 1-14 所示。

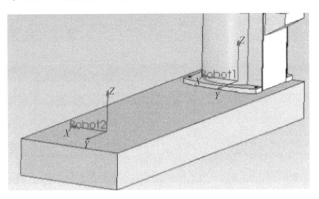

二维码 1-15

二维码 1-16

图 1-14　虚拟行走台的标识

知识 1.3　机器人工作站管理

1.3.1　机器人管理软件 RT ToolBox3 界面与功能介绍

RT ToolBox 是三菱工业机器人的管理软件，通过该软件可以管理工业机器人工作站、机器人工作站中的各个机器人工程，机器人工程中的程序、样条曲线数据和参数等，也可以监视机器人系统状态、维护保养机器人、校正 CAD 坐标系统与物理世界坐标系统等。下面简要介绍 RT ToolBox 软件的界面构成及其部分功能。

1. RT ToolBox 的启动

RT ToolBox3 软件安装完成后，会在桌面上出现如图 1-15a 所示的图标。双击该图标打开该软件。也可以从【开始】按钮→【所有程序】→【MELSOFT】中，选择【RT ToolBox3】图标，启动该软件，如图 1-15b 所示。

a)　　　　　　　　　　b)

图 1-15　RT ToolBox 软件图标

a) 桌面图标　b)【开始】图标

2. RT ToolBox 的初始界面

RT ToolBox 软件打开以后，会出现两个界面，分别是 RT ToolBox 和 Communication Server（通信服务器），如图 1-16 和图 1-17 所示。这两个界面在任务栏中的图标如图 1-18 所示。

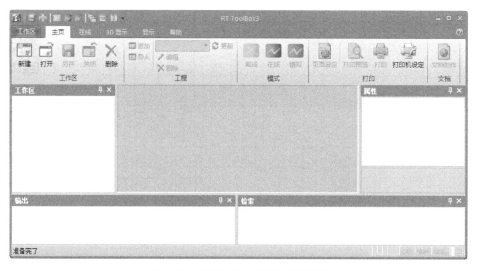

图 1-16　RT ToolBox 软件初始界面

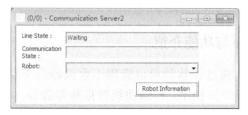

图 1-17　通信服务器界面

图 1-18　任务栏图标

其中，通信服务器是跟随 RT ToolBox 软件自动启动的，其功能是在模拟状态下连接虚拟控制器以及在真实环境下在线连接真实控制器。因此，在使用过程中不能结束通信服务器。

3. RT ToolBox 界面说明

RT ToolBox 的主界面构成如图 1-19 所示。下面对界面中与本节项目相关的构成部分及其功能做详细说明。

（1）标题栏

在标题栏位置可以执行一些操作，如改变界面大小、保存、打印、离线、在线、模拟和子界面窗口布局等，当然，这些操作也可以在各个菜单模块下的项目中找到；此外，标题栏还可以显示工作区当前信息，如工作区名、连接状态等。标题栏的构成与功能如图 1-20所示。

（2）菜单栏

在菜单栏区域集合了 RT ToolBox 软件中所有可以使用的操作功能，这些操作功能被分散在菜单栏的工作区、主页、在线、3D 显示、显示和帮助这 6 个菜单中，每个菜单中又有若干功能群组如图 1-21 所示；而且，菜单之间也会有一些相同的功能群组，例如，主页菜单中的模式功能群组在在线菜单中也能找到，如图 1-22 所示。

下面以功能群组为单元，对菜单栏中与本节项目相关的各个功能做详细介绍。

1）工作区功能群组。工作区功能群组由工作区新建、工作区打开、工作区另存、工作区关闭和工作区删除等功能构成。通过单击菜单栏的主页菜单或单击菜单栏的工作区菜单，

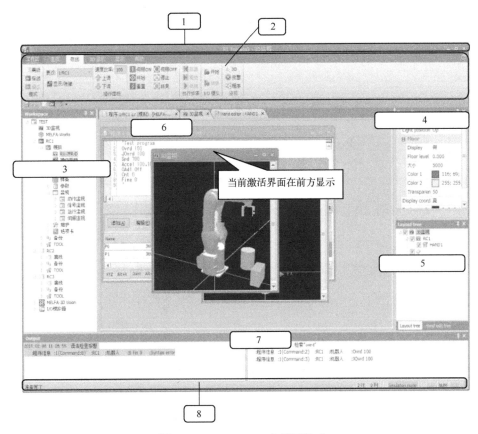

图 1-19 RT ToolBox 主界面构成

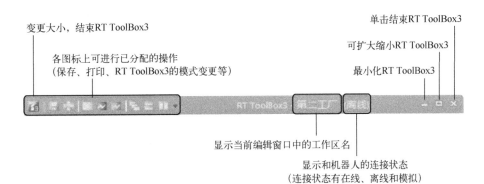

图 1-20 标题栏的构成与功能

图 1-21 菜单栏的构成与功能

可以找到工作区功能群组，如图 1-23 所示。

在初始界面中，可以新建、打开或删除工作区文件；在未打开工作区文件之前，无法

图1-22　在线菜单的群组构成

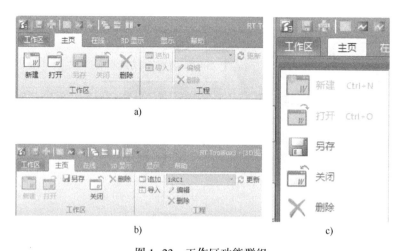

图1-23　工作区功能群组

a）初始界面　b）工作区打开界面时　c）工作区菜单下

使用另存和关闭功能；在工作区文件打开后的界面中，可以另存、关闭当前工作区，或删除当前打开的工作区以外的任意一个工作区文件。

2）工程功能群组。工程功能群组由工程追加、工程导入、工程编辑、工程更新和工程列表等几个功能构成。通过单击菜单栏的主页菜单可以找到该工程功能群组，如图1-24a所示；也可以通过工作区菜单中找到工程追加和工程导入功能按钮，如图1-24b所示。

图1-24　工程功能群组

a）主页菜单下的工程功能群组　b）工作区菜单下的部分工程群组

3）模式功能群组。模式功能群组由离线、在线和模拟等几个功能按钮构成。通过单击菜单栏的主页菜单可以找到该模式功能群组，如图1-25a所示；也可以通过在线菜单中找到该模式功能群组，如图1-25b所示。

图 1-25 模式功能群组

a）主页菜单下的模式功能群组 b）在线菜单下的模式功能群组

当前 RT ToolBox 处于离线模式时，可以切换至模拟或在线模式；当前 RT ToolBox 处于在线模式时，只能切换至离线模式；当前 RT ToolBox 处于模拟模式时，只能切换至离线模式。

（3）工程树

工程树中显示了当前工作区中添加的所有机器人工程，展开工程后可以显示该机器人工程树目录，包括机器人本体模型、虚拟控制器操作面板、程序、样条曲线数据、参数、监视、维护和选项卡等。机器人工程树目录内容会依据机器人处于离线、模拟、在线等模式的不同而略有变换，如图 1-26 所示。

图 1-26 工程树目录窗口

a）离线模式 b）模拟模式 c）在线模式

工程树窗口是一种可吸附浮动窗口，按住并拖动工程树的标题栏，可以移动工程树的位置；移至左右两边松开鼠标，可将工程树窗口吸附至软件的左右两侧。

在关闭工程树的情况下，单击菜单栏的【显示】→【工程树】，即可重新显示。

（4）属性窗口

属性窗口显示当前编辑窗口中的工作区的各种属性。单击工程树中的某一项目，属性窗口则会相应地显示其属性。例如，单击模拟工程，则属性窗口显示如图 1-27 所示的属性。该窗口是一种可拖动的吸附式浮动窗口。

（5）单独功能树

单独功能树是在 3D 监视等特定界面显示的情况下，显示专用的树。显示多个树时，可以通过切换选项卡来切换树的显示。该窗口是一种可拖动的吸附式浮动窗口，如图 1-28 所示。

图 1-27 属性窗口

图 1-28 单独功能树窗口

（6）各界面窗口

各界面窗口显示程序编辑界面和监视界面等，以及从工程树中启动的界面。当前激活的界面显示在最前面，如图 1-29 所示。

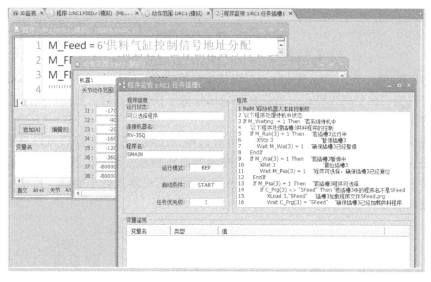

图 1-29　各界面窗口

单击界面右上方的 ▧ 按钮，则结束界面。单击界面右上方的 ▧ 按钮，可改变界面大小。如图 1-30 所示。

（7）输出窗口

输出窗口显示 RT ToolBox3 的事件日志与检索结果等。输出窗口有【输出】和【检索】两种类型窗口。

在【输出】窗口中，输出程序编辑的语法检查错误等的事件日志。如图 1-31 所示。

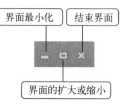

图 1-30　各界面窗口操作

图 1-31　输出窗口

在【检索】窗口中，输出程序编辑等的检索结果。如图 1-32 所示。

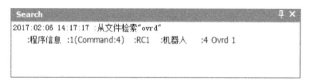

图 1-32　检索窗口

（8）状态栏

状态栏显示 RT ToolBox3 的状态信息，如当前 RT ToolBox 的模式、虚拟仿真的状态等，如图 1-33 所示。

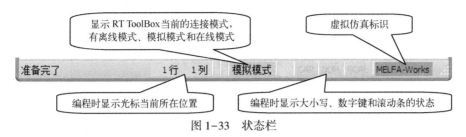

图 1-33 状态栏

1.3.2 通信服务器

1. 通信服务器 Communication Server2

RT ToolBox2 软件启动后，通信服务器也会跟随启动，在桌面任务栏上出现其图标，如图 1-34 所示。该通信服务器是用于在模拟状态下连接虚拟控制器以及作为客户端用于在线连接机器人系统。因此，在 RT ToolBox2 软件运行时不能结束通信服务器。

图 1-34 图标化的通信服务器

单击桌面任务栏上的通信服务器图标，弹出通信服务器对话框，如图 1-35 所示。在该对话框中可以看到软件和机器人的连接状态。

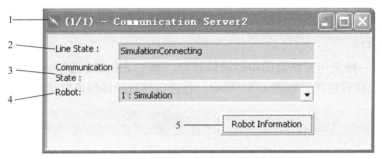

图 1-35 通信服务器对话框

（1）标题栏

标题栏（AA/BB）：AA 表示连接已建立的机器人控制器的台数，BB 表示切换成在线状态的工程的数量。

（2）端口状态

端口状态显示和机器人控制器之间的通信端口连接状况。状态颜色表示当前选中的机器人控制器的状态见表 1-4。

表 1-4 端口状态表

显　示	含　义	状 态 颜 色
连接中	和机器人控制器之间的连接已建立	蓝色
等待连接	RS-232 连接时，正在进行连接确认的通信 TCP/IP、USB 连接时，等待通信端口的连接	绿色

（续）

显　示	含　义	状态颜色
连接异常	RS-232 连接时，由于连接线的断裂，机器人控制器未启动，而不能检测出可以接收数据的信号时显示 TCP/IP、USB 连接时，通信端口不能打开时显示 USB 连接时，若 USB 驱动没有安装也会显示	红色
设定异常	RS-232 连接时，COM 端口不能打开时显示	红色
待机中	没有和机器人控制器连接	黄色

（3）通信状态

通信状态显示和机器人控制器之间的通信内容。

（4）机器人控制器

机器人控制器文本框变更要显示［端口状态］、［通信状态］的机器人控制器。该下拉菜单只显示处于在线或模拟状态的机器人控制器。

（5）连接机器人的系统信息

单击【Robot Information】图标，弹出连接机器人系统信息对话框，在该对话框中可以观察当前连接中的机器人系统的信息，如图1-36所示。

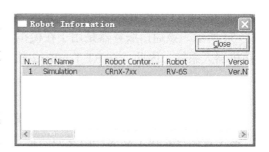

图1-36　连接机器人系统信息对话框

2. 通信方式介绍

（1）RS-232

RS-232 是一种使用控制器的串行通信接口、基于 RS-232 通信协议标准的通信方式，该通信方式的具体设定项目如图1-37所示，各设定项目的详细内容见表1-5。

图1-37　RS-232 的通信设定

表 1-5　RS-232 通信设定项目和初始值

项　　目	说　　明	初　始　值
端口号	可以选择 COM1～COM10	COM1
通信速度	从 4800 bit/s、9600 bit/s、19200 bit/s 中选择 ※ 只有和 CRnD-700 控制器连接的情况下，可以选择通信速度 38400 bit/s	960 bit/s
字符大小	7、8 都可以选择，但是请选择 8	8
奇偶性	可以选择 NON（无）、ODD（奇数）、EVEN（偶数）	EVEN
停止位	从 1、1.5、2 中选择	2
发送超时	发送时的超时时间 可以设定的范围[①]最小值：1000 msec 　　　　　　　　最大值：30000 msec	5000 msec
接收超时	接收时的超时时间 可以设定的范围[①]最小值：5000 msec 　　　　　　　　最大值：120000 msec	30000 msec
重试次数	通信重试次数 可以设定的范围[①]最小值：0 次 　　　　　　　　最大值：10 次	3 次
协议	可以选择 Non-Procedural（无步骤）、Procedural（有步骤）	Procedural（有步骤）

① 发送超时、接收超时、重试次数的可以设定范围，是指该软件 Ver.1.2 版本以后的限制功能。

为了进行高速且稳定的通信，请进行以下设定。

通信速度：19200 bit/s；

使用协议：Procedural（有步骤）。

此时，机器人控制器的通信设定也必须匹配。

（2）TCP/IP

TCP/IP 是一种直接使用控制器的以太网通信接口、基于 TCP/IP 通信协议标准的通信方式；TCP/IP 通信方式需要为每一台机器人指定 IP 地址，作为其所在局域网内的唯一身份，且不能重复，否则会产生 IP 地址冲突的错误。

该通信方式下的具体设定项目如图 1-38 所示，各设定项目的详细内容见表 1-6。

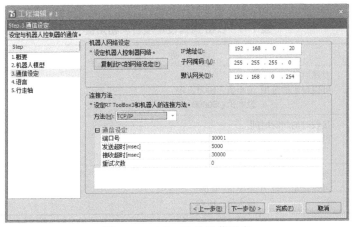

图 1-38　TCP/IP 的通信设定

表 1-6　TCP/IP 通信设定项目和初始值

项　目	说　明	初　始　值
IP 地址	设定需要连接的机器人控制器的 IP 地址	空白
端口号	通信中使用的端口编号	10001
发送超时	发送时的超时时间 可以设定的范围 最小值：1000 msec 　　　　　　　最大值：30000 msec	5000 msec
接收超时	接收时的超时时间 可以设定的范围 最小值：5000 msec 　　　　　　　最大值：120000 msec	30000 msec
重试次数	通信重试次数 可以设定的范围 最小值：0 次 　　　　　　　最大值：10 次	0 次

在控制器端的通信设定确定后，计算机端的 TCP/IP 网络通信设定（IP、子网掩码等）必须匹配。

注意：

1）同时连接 10 台以上机器人控制器的情况下，由于连接处理需要花大量的时间，所以接收超时时间需设定成大于 10000 msec 的数值。

2）指令行的行数>1600 时，接收超时时间需设定成大于 3000 msec 以上的数值。

（3）CRnQ

CRnQ 是在和 CR750-Q/CRnQ-700 系列控制器连接时，使用 PLC 的通用型 QCPU 和 Ethernet 接口模块来连接的通信方法。

该通信方式下的具体设定项目如图 1-39 所示。

在计算机 I/F 侧，使用 RS-232、USB 时，需连接到 PLC 的通用型 QCPU 模块的连接口中。使用 Ethernet 时，需连接到 PLC 的 Ethernet 接口模块或者 Ethernet 端口内置 QCPU 的连接口中。

（4）USB

USB 是一种直接使用控制器的 USB 通信接口、基于 USB 通信协议的通信方式。该通信方式的具体设定项目如图 1-40 所示，各设定项目的详细内容见表 1-7。

表 1-7　USB 通信设定项目和初始值

项　目	说　明	初　始　值
发送超时	发送时的超时时间 可以设定的范围 最小值：1000 msec 　　　　　　　最大值：30000 msec	5000 msec
接收超时	接收时的超时时间 可以设定的范围 最小值：5000 msec 　　　　　　　最大值：120000 msec	30000 msec
重试次数	通信重试次数 可以设定的范围 最小值：0 次 　　　　　　　最大值：10 次	3 次

将 USB 连接线连接到计算机时，有时会显示用于 USB 驱动安装的界面；此时，选择

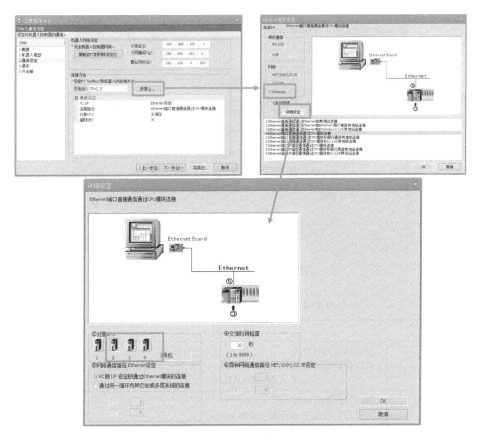

图 1-39 CRnQ 的通信设定

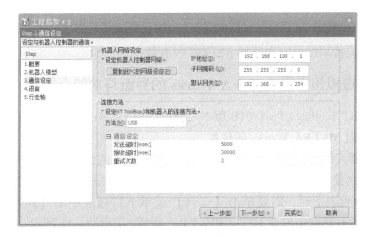

图 1-40 USB 的通信设定

"自动安装软件"(推荐),单击"下一步",直到安装完成即可。

（5）GOT

GOT 是 CR750-D/CRnD-700 系列机器人控制器和 GOT1000 系列触摸屏在 Ethernet 网络上连接的时候使用 GOT 的 RS-232 和 USB 的连接通信方法。该通信方式的具体设定项目如图 1-41 所示,各设定项目的详细内容见表 1-8。

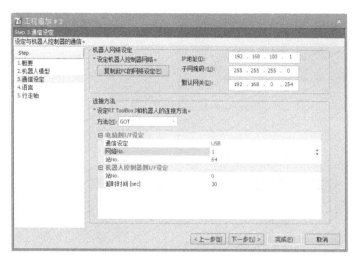

图 1-41　GOT 的通信设定

表 1-8　GOT 通信设定项目和初始值

项　　目	说　　明	初　始　值
发送超时	发送时的超时时间 可以设定的范围 最小值：1000 msec 最大值：30000 msec	5000 msec
接收超时	接收时的超时时间 可以设定的范围 最小值：5000 msec 最大值：120000 msec	30000 msec
重试次数	通信重试次数 可以设定的范围 最小值：0 次 最大值：10 次	3 次

COM 端口和波特率的设定在选择 RS-232 时有效。

1.3.3　机器人虚拟仿真器 MELFA Works 的界面与功能介绍

这里只介绍 RT ToolBox3 Pro1.01B 版本之后的 MELFA Works 插件界面及功能。

1. 虚拟仿真器 MELFA Works 的使能

三菱工业机器人的虚拟仿真器 MELFA Works 是以插件的形式运行在 SolidWorks 软件中的，因此，在初次使用 MELFA Works 时，或 RT ToolBox Pro 选项没有出现在 SolidWorks【工具】菜单下拉列表中时，需要单击【工具】菜单下拉列表中的【插件（D）...】选项，在弹出的插件设置对话框中勾选 RT ToolBox3 Pro 插件，如图 1-42 所示。之后，再次单击【工具】菜单的下拉列表，便可看见【RT ToolBox Pro】工具选项，如图 1-43 所示。

为了使机器人管理软件 RT ToolBox 能够连接机器人虚拟仿真器，必须先启动 SolidWorks 中的机器人虚拟仿真器，具体操作如下：单击【工具】菜单→【RT ToolBox Pro】选项→【Start】选项，启动 MELFA Works 仿真器，如图 1-44 所示。需要注意的是，在 SolidWorks 中启动机器人虚拟仿真器以前，必须先关闭 SolidWorks 中的所有窗口，否则，无法顺利启动该仿真器。

图 1-42 SolidWorks 插件设置

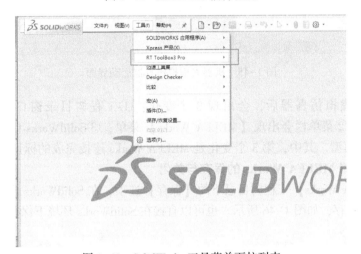

图 1-43 SolidWorks 工具菜单下拉列表

图 1-44 三菱工业机器人的虚拟仿真器 MELFA Works

2. 虚拟仿真器 MELFA Works 的启动

虚拟仿真器连接的前提条件有 2 个：①启动 SolidWorks 中的机器人虚拟仿真器 MELFA

Works；②RT ToolBox 进入模拟模式。

满足上述 2 个条件后，单击展开工程树目录下的【MELFA Works】选项，双击【开始】选项，连接机器人虚拟仿真器，如图 1-45 所示。

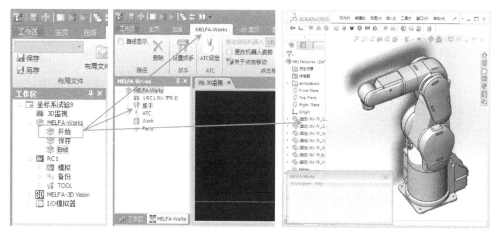

图 1-45　机器人虚拟仿真器启动界面

连接机器人虚拟仿真器后，会出现 3 个变化：①工程树目录窗口会出现"MELFA Works"工程树；②菜单栏会出现【MELFA Works】菜单；③SolidWorks 中会显示当前虚拟工业机器人三维模型。其中，第 3 个变化是 MELFA Works 连接完成的标识。

3. 虚拟仿真器 MELFA Works 的保存与关闭

双击【MELFA Works】工程树目录下的【保存】选项，在 SolidWorks 中的虚拟机器人工作站数据将会被保存，如图 1-46 所示。也可以直接在 SolidWorks 环境下保存机器人工作站。

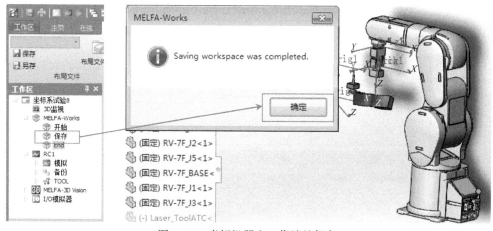

图 1-46　虚拟机器人工作站的保存

双击【MELFA Works】工程树目录下的【End】选项，在 SolidWorks 中的虚拟机器人工作站数据将会被移除，结束当前虚拟仿真，如图 1-47 所示。

4. MELFA Works 工程树

启动虚拟仿真器 MELFA Works 后，会在工程树窗口中出现 MELFA Works 工程树，如图 1-48 所示。

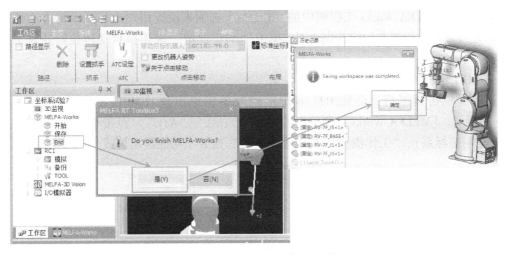

图 1-47 虚拟机器人工作站的关闭

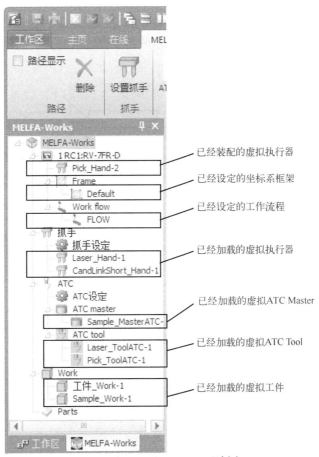

图 1-48 MELFA Works 工程树窗口

MELFA Works 工程树中显示了虚拟机器人工作站中已经设定的坐标系和作业流程、已经装配在虚拟工业机器人上的虚拟执行器和已经加载到虚拟工作站的所有抓取型虚拟终端执行器、虚拟 ATC Master、虚拟 ATC Tool、虚拟工件等。

通过单击 MELFA Works 工程树中的"Frame"选项来设置用户坐标系，单击"抓手设定"来连接虚拟执行器并设定控制 I/O，单击"ATC 设定"来连接自动转换器并设定控制 I/O 等。

5. MELFA Works 菜单

连接虚拟仿真器后，会在 RT ToolBox 的菜单栏中出现【MELFA Works】菜单，如图 1-49 所示。【MELFA Works】菜单由"路径""抓手""ATC""点击移动""布局""框架"（也叫坐标系）、"工作流程"和"干扰检查"这 8 个功能群组构成。

图 1-49　MELFA Works 菜单界面

6. 抓手设置窗口

双击图 1-48 所示【MELFA Works】工程树中的【抓手设定】选项或单击图 1-49 所示的【设置抓手】功能按钮，弹出如图 1-50 所示的抓手设置窗口。下面详细介绍窗口中各个部分的功能和使用方法。

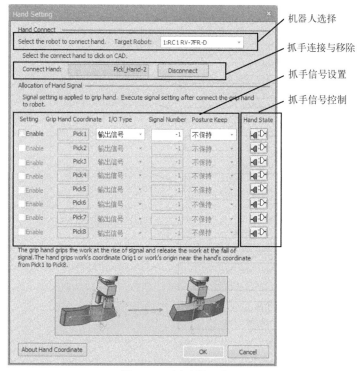

图 1-50　抓手设置窗口

（1）机器人选择

通过下拉抓手设置窗口中的【目标机器人列表】，可以显示当前工作区中所有被加载的机器人模型，选择其中一个机器人，作为抓手连接的对象。

（2）抓手连接与移除

有两个途径可以将虚拟抓手连接至虚拟机器人本体上。

方法一：单击抓手设置窗口中【抓手连接】选项框，激活抓手选择功能，然后直接从 SolidWorks 中或从 RT ToolBox 的【MELFA Works】工程树目录中双击目标抓手，当目标抓手名称出现在【连接抓手】选项框中时，抓手连接完成。如图 1-51 所示。

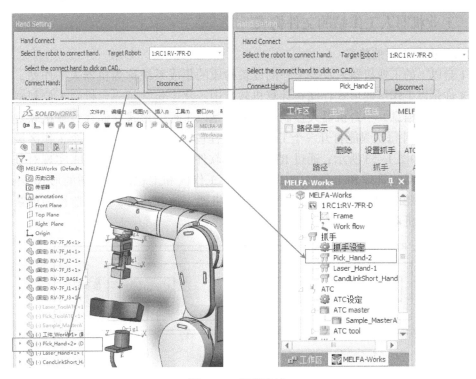

图 1-51　抓手连接 1

方法二：直接将目标抓手从 RT ToolBox 的【MELFA Works】工程树下的【抓手】目录拖至目标机器人目录中，当目标抓手从【抓手】目录中消失、在目标机器人目录中出现时，抓手连接完成。如图 1-52 所示。

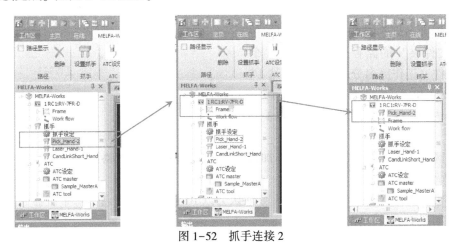

图 1-52　抓手连接 2

若要移除当前连接在机器人本体上的抓手，只需要单击图1-50所示窗口中的【Disconnect】按钮。

（3）抓手信号设置

终端执行器为抓取型抓手（即抓手中第2个标识为Pickn）时，抓手信号设置区域才处于激活状态，可设置的信号为0～255，900～907。

1.3.4　工业机器人工作站的文件构成

1. 工作区与工程的关系

由1台以上的工业机器人及若干外围设备构成的集成系统称为机器人工作站。机器人工作站文件是以工作区的形式存储在计算机软盘中，其中包含每一台机器人控制器的信息和虚拟工作站的信息。一台机器人控制器的文件是以工程的形式存储在计算机软盘中。通过RT ToolBox软件每次只能打开一个工作区，工程包含在工作区中，一个工作区最多能管理32个工程，如图1-53所示；通过RT ToolBox软件处理这些工作区，来实现对工作站中所有机器人控制器的管理和工作站的虚拟仿真。工作区和工程以工程树的形式显示在RT ToolBox的工程树窗口中。当一次同时连接32台机器人控制器时，软件监视的更新速度会慢于只连接1台机器人控制器时的速度。

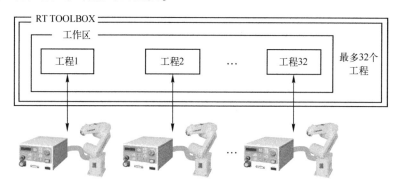

图1-53　工作区与工程关系

2. 离线编程与虚拟仿真文件

通过RT ToolBox新建一个工作区时，在计算机软盘相应路径下，会生成对应的一个文件夹，文件夹名即为工作区名。例如，在"工作站文件夹"的路径下，创建了3个工作站文件（工作区名分别为"工作站1""工作站2"和"工作站3"）时，"工作站文件夹"内便产生了如图1-54所示的3个工作区。

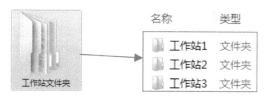

图1-54　工作区文件夹

工作区文件夹的内容会随工程添加数量、有无虚拟仿真而略有不同，如图1-55和图1-56所示。

每个机器人工程对一个工程文件夹，默认会以RC1～RC32命名，每个机器人工程文件夹内含有如图1-57所示的内容。

图 1-55 包含 1 个机器人工程的工作区文件夹内容

图 1-56 包含 3 个机器人工程和虚拟仿真文件的工作区文件夹内容

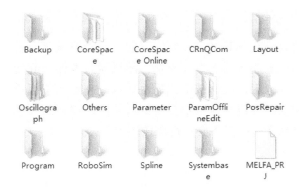

图 1-57 机器人工程文件内容

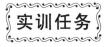
实训任务

实训任务 1.1 安装三菱工业机器人离线编程与虚拟仿真系统

一、任务分析

本次任务的主要内容是安装三菱工业机器人的管理软件 RT ToolBox 和虚拟仿真的三维

环境 SolidWorks。

二、相关知识链接

学习"知识 1.1　机器人离线编程与虚拟仿真概述",了解三菱工业机器人离线编程和虚拟仿真系统的整体框架构成及其工作原理。熟悉工业机器人离线编程与虚拟仿真系统的用途,以及搭建上述系统需要安装哪些软件,软件安装有哪些要求,以便今后开展工业机器人的离线编程与虚拟仿真作业。

三、任务实施

1. 安装 SolidWorks

鉴于篇幅有限,本书不对 SolidWorks 软件本身的获取和安装做过多说明。有关 SolidWorks 3D 设计软件的详细安装说明请参考达索系统集团发布的关于 SolidWorks 软件安装指导教程和操作使用指导教程。

2. 安装 RT ToolBox

此处不对 RT ToolBox 软件的安装过程做过多说明,请参考三菱电机自动化(中国)有限公司发布的关于 RT ToolBox 软件安装指导教程。

实训任务 1.2　创建虚拟零部件

一、任务分析

本次任务的主要内容是在 SolidWorks 环境下制作虚拟终端工具和虚拟工件。例如,虚拟抓手能够被安装在虚拟工业机器人本体末端,随机器人本体一起运动,虚拟加工工具能够沿着设定轨迹运动;虚拟工件能够被虚拟抓手抓取,并随虚拟抓手一起运动。在制作这些虚拟零部件以前,必须了解清楚这些虚拟零部件的制作规范与要求。如果只是对虚拟工业机器人本体进行仿真操作,可以不必执行该任务。

二、相关知识链接

学习"知识 1.2　机器人虚拟零部件的制作规范",熟悉虚拟零部件的类型、仿真特性以及 SolidWorks 环境下的制作规范。

三、任务实施

二维码 1-17

1. 制作抓取型虚拟终端执行器

制作如图 1-58 所示的虚拟终端执行器。

2. 制作虚拟工件

制作如图 1-59 所示的虚拟工件。

二维码 1-18

二维码 1-19

二维码 1-20

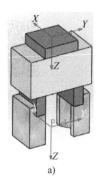
a)

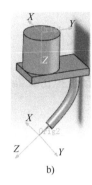
b)

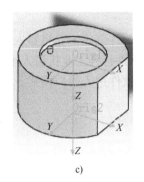
c)

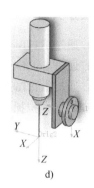
d)

图 1-58　虚拟终端执行器

a）抓手型虚拟终端执行器　b）焊枪虚拟终端执行器　c）自动换刀器基座　d）自动换刀器工具

a)

b)

图 1-59　虚拟工件

a）虚拟销钉　b）虚拟螺钉

二维码 1-21

二维码 1-22

实训任务 1.3　虚拟工业机器人工作站的创建与装配

一、任务分析

本次任务的主要内容是创建虚拟工业机器人工作站。在创建虚拟工业机器人工作站过程中需要采用三菱工业机器人管理软件 RT ToolBox 和虚拟仿真插件 MELFA Works 的一些功能，因此必须对该软件的界面构成和功能进行相应的学习。

二维码 1-23

二、相关知识链接

学习"知识 1.3 机器人工作站管理",熟悉机器人工作站构成、机器人编程软件与 SolidWorks 虚拟仿真系统的链接方法。

二维码 1-24

三、任务实施

1) 通过 RT ToolBox 软件创建工业机器人工作站文件。

2) 通过 Solidworks 软件打开工业机器人虚拟仿真器。

3) 通过 RT ToolBox 软件进入模拟模式,并链接虚拟仿真器。

4) 装配虚拟抓手。

二维码 1-25

项目 2 工业机器人虚拟工作站的仿真操作

知识 2.1 机器人坐标系的构成及数学表示

一个坐标系由 1 个空间点（原点 O）和 3 个方向单位向量（X、Y、Z 轴）构成，如图 2-1 所示。为了描述一个坐标系在另外一个坐标系中的位置与姿态，需要研究空间点和向量在一个坐标系中的数学表示。

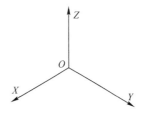

图 2-1 坐标系的构成

2.1.1 空间点的表示

空间点 P 在一个坐标系中的位置可以用 3 个坐标数值来表示，如图 2-2 所示。对于坐标系 $\{A\}$，空间内的点 P 位置表示为

$$^A\boldsymbol{P}=P_x\boldsymbol{i}+P_y\boldsymbol{j}+P_x\boldsymbol{k} \tag{2-1}$$

用矩阵的方式表示为

$$^A\boldsymbol{P}=\begin{bmatrix}P_x\\P_y\\P_z\end{bmatrix}=[P_x,P_y,P_x]^T \tag{2-2}$$

其中，P_x、P_y、P_z 是点 P 在坐标系 $\{A\}$ 中的 3 个分量，$^A\boldsymbol{P}$ 表示点 P 相对参考坐标系 $\{A\}$ 的位置矢量。

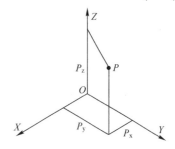

图 2-2 空间点的表示

2.1.2 空间向量的表示

1. 空间向量概念

空间向量是指有长度、有方向的矢量，可以由 3 个起始和终止的坐标来表示。如果在参考坐标系 $\{A\}$ 中有一个向量起始于点 m，终止于点 n，那么它可以表示为 $^A\boldsymbol{P}_{mn}=(n_x-m_x)\boldsymbol{i}+(n_y-m_y)\boldsymbol{j}+(n_z-m_z)\boldsymbol{k}$，特殊情况下，在坐标系 $\{A\}$ 中，如果一个向量起始于坐标系原点，终点为 P，如图 2-3 所示，则向量 $^A\boldsymbol{P}$ 可表示为

$$^A\boldsymbol{P}=P_x\boldsymbol{i}+P_y\boldsymbol{j}+P_z\boldsymbol{k} \tag{2-3}$$

用矩阵的方式表示为

$$^A\boldsymbol{P}=\begin{bmatrix}P_x\\P_y\\P_z\end{bmatrix}=[P_x,P_y,P_x]^T \tag{2-4}$$

其中，P_x、P_y、P_z是向量$^A\boldsymbol{P}$在坐标系$\{A\}$中的3个分量的大小。需要注意的是，2.1.1节中的矩阵$[P_x, P_y, P_z]^T$用于表示点P的位置，本节的矩阵$[P_x, P_y, P_z]^T$用于表示向量$\boldsymbol{P}$的方向和长度。

为了将向量进行伸长或缩短，加入比例因子w，伸缩后的向量变成$^A\boldsymbol{P}_w$，将式（2-4）改写成

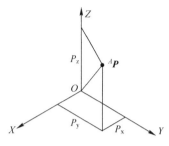

$$^A\boldsymbol{P}_w = \begin{bmatrix} P_x \\ P_y \\ P_z \\ w \end{bmatrix} = [P_x, P_y, P_z, w]^T \qquad (2\text{-}5)$$

图2-3　空间向量的表示

当$w=1$时，向量方向和长度不变；当$w>1$或$w<1$时，向量方向不变，长度变短或变长，各分量变化为

$$^A\boldsymbol{P}_w = \frac{P_x}{w}\boldsymbol{i} + \frac{P_y}{w}\boldsymbol{j} + \frac{P_z}{w}\boldsymbol{k} \qquad (2\text{-}6)$$

2. 单位向量

单位向量是指长度等于1的向量。取向量比例因子w为向量的长度，即将向量的长度变为1，方向保持不变，则得到向量$^A\boldsymbol{P}$的单位向量$\dfrac{^A\boldsymbol{P}}{|^A\boldsymbol{P}|}$。几个特殊的单位向量为

$[P_x/\sqrt{P_x^2+P_y^2+P_z^2}, P_y/\sqrt{P_x^2+P_y^2+P_z^2}, P_z/\sqrt{P_x^2+P_y^2+P_z^2}]^T$为任意向量的单位向量；

$[1,0,0]^T$为X轴的单位向量；

$[0,1,0]^T$为Y轴的单位向量；

$[0,0,1]^T$为Z轴的单位向量。

3. 方向向量和方向单位向量

方向向量是指长度无线长的向量。取比例因子$w=0$时，即将长度除以0得到无限大的数值，方向保持不变，则得到向量$^A\boldsymbol{P}$的方向向量$[P_x, P_y, P_z, 0]^T$。

方向单位向量是指将单位向量的比例因子取0后得到的向量。例如：

$[P_x/\sqrt{P_x^2+P_y^2+P_z^2}, P_y/\sqrt{P_x^2+P_y^2+P_z^2}, P_z/\sqrt{P_x^2+P_y^2+P_z^2}, 0]^T$表示任意方向的单位向量；

$[1,0,0,0]^T$表示X轴方向的单位向量；

$[0,1,0,0]^T$表示Y轴方向的单位向量；

$[0,0,1,0]^T$表示Z轴方向的单位向量。

例2-1　已知向量$\boldsymbol{P}=3\boldsymbol{i}+5\boldsymbol{j}+2\boldsymbol{k}$，按如下要求表示成矩阵形式：

1）比例因子为2。

2）将它表示成方向单位向量。

解：

比例因子为2的矩阵表示成$\boldsymbol{P}=[6,10,4,2]^T$。

当比例因子为0时，矩阵为方向向量$\boldsymbol{P}=[3,5,2,0]^T$。

为了获得方向向量的单位向量，需要求得原向量的长度$\lambda=\sqrt{3^2+5^2+2^2}\approx 6.16$，将方向向量中的每个分量除以原向量长度，得到方向单位向量的矩阵$\boldsymbol{P}=[3/6.16, 5/6.16, 2/6.16, 0]^T=[0.487, 0.811, 0.324, 0]^T$。

2.1.3　坐标系的表示

一个坐标系由 1 个空间点（原点）和 3 个方向单位向量（坐标轴 X、Y、Z）构成。原点位置用位置矩阵 P 表示，3 个坐标轴用 3 个由原点 P 起始的相互垂直的方向单位向量轴 n、o、a 表示，并且 n、o、a 三个向量的方向符合笛卡儿右手法则，如图 2-4 所示。

原点 P 代表了坐标系的位置，数值必须真实，故向量比例因子 $w=1$；方向单位向量 n、o、a 共同构成了坐标系的姿态，用于表示坐标系的方向，故向量比例因子 $w=0$。按照前两节所述，一个坐标系 $\{A\}$ 在参考坐标系中的矩阵表示为

$$\{A\}=\left[\,n^{\mathrm{T}},o^{\mathrm{T}},a^{\mathrm{T}},P^{\mathrm{T}}\,\right]$$
$$=\begin{bmatrix} n_{\mathrm{x}} & o_{\mathrm{x}} & a_{\mathrm{x}} & P_{\mathrm{x}} \\ n_{\mathrm{y}} & o_{\mathrm{y}} & a_{\mathrm{y}} & P_{\mathrm{y}} \\ n_{\mathrm{z}} & o_{\mathrm{z}} & a_{\mathrm{z}} & P_{\mathrm{z}} \\ 0 & 0 & 0 & 1 \end{bmatrix} \qquad (2\text{-}7)$$

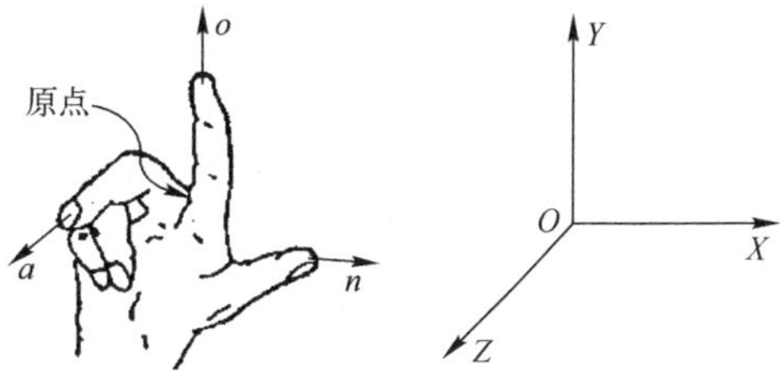

图 2-4　笛卡儿右手法则

其中，n 的 3 个分量 n_{x}、n_{y}、n_{z} 表示子坐标系 $\{A\}$ 的 X 轴方向单位向量在参考坐标系 3 个坐标轴上的坐标值；o 的 3 个分量 o_{x}、o_{y}、o_{z} 表示子坐标系 $\{A\}$ 的 Y 轴方向单位向量在参考坐标系 3 个坐标轴上的坐标值；a 的 3 个分量 a_{x}、a_{y}、a_{z} 表示子坐标系 $\{A\}$ 的 Z 轴方向单位向量在参考坐标系 3 个坐标轴上的坐标值；P 的 3 个分量 P_{x}、P_{y}、P_{z} 表示子坐标系 $\{A\}$ 的原点在参考坐标系 3 个坐标轴上的坐标值。如图 2-5~图 2-8 所示。

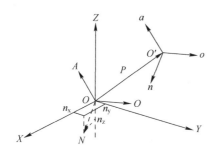

图 2-5　坐标系 n 轴方向的姿态数据

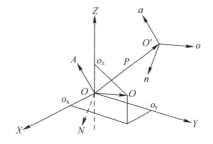

图 2-6　坐标系 o 轴方向的姿态数据

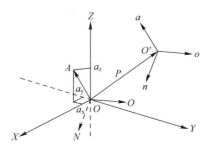

图 2-7　坐标系 a 轴方向的姿态数据

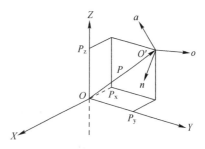

图 2-8　坐标系原点的位置数据

例 2-2 如图 2-9 所示的坐标系 $\{A\}$ 位于参考坐标系中（3，5，7）的位置，它的 n 轴与 X 轴平行，o 轴相对于 Y 轴的角度为 45°，a 轴相对于 Z 轴的角度为 45°。该坐标系可以表示为

$$\{A\} = \begin{bmatrix} 1 & 0 & 0 & 3 \\ 0 & 0.707 & -0.707 & 5 \\ 0 & 0.707 & 0.707 & 7 \\ 0 & 0 & 0 & 1 \end{bmatrix}$$

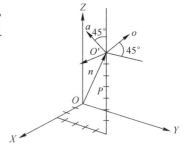

图 2-9　坐标系的矩阵表示举例

2.1.4　工业机器人坐标系的分类及作用

在工业机器人本体中存在以下 5 种类型的坐标系，如图 2-10 所示。

1）世界坐标系 $\{U\}$：原点为 O_U，代表工业机器人所在房间，是工业机器人基座变换和直交位置数据的参考坐标系。世界坐标系的位置与姿态可以设置修改，出厂时，世界坐标系与基座坐标系重合。

2）基座坐标系 $\{B\}$：原点为 O_B，代表工业机器人基座刚体。基座坐标系的原点位于基座底面与 J_1 转轴交点处，基座一旦被安装固定后，基座坐标系的实际位姿不可改变，站在机器人后方看，X 轴方向朝正前方，Z 轴垂直于基座底面朝上。

3）机械法兰坐标系 $\{F\}$：原点为 O_F，代表工业机器人末端机械法兰刚体。原点位于机械法兰面中心，Z 轴垂直于机械法兰面朝外，X 轴朝向从原点到法兰面定位销孔的相反方向。它是工业机器人工具变换的参考坐标系。

4）工具坐标系 $\{T\}$：原点为 O_T，代表工具刚体。工具坐标系的位置与姿态可以设置修改。出厂时，工具坐标系与机械法兰坐标系重合。

5）工件坐标系 $\{W\}$：原点为用户指定的某一点，例如，指定为点 O_W，代表工件刚体。工件坐标系的位置与姿态可以设置修改。出厂时未设置，默认与世界坐标系重合。

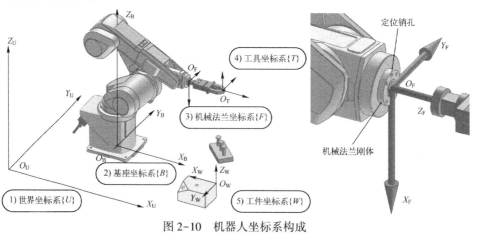

图 2-10　机器人坐标系构成

知识 2.2　机器人坐标系的运动变换与数学运算

串联式关节工业机器人是由一系列以关节相连接的连杆构成的，如图 2-11 所示。机器

人位置数据可以通过以下两种方式描述：①关节位置数据，即每个关节的角度值；②直交位置数据，是指工具坐标系在世界坐标系参考下的位置与姿态以及机器人本体的相关标志数据，即从世界坐标系变换到工具坐标系所需的位置平移和姿态旋转数据。由于直交位置数据涉及一个坐标系相对于参考坐标系的位置与姿态描述，因此，有必要对坐标系的运动及对应的矩阵变换运算进行学习讨论，从而理解工业机器人直交位置数据的由来和含义。

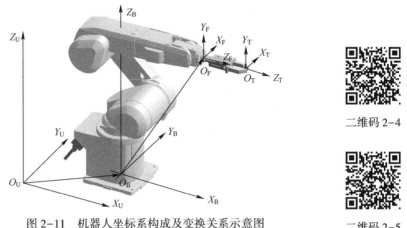

图 2-11 机器人坐标系构成及变换关系示意图

二维码 2-4

二维码 2-5

2.2.1 坐标系的运动和变换矩阵

坐标系的运动主要有以下 3 种类型：①沿着参考坐标系的某一轴做平移运动；②在原点绕着参考坐标系的某一轴做旋转运动；③做上述两种运动相结合的复合运动。以下详细介绍每种坐标系运动及对应的矩阵运算。

1. 坐标系的平移运动和矩阵表示

如果坐标系 $\{F\}$ 在一个空间（参考坐标系 $\{U\}$）下以不变的姿态做平移运动，那么该运动称为纯平移运动。在这种情况下，两个坐标系方位相同（即方向单位向量相等），但原点不重合（即位置向量不相等），如图 2-12 所示。

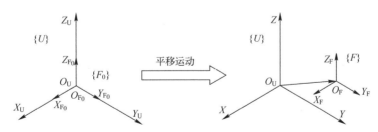

图 2-12 坐标系的纯平移运动

用位置矩阵 ${}_F^U\boldsymbol{P}$ 表示坐标系 $\{F\}$ 相对于参考坐标系 $\{U\}$ 的平移数据，表达式为

$$ {}_F^U\boldsymbol{P} = \begin{bmatrix} P_x \\ P_y \\ P_z \end{bmatrix} = \left[P_x, P_y, P_z \right]^T \tag{2-8} $$

式中，P_x、P_y、P_z 分别表示沿着坐标系 {U} 的 X 轴、Y 轴、Z 轴平移的距离。

2. 坐标系的旋转运动和矩阵表示

如果坐标系 {F} 在一个空间（参考坐标系 {U}）下保持原点位置不变做旋转，那么该运动称为纯旋转运动。在这种情况下，两个坐标系方位不同（即方向单位向量不相等），原点重合（即位置向量相等），如图 2-13 所示。

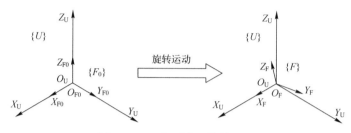

图 2-13　坐标系的纯旋转运动

用旋转矩阵 $_F^U\boldsymbol{R}$ 表示坐标系 {F} 相对于参考坐标系 {U} 的旋转数据，表达式为

$$_F^U\boldsymbol{R} = \begin{bmatrix} _F^U X_x & _F^U Y_x & _F^U Z_x \\ _F^U X_y & _F^U Y_y & _F^U Z_y \\ _F^U X_z & _F^U Y_z & _F^U Z_z \end{bmatrix} = \begin{bmatrix} \boldsymbol{X}_F^T & \boldsymbol{Y}_F^T & \boldsymbol{Z}_F^T \end{bmatrix} \qquad (2\text{-}9)$$

式中，$\boldsymbol{X}_F^T$、$\boldsymbol{Y}_F^T$、$\boldsymbol{Z}_F^T$ 分别表示新坐标系 {F} 的 X 轴、Y 轴和 Z 轴的方向单位向量。其数值是用每个方向单位向量在参考坐标系 {U} 的 X、Y、Z 轴上的投影表示。

例如，将坐标系 {F} 绕坐标系 {U} 的 X 轴正方向旋转 30°（图 2-14），旋转矩阵 $_F^U\boldsymbol{R}$ 表示为

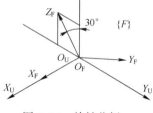

$$_F^U\boldsymbol{R} = \begin{bmatrix} 1 & 0 & 0 \\ 0 & \cos30° & -\sin30° \\ 0_z & \sin30° & \cos30° \end{bmatrix} = \begin{bmatrix} 1 & 0 & 0 \\ 0 & 0.866 & -0.5 \\ 0 & 0.5 & 0.866 \end{bmatrix}$$

$$(2\text{-}10)$$

图 2-14　旋转范例

3. 复合运动和矩阵表示

如果坐标系 {F} 在一个空间（参考坐标系 {U}）下既做平移又做旋转运动，那么该运动称为复合运动。在这种情况下，两个坐标系方位不同（即方向单位向量不相等），原点也不重合（即位置向量不相等），如图 2-15 所示。

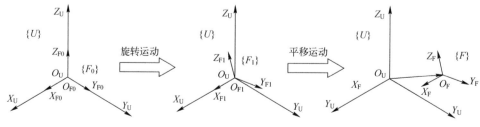

图 2-15　坐标系的复合运动

假设坐标系$\{F\}$上有一点P的位置为${}^F\boldsymbol{P}$，坐标系$\{F\}$相对于参考坐标系$\{U\}$的平移矩阵为${}_F^U\boldsymbol{P}$，坐标系$\{F\}$相对于参考坐标系$\{U\}$的旋转矩阵为${}_F^U\boldsymbol{R}$，记点P在参考坐标系$\{U\}$上的位置矩阵为${}^U\boldsymbol{P}$，则${}^F\boldsymbol{P}$与${}^U\boldsymbol{P}$的矩阵变换运算为

$$
{}^U\boldsymbol{P} = {}_F^U\boldsymbol{R}\,{}^F\boldsymbol{P} + {}_F^U\boldsymbol{P} \tag{2-11}
$$

2.2.2 坐标系的齐次坐标变换

1. 笛卡儿直角坐标系的齐次坐标变换

为了综合表达两个坐标系之间发生平移、旋转运动后的位置关系，引入齐次坐标变换矩阵${}_F^U\boldsymbol{T}$为：

$$
{}_F^U\boldsymbol{T} = \begin{bmatrix} {}_F^U\boldsymbol{R}_{3\times3} & {}_F^U\boldsymbol{P}_{3\times1} \\ \boldsymbol{0}_{1\times3} & 1 \end{bmatrix} \tag{2-12}
$$

式中，${}_F^U\boldsymbol{R}_{3\times3}$是一个3行3列的旋转矩阵，表示从参考坐标系$\{U\}$到运动坐标系$\{F\}$发生的旋转运动；${}_F^U\boldsymbol{P}_{3\times1}$是一个3行1列的平移矩阵，表示从参考坐标系$\{U\}$到运动坐标系$\{F\}$发生的平移运动；${}_F^U\boldsymbol{T}$是一个4行4列的齐次变换矩阵。

2. 坐标系平移运动的齐次坐标变换

由于坐标系做平移运动后姿态方向保持不变，因此，坐标系平移运动的齐次坐标变换矩阵${}_F^U\boldsymbol{T}$为：

$$
{}_F^U\boldsymbol{T} = \mathrm{Trans}(x,y,z) = \begin{bmatrix} 1 & 0 & 0 & P_x \\ 0 & 1 & 0 & P_y \\ 0 & 0 & 1 & P_z \\ 0 & 1 & 0 & 1 \end{bmatrix} \tag{2-13}
$$

式中，P_x、P_y、P_z分别表示沿着某一坐标系的X轴、Y轴和Z轴平移的距离。

坐标系的平移运动分为绝对平移和相对平移，相应的齐次坐标变换运算分为左乘运算和右乘运算。

假设原坐标系$\{F_o\}$在世界坐标系$\{U\}$中的位置与姿态用${}^U\boldsymbol{F}_o$表示，若沿着坐标系$\{U\}$做平移运动，则新坐标系$\{F_n\}$在坐标系$\{U\}$中的位置与姿态${}^U\boldsymbol{F}_n$可通过左乘变换矩阵计算，即

$$
{}^U\boldsymbol{F}_n = \begin{bmatrix} 1 & 0 & 0 & P_x \\ 0 & 1 & 0 & P_y \\ 0 & 0 & 1 & P_z \\ 0 & 0 & 0 & 1 \end{bmatrix} {}^U\boldsymbol{F}_o \tag{2-14}
$$

若沿着自身坐标系$\{F_o\}$做平移运动，则新坐标系$\{F_n\}$在坐标系$\{U\}$中的位置与姿态${}^U\boldsymbol{F}_n$可通过右乘变换矩阵计算，即

$$
{}^U\boldsymbol{F}_n = {}^U\boldsymbol{F}_o \begin{bmatrix} 1 & 0 & 0 & P_x \\ 0 & 1 & 0 & P_y \\ 0 & 0 & 1 & P_z \\ 0 & 0 & 0 & 1 \end{bmatrix} \tag{2-15}
$$

假设原坐标系 $\{F_o\}$ 在固定坐标系 $\{U\}$ 中的位置与姿态表示为

$$
{}^U\boldsymbol{F}_o = \begin{bmatrix} n_x & o_x & a_x & P_x \\ n_y & o_y & a_y & P_y \\ n_z & o_z & a_z & P_z \\ 0 & 0 & 0 & 1 \end{bmatrix} \tag{2-16}
$$

绝对平移后坐标系的位置与姿态为

$$
{}^U\boldsymbol{F}_{new} = \begin{bmatrix} 1 & 0 & 0 & M_x \\ 0 & 1 & 0 & M_y \\ 0 & 0 & 1 & M_z \\ 0 & 0 & 0 & 1 \end{bmatrix} \begin{bmatrix} n_x & o_x & a_x & P_x \\ n_y & o_y & a_y & P_y \\ n_z & o_z & a_z & P_z \\ 0 & 0 & 0 & 1 \end{bmatrix} = \begin{bmatrix} n_x & o_x & a_x & P_x+M_x \\ n_y & o_y & a_y & P_y+M_y \\ n_z & o_z & a_z & P_z+M_z \\ 0 & 0 & 0 & 1 \end{bmatrix} \tag{2-17}
$$

相对平移后坐标系的位置与姿态为

$$
{}^U\boldsymbol{F}_{new} = \begin{bmatrix} n_x & o_x & a_x & P_x \\ n_y & o_y & a_y & P_y \\ n_z & o_z & a_z & P_z \\ 0 & 0 & 0 & 1 \end{bmatrix} \begin{bmatrix} 1 & 0 & 0 & M_x \\ 0 & 1 & 0 & M_y \\ 0 & 0 & 1 & M_z \\ 0 & 0 & 0 & 1 \end{bmatrix} = \begin{bmatrix} n_x & o_x & a_x & P_x+n_xM_x+o_xM_y+a_xM_z \\ n_y & o_y & a_y & P_y+n_yM_x+o_yM_y+a_yM_z \\ n_z & o_z & a_z & P_z+n_zM_x+o_zM_y+a_zM_z \\ 0 & 0 & 0 & 1 \end{bmatrix} \tag{2-18}
$$

由上可见，坐标系平移后，在固定参考坐标系下，新坐标系各轴方向单位向量的姿态保持不变，唯独坐标系原点的位置数据发生了变化。需要注意的是，平移运动所参照坐标系不同，平移后的坐标系的位置也不同。

例 2-3　已知运动坐标系 $\{F\}$ 在固定坐标系 $\{U\}$ 中的位置与姿态为 ${}^U\boldsymbol{F}$。将坐标系 $\{F\}$ 分别沿着参考坐标系 $\{U\}$ 的 X 轴移动 9 个单位、Y 轴移动 5 个单位，求新坐标系 $\{F_{new}\}$ 在参考坐标系 $\{U\}$ 中的位置与姿态。

解：

根据题目可知，原坐标系 $\{F\}$ 在参考坐标系 $\{U\}$ 中的位置与姿态为

$$
{}^U\boldsymbol{F} = \begin{bmatrix} 1 & 0 & 0 & 1 \\ 0 & 0.5 & -\sqrt{3}/2 & 2 \\ 0 & \sqrt{3}/2 & 0.5 & 3 \\ 0 & 0 & 0 & 1 \end{bmatrix}
$$

变换矩阵 $\boldsymbol{M}(9,5,0) = \begin{bmatrix} 1 & 0 & 0 & 9 \\ 0 & 1 & 0 & 5 \\ 0 & 0 & 1 & 0 \\ 0 & 0 & 0 & 1 \end{bmatrix}$

根据式（2-17）得

$$
{}^U\boldsymbol{F}_{new} = \boldsymbol{M}(M_x,M_y,M_z) \times {}^U\boldsymbol{F}
$$

$$
= \begin{bmatrix} 1 & 0 & 0 & 9 \\ 0 & 1 & 0 & 5 \\ 0 & 0 & 1 & 0 \\ 0 & 0 & 0 & 1 \end{bmatrix} \begin{bmatrix} 1 & 0 & 0 & 1 \\ 0 & 0.5 & -\sqrt{3}/2 & 2 \\ 0 & \sqrt{3}/2 & 0.5 & 3 \\ 0 & 0 & 0 & 1 \end{bmatrix} = \begin{bmatrix} 1 & 0 & 0 & 10 \\ 0 & 0.5 & -\sqrt{3}/2 & 7 \\ 0 & \sqrt{3}/2 & 0.5 & 3 \\ 0 & 0 & 0 & 1 \end{bmatrix}
$$

3. 坐标系旋转运动的齐次坐标变换

坐标系旋转运动的齐次坐标变换与纯旋转的坐标系变换矩阵有所不同，前者还包含了平移的元素。坐标系旋转运动的齐次坐标变换矩阵$_F^U\boldsymbol{T}$为

$$_F^U\boldsymbol{T} = \begin{bmatrix} R_{11} & R_{12} & R_{13} & 0 \\ R_{21} & R_{22} & R_{23} & 0 \\ R_{31} & R_{32} & R_{33} & 0 \\ 0 & 0 & 0 & 1 \end{bmatrix} \tag{2-19}$$

式中，$\boldsymbol{R}_{3\times3}$表示目标坐标系姿态的旋转量，是一个3行3列的矩阵。

当坐标系绕参考坐标系的 X 轴旋转 θ 角度时（图2-16），$\boldsymbol{R}_{3\times3}$用$\mathrm{Rot}(x,\theta)$表示为

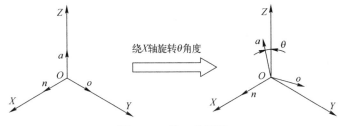

图 2-16 绕 X 轴旋转

$$\mathrm{Rot}(x,\theta) = \begin{bmatrix} 1 & 0 & 0 \\ 0 & \cos\theta & -\sin\theta \\ 0 & \sin\theta & \cos\theta \end{bmatrix} \tag{2-20}$$

当坐标系绕参考坐标系的 Y 轴旋转 θ 角度时（图2-17），$\boldsymbol{R}_{3\times3}$用$\mathrm{Rot}(y,\theta)$表示为

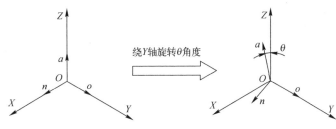

图 2-17 绕 Y 轴旋转

$$\mathrm{Rot}(y,\theta) = \begin{bmatrix} \cos\theta & 0 & \sin\theta \\ 0 & 1 & 0 \\ -\sin\theta & 0 & \cos\theta \end{bmatrix} \tag{2-21}$$

当坐标系绕参考坐标系的 Z 轴旋转 θ 角度时（图2-18），$\boldsymbol{R}_{3\times3}$用$\mathrm{Rot}(z,\theta)$表示为

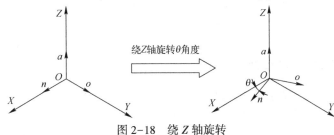

图 2-18 绕 Z 轴旋转

$$\text{Rot}(z,\theta)=\begin{bmatrix} \cos\theta & -\sin\theta & 0 \\ \sin\theta & \cos\theta & 0 \\ 0 & 0 & 1 \end{bmatrix} \tag{2-22}$$

坐标系的旋转运动分为绝对旋转和相对旋转，相应的齐次坐标变换运算分为左乘运算和右乘运算。

当绕固定参考坐标系做纯旋转时为绝对旋转，新坐标系的位置与姿态可通过左乘变换矩阵计算，即：

$$^{U}\boldsymbol{F}_{\text{new}}=\begin{bmatrix} R_{11} & R_{12} & R_{13} & 0 \\ R_{21} & R_{22} & R_{23} & 0 \\ R_{31} & R_{32} & R_{33} & 0 \\ 0 & 0 & 0 & 1 \end{bmatrix}\begin{bmatrix} n_{x} & o_{x} & a_{x} & P_{x} \\ n_{y} & o_{y} & a_{y} & P_{y} \\ n_{z} & o_{z} & a_{z} & P_{z} \\ 0 & 0 & 0 & 1 \end{bmatrix} \tag{2-23}$$

当绕运动参考坐标系做纯旋转时为相对旋转，新坐标系的位置与姿态可通过右乘变换矩阵计算，即：

$$^{U}\boldsymbol{F}_{\text{new}}=\begin{bmatrix} n_{x} & o_{x} & a_{x} & P_{x} \\ n_{y} & o_{y} & a_{y} & P_{y} \\ n_{z} & o_{z} & a_{z} & P_{z} \\ 0 & 0 & 0 & 1 \end{bmatrix}\begin{bmatrix} R_{11} & R_{12} & R_{13} & 0 \\ R_{21} & R_{22} & R_{23} & 0 \\ R_{31} & R_{32} & R_{33} & 0 \\ 0 & 0 & 0 & 1 \end{bmatrix} \tag{2-24}$$

由上可见，坐标系旋转后，在固定参考坐标系下，新坐标系原点的位置保持不变，唯独各轴方向单位向量的姿态数据发生了变化。需要注意的是，旋转运动所参照坐标系不同，旋转后的坐标系位置也不同。

4. 坐标系的反向运动和逆变换

如果已知参考坐标系$\{U\}$到运动坐标系$\{F\}$的变换矩阵$_{F}^{U}\boldsymbol{T}$，反求运动坐标系$\{F\}$到参考坐标系$\{U\}$的变换矩阵$_{U}^{F}\boldsymbol{T}$（也可以记为$_{F}^{U}\boldsymbol{T}^{-1}$），这个过程称为变换矩阵求逆，矩阵$_{U}^{F}\boldsymbol{T}$（$_{F}^{U}\boldsymbol{T}^{-1}$）是$_{F}^{U}\boldsymbol{T}$的逆矩阵。逆变换后的坐标系将变换回原来的位置和姿态。

对于坐标系的齐次坐标系变换矩阵$\boldsymbol{T}$，其逆矩阵$\boldsymbol{T}^{-1}$计算如下：

$$\begin{aligned} \boldsymbol{T}^{-1} &=\begin{bmatrix} \boldsymbol{R}_{3\times3}^{-1} & -\boldsymbol{R}_{3\times3}^{-1} & \boldsymbol{P}_{3\times1} \\ \boldsymbol{0}_{1\times3} & & 1 \end{bmatrix} \\ &=\begin{bmatrix} R_{11} & R_{21} & R_{31} & -(R_{11} & P_{x}+R_{21} & P_{y}+R_{31} & P_{z}) \\ R_{12} & R_{22} & R_{32} & -(R_{12} & P_{x}+R_{22} & P_{y}+R_{32} & P_{z}) \\ R_{13} & R_{23} & R_{33} & -(R_{13} & P_{x}+R_{23} & P_{y}+R_{33} & P_{z}) \\ 0 & 0 & 0 & & & & 1 \end{bmatrix} \end{aligned} \tag{2-25}$$

2.2.3　机器人坐标系中的各种变换

1. 机器人基座变换与基座变换矩阵

从机器人世界坐标系变换至机器人基座坐标系的运动过程，称为基座变换（又称为基本变换），如图2-19所示。其中，沿着机器人世界坐标系X、Y、Z轴平移的距离分别用X、

Y、Z 表示，绕机器人世界坐标系 X、Y、Z 轴旋转的角度分别用 A、B、C 表示。以上 6 个数据构成一个一维数组 (X,Y,Z,A,B,C)，该数组称为基本变换数据矩阵。

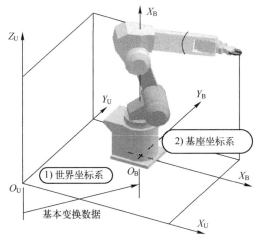

图 2-19　基本变换示意图

基座坐标系的变换顺序如下：

1）基座坐标系与世界坐标系重合。

2）将基座坐标系绕着世界坐标系的 X 轴旋转 A 的角度，单位为度（°）。

3）将基座坐标系绕着世界坐标系的 Y 轴旋转 B 的角度，单位为度（°）。

4）将基座坐标系绕着世界坐标系的 Z 轴旋转 C 的角度，单位为度（°）。

5）将基座坐标系沿着世界坐标系的 X、Y、Z 轴分别平移 X、Y、Z 的距离，单位为 mm。

根据绝对变换运动的左乘变换矩阵计算方法，从世界坐标系到基座坐标系的变换矩阵 ${}_{B}^{U}\boldsymbol{T}$ 为

$$
{}_{B}^{U}\boldsymbol{T}=\begin{bmatrix}{}_{B}^{U}\boldsymbol{R}_{3\times3} & {}_{B}^{U}\boldsymbol{P}_{3\times1}\\ \boldsymbol{0}_{1\times3} & 1\end{bmatrix}
\tag{2-26}
$$

式中，${}_{B}^{U}\boldsymbol{R}_{3\times3}=\begin{bmatrix}\cos C & -\sin C & 0\\ \sin C & \cos C & 0\\ 0 & 0 & 1\end{bmatrix}\begin{bmatrix}\cos B & 0 & \sin B\\ 0 & 1 & 0\\ -\sin B & 0 & \cos B\end{bmatrix}\begin{bmatrix}1 & 0 & 0\\ 0 & \cos A & -\sin A\\ 0 & \sin A & \cos A\end{bmatrix}$。

基本变换方法如下。

1）参数设置：参数名为 MEXBS。

2）指令语句：指令为 Base。

例如：

1）设置参数 MEXBS 的数值，即

$$(100,150,0,0,0,-30)$$

2）执行指令 Base 语句，即

$$1\ \text{Base}(100,150,0,0,0,-30)$$

设定上述参数或执行指令语句后，机器人基座坐标系变换情况如图 2-20 所示。

2. 机器人本体的关节运动和关节连杆变换矩阵

从基座坐标系变换至末端法兰坐标系的运动过程，称为关节连杆变换。根据机器人运动学方程的 D-H 模型建模原理，工业机器人本体可以看作是由一系列关节连接起来的连杆构成的。描述一个连杆相对于相邻连杆之间位置与姿态关系的齐次变换矩阵用 A_i 表示，也叫连杆变换矩阵。将所有相邻关节之间的变换矩阵结合起来，就得到机器人最后一个关节坐标系相对于基座参考坐标系的总变换矩阵 T。为了计算这些变换矩阵，需要为每一个关节固定一个笛卡儿坐标系，机器人本体如图 2-21 所示。下面介绍如何为每个关节确定一个坐标系，并明确各个相邻坐标系之间的变换步骤。

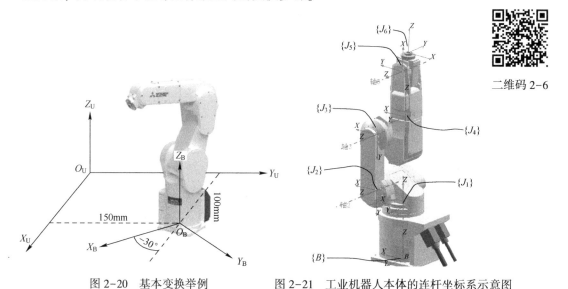

二维码 2-6

图 2-20　基本变换举例　　　　图 2-21　工业机器人本体的连杆坐标系示意图

1）在基座上固定一个基座坐标系 $\{B\}$，如图 2-21 所示。

2）在关节 1 上固定一个坐标系 $\{J_1\}$，坐标系 $\{J_1\}$ 的 Z 轴与关节 1 的轴线重合，关节 1 的旋转角度 θ_1 是该轴的关节位置变量；当 $\theta_1 = 0°$ 时，坐标系 $\{J_1\}$ 的 X 轴方向与基座坐标系的 X 轴方向相同，如图 2-22 所示。

则从基座坐标系 $\{B\}$ 到关节 1 坐标系 $\{J_1\}$ 的变换过程如下：

① 沿着坐标系 $\{B\}$ 的 Z 轴平移 c_1 距离，使得新坐标系的原点与坐标系 $\{J_1\}$ 的原点重合。

② 绕新坐标系的 Z 轴旋转 θ_1 角度，使得新坐标系的轴 X_B 与坐标系 $\{J_1\}$ 的轴 X_1 重合。

从基座坐标系 $\{B\}$ 到关节 1 坐标系 $\{J_1\}$ 的连杆变换矩阵为

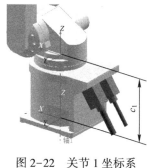

$$A_1 = \text{Trans}(0, 0, c_1)\text{Rot}(z, \theta_1) \qquad (2-27)$$

图 2-22　关节 1 坐标系

3）在关节 2 上固定一个坐标系 $\{J_2\}$，坐标系 $\{J_2\}$ 的 Z 轴与关节 2 的轴线重合，关节 2 的旋转角度 θ_2 是该轴的关节位置变量；当 $\theta_2 = 0°$ 时，坐标系 $\{J_2\}$ 的 X 轴方向与轴 Z_2 轴 Z_1 公垂线相同，如图 2-23 所示。

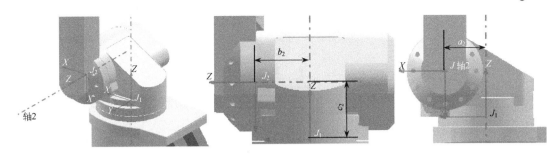

图 2-23　关节 2 坐标系

则从关节 1 坐标系 $\{J_1\}$ 到关节 2 坐标系 $\{J_2\}$ 的变换过程如下：

① 沿着坐标系 $\{J_1\}$ 的 X 轴、Y 轴、Z 轴分别平移 a_2、b_2、c_2 距离，使得新坐标系的原点与坐标系 $\{J_2\}$ 的原点重合。

② 绕新坐标系的 Y 轴旋转 θ_2 角度，使得新坐标系的 X 轴与坐标系 $\{J_2\}$ 的 X 轴重合。

③ 绕新坐标系的 X 轴旋转 $-90°$，使得新坐标系的 Z 轴与坐标系 $\{J_2\}$ 的 Z 轴重合。

从关节 1 坐标系 $\{J_1\}$ 到关节 2 坐标系 $\{J_2\}$ 的连杆变换矩阵为

$$A_2 = \text{Trans}(a_2, b_2, c_2)\, \text{Rot}(y, \theta_2)\, \text{Rot}(x, -90) \tag{2-28}$$

4）在关节 3 上固定一个坐标系 $\{J_3\}$，坐标系 $\{J_3\}$ 的 Z 轴与关节 3 的轴线重合，关节 3 的旋转角度 θ_3 是该轴的关节位置变量；当 $\theta_3 = 0°$ 时，坐标系 $\{J_3\}$ 的 X 轴方向与坐标系 $\{J_2\}$ 的 X 轴方向相同，如图 2-24 所示。

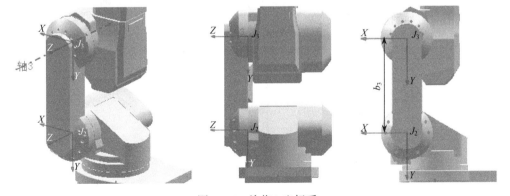

图 2-24　关节 3 坐标系

则从关节 2 坐标系 $\{J_2\}$ 到关节 3 坐标系 $\{J_3\}$ 的变换过程如下：

① 沿着坐标系 $\{J_2\}$ 的 Y 轴平移 $-b_3$ 距离，使得新坐标系的原点与坐标系 $\{J_3\}$ 的原点重合。

② 绕新坐标系的 Z 轴旋转 θ_3 角度，使得新坐标系的 X 轴与坐标系 $\{J_3\}$ 的 X 轴重合。

从关节 2 坐标系 $\{J_2\}$ 到关节 3 坐标系 $\{J_3\}$ 的连杆变换矩阵为

$$A_3 = \text{Trans}(0, b_3, 0)\, \text{Rot}(z, \theta_3) \tag{2-29}$$

5）在关节 4 上固定一个坐标系 $\{J_4\}$，坐标系 $\{J_4\}$ 的 Z 轴与关节 4 的轴线重合，关节 4 的旋转角度 θ_4 是该轴的关节位置变量；当 $\theta_4 = 0°$ 时，坐标系 $\{J_4\}$ 的 X 轴方向与坐标系 $\{J_3\}$ 的 X 轴方向相同，如图 2-25 所示。

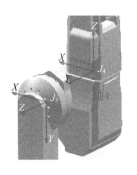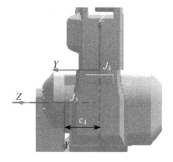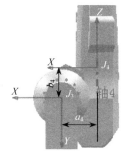

图 2-25　关节 4 坐标系

则从关节 3 坐标系 $\{J_3\}$ 到关节 4 坐标系 $\{J_4\}$ 的变换过程如下：

① 沿着坐标系 $\{J_3\}$ 的 X 轴、Y 轴、Z 轴分别平移 $-a_4$、$-b_4$、$-c_4$ 距离，使得新坐标系的原点与坐标系 $\{J_4\}$ 的原点重合。

② 绕新坐标系的 Y 轴旋转 $-\theta_4$ 角度，使得新坐标系的 X 轴与坐标系 $\{J_4\}$ 的 X 轴重合。

③ 绕新坐标系的 X 轴旋转 90°，使得新坐标系的 Z 轴与坐标系 $\{J_4\}$ 的 Z 轴重合。

从关节 3 坐标系 $\{J_3\}$ 到关节 4 坐标系 $\{J_4\}$ 的连杆变换矩阵为

$$A_4 = \text{Trans}(-a_4, -b_4, -c_4)\,\text{Rot}(y, -\theta_4)\,\text{Rot}(x, 90) \tag{2-30}$$

6）在关节 5 上固定一个坐标系 $\{J_5\}$，坐标系 $\{J_5\}$ 的 Z 轴与关节 5 的轴线重合，关节 5 的旋转角度 θ_5 是该轴的关节位置变量；当 $\theta_5 = 0°$ 时，坐标系 $\{J_5\}$ 的 X 轴方向与坐标系 $\{J_4\}$ 的 X 轴方向相同，如图 2-26 所示。

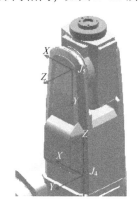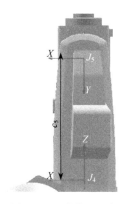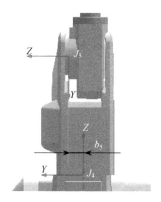

图 2-26　关节 5 坐标系

则从关节 4 坐标系 $\{J_4\}$ 到关节 5 坐标系 $\{J_5\}$ 的变换过程如下：

① 沿着坐标系 $\{J_4\}$ 的 Y 轴、Z 轴分别平移 b_5、c_5 距离，使得新坐标系的原点与坐标系 $\{J_5\}$ 的原点重合。

② 绕新坐标系的 Y 轴旋转 θ_5 角度，使得新坐标系的 X 轴与坐标系 $\{J_5\}$ 的 X 轴重合。

③ 绕新坐标系的 X 轴旋转 $-90°$，使得新坐标系的 Z 轴与坐标系 $\{J_5\}$ 的 Z 轴重合。

从关节 4 坐标系 $\{J_4\}$ 到关节 5 坐标系 $\{J_5\}$ 的连杆变换矩阵为

$$A_5 = \text{Trans}(0, b_5, c_5)\,\text{Rot}(y, \theta_5)\,\text{Rot}(x, -90) \tag{2-31}$$

7）在关节 6 上固定一个坐标系 $\{J_6\}$，坐标系 $\{J_6\}$ 的 Z 轴与关节 6 的轴线重合，关节 6

的旋转角度 θ_6 是该轴的关节位置变量；当 $\theta_6 = 0°$ 时，坐标系 $\{J_6\}$ 的 X 轴方向与坐标系 $\{J_5\}$ 的 X 轴方向相同，如图 2-27 所示。

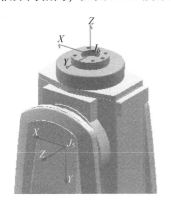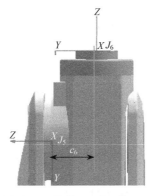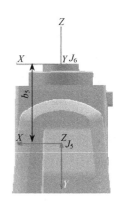

图 2-27　关节 6 坐标系

则从关节 5 坐标系 $\{J_5\}$ 到关节 6 坐标系 $\{J_6\}$ 的变换过程如下：

① 沿着坐标系 $\{J_5\}$ 的 Y 轴、Z 轴分别平移 $-b_6$、$-c_6$ 距离，使得新坐标系的原点与坐标系 $\{J_6\}$ 的原点重合。

② 绕新坐标系的 Y 轴旋转 $-\theta_6$ 角度，使得新坐标系的 X 轴与坐标系 $\{J_6\}$ 的 X 轴重合。

③ 绕新坐标系的 X 轴旋转 $90°$，使得新坐标系的 Z 轴与坐标系 $\{J_6\}$ 的 Z 轴重合。

从关节 5 坐标系 $\{J_5\}$ 到关节 6 坐标系 $\{J_6\}$ 的连杆变换矩阵为

$$A_6 = \mathrm{Trans}(0, -b_6, -c_6)\,\mathrm{Rot}(y, -\theta_6)\,\mathrm{Rot}(x, 90) \tag{2-32}$$

根据相对变换运动的右乘变换矩阵计算方法，从基座坐标系 $\{B\}$ 到关节 6 坐标系 $\{J_6\}$（即机器人本体末端机械法兰坐标系 $\{F\}$）的变换矩阵 ${}_F^B\boldsymbol{T}$ 为

$${}_F^B\boldsymbol{T} = A_1 A_2 A_3 A_4 A_5 A_6 = A_{1\sim6}(\theta_1, \theta_2, \theta_3, \theta_4, \theta_5, \theta_6) \tag{2-33}$$

由式（2-33）可知，对于一个结构已经确定的机器人本体来说，其末端机械法兰坐标系 $\{F\}$ 在机器人基座坐标系 $\{B\}$ 中的位置与姿态（图 2-28）是由每个关节变换 θ_i 决定的。

由于基座坐标系 $\{B\}$ 在世界坐标系下的位置与姿态（即基本变换矩阵）${}_B^U\boldsymbol{T}$ 可根据式（2-26）计算得到，因此，机器人本体的末端机械法兰坐标系 $\{F\}$ 相对于世界坐标系 $\{U\}$ 的位置与姿态（用变换矩阵 ${}_F^U\boldsymbol{T}$ 表示）计算如下：

$${}_F^U\boldsymbol{T} = {}_B^U\boldsymbol{T}\,{}_F^B\boldsymbol{T} \tag{2-34}$$

3. 机器人工具变换与工具变换矩阵

从机器人末端的机械法兰坐标系变换至机器人工具坐标系的运动过程，称为工具变换，如图 2-29 所示。其中，沿着机器人机械法兰坐标系 X、Y、Z 轴平

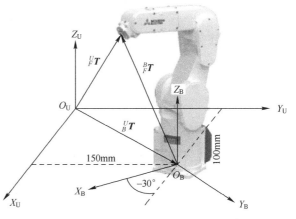

图 2-28　末端机械法兰坐标系的变换图例

移的距离分别用 X、Y、Z 表示，绕机器人机械法兰坐标系 X、Y、Z 轴旋转的角度分别用 A、B、C 表示。以上 6 个数据构成一个一维数组（X，Y，Z，A，B，C），该数组称为工具

变换数据矩阵。

工具坐标系的变换顺序如下：

1）工具坐标系与机械法兰坐标系重合。

2）将工具坐标系绕着机械法兰坐标系的 X 轴旋转 A 的角度，单位为度（°）。

3）将工具坐标系绕着机械法兰坐标系的 Y 轴旋转 B 的角度，单位为度（°）。

4）将工具坐标系绕着机械法兰坐标系的 Z 轴旋转 C 的角度，单位为度（°）。

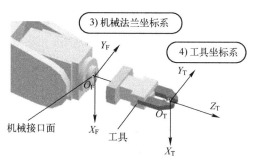

图 2-29　工具变换示意图

5）将工具坐标系沿着机械法兰坐标系的 X、Y、Z 轴分别平移 X、Y、Z 的距离，单位为 mm。

根据相对变换运动的右乘变换矩阵计算方法，从机械法兰坐标系到工具坐标系的变换矩阵 ${}_T^F\boldsymbol{T}$ 为

$$
{}_T^F\boldsymbol{T}=\begin{bmatrix} {}_T^F\boldsymbol{R}_{3\times3} & {}_T^F\boldsymbol{P}_{3\times1} \\ \boldsymbol{0}_{1\times3} & 1 \end{bmatrix} \tag{2-35}
$$

式中，${}_T^F\boldsymbol{R}_{3\times3}=\begin{bmatrix} 1 & 0 & 0 \\ 0 & \cos A & -\sin A \\ 0 & \sin A & \cos A \end{bmatrix}\begin{bmatrix} \cos B & 0 & \sin B \\ 0 & 1 & 0 \\ -\sin B & 0 & \cos B \end{bmatrix}\begin{bmatrix} \cos C & -\sin C & 0 \\ \sin C & \cos C & 0 \\ 0 & 0 & 1 \end{bmatrix}$。

工具变换方法如下。

1）参数设置：参数名为 MEXTL。

2）指令语句：指令为 Tool。

例如：

1）设置参数 MEXTL 的数值，即

$$(0,0,95,0,0,0)$$

2）执行指令 Tool 语句，即

$$1\ \text{Tool}(0,0,95,0,0,0)$$

设定上述参数或执行指令语句后，机器人工具坐标系变换情况如图 2-30 所示。

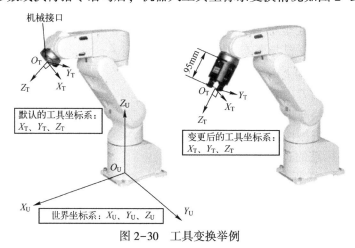

图 2-30　工具变换举例

4. 机器人直交位置矩阵

把从机器人世界坐标系 $\{U\}$ 到工具坐标系 $\{T\}$ 的所有相对运动变换矩阵进行右乘，得到工具坐标系相对世界坐标系的绝对位置矩阵，简称直交位置矩阵，如图 2-31 所示。

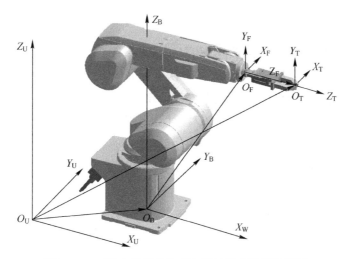

图 2-31　工具坐标系的绝对位置与姿态数据示意图

其中，沿着机器人世界坐标系 X、Y、Z 轴平移的距离分别用 X、Y、Z 表示，绕机器人世界坐标系 X、Y、Z 轴旋转的角度分别用 A、B、C 表示。以上 6 个数据构成一个一维数组 (X,Y,Z,A,B,C)，该数组称为工具坐标系在世界坐标系下的变换矩阵，也称为机器人直交位置矩阵。

从世界坐标系到工具坐标系的变换顺序如下：

1）工具坐标系与世界坐标系重合。

2）将工具坐标系绕着世界坐标系的 Z 轴旋转 C 的角度，单位为度（°）。

3）将工具坐标系绕着世界坐标系的 Y 轴旋转 B 的角度，单位为度（°）。

4）将工具坐标系绕着世界坐标系的 X 轴旋转 A 的角度，单位为度（°）。

5）将工具坐标系沿着世界坐标系的 X、Y、Z 轴分别平移 X、Y、Z 的距离，单位为 mm。

根据绝对变换运动的左乘矩阵计算方法，从世界坐标系到工具坐标系的变换矩阵 ${}_T^U\boldsymbol{T}$ 为

$$
{}_T^U\boldsymbol{T}=\begin{bmatrix} {}_T^U\boldsymbol{R}_{3\times3} & {}_T^U\boldsymbol{P}_{3\times1} \\ \boldsymbol{0}_{1\times3} & 1 \end{bmatrix} \tag{2-36}
$$

式中，${}_T^U\boldsymbol{R}_{3\times3}=\begin{bmatrix} 1 & 0 & 0 \\ 0 & \cos A & -\sin A \\ 0 & \sin A & \cos A \end{bmatrix}\begin{bmatrix} \cos B & 0 & \sin B \\ 0 & 1 & 0 \\ -\sin B & 0 & \cos B \end{bmatrix}\begin{bmatrix} \cos C & -\sin C & 0 \\ \sin C & \cos C & 0 \\ 0 & 0 & 1 \end{bmatrix}$，${}_T^U\boldsymbol{P}_{3\times1}=\begin{bmatrix} P_x \\ P_y \\ P_z \end{bmatrix}=[P_x,P_y,P_z]^\mathrm{T}$。

2.2.4 机器人位置数据的定义与运算

1. 机器人关节位置数据与正运动运算

把一组由机器人各个关节角度位移数据构成的数组数据（θ_1，θ_2，θ_3，θ_4，θ_5，θ_6）称为机器人的关节位置数据。

由2.2.3节可知，当基座坐标系$\{B\}$相对于世界坐标系$\{U\}$的齐次坐标变换矩阵$_B^U\boldsymbol{T}$、机械法兰坐标系$\{F\}$相对于基座坐标系$\{B\}$的齐次坐标变换矩阵$_F^B\boldsymbol{T}$、工具坐标系$\{T\}$相对于机械法兰坐标系$\{F\}$的齐次坐标变换矩阵$_T^F\boldsymbol{T}$等都已知，则工具坐标系$\{T\}$相对世界坐标系$\{U\}$的齐次坐标变换矩阵$_T^U\boldsymbol{T}$便可根据式（2-37）计算出来，该过程称为**正运动学**计算。

$$_T^U\boldsymbol{T}=_B^U\boldsymbol{T}_F^B\boldsymbol{T}_T^F\boldsymbol{T} \tag{2-37}$$

需要注意的是，如果基本变换数据矩阵$_B^U\boldsymbol{T}$、机器人关节位置变量矩阵$_F^B\boldsymbol{T}$和工具变换数据$_T^F\boldsymbol{T}$中任意一个矩阵发生变化，则机器人当前直交位置矩阵就会发生变化。

2. 机器人直交位置矩阵与逆运动运算

当基座坐标系$\{B\}$相对于世界坐标系$\{U\}$的齐次坐标变换矩阵$_B^U\boldsymbol{T}$、工具坐标系$\{T\}$相对世界坐标系$\{U\}$的齐次坐标变换矩阵$_T^U\boldsymbol{T}$、工具坐标系$\{T\}$相对于机械法兰坐标系$\{F\}$的齐次坐标变换矩阵$_F^T\boldsymbol{T}$等都已知，则机械法兰坐标系$\{F\}$相对于基座坐标系$\{B\}$的齐次坐标变换矩阵$_F^B\boldsymbol{T}$便可根据式（2-38）计算出来，再根据$_F^B\boldsymbol{T}$求解出机器人末端能够被驱动至这个位置与姿态所需的关节位置变量$\boldsymbol{\theta}(\theta_1$，$\theta_2$，$\theta_3$，$\theta_4$，$\theta_5$，$\theta_6)$，该过程称为**逆运动学**计算。

$$_F^B\boldsymbol{T}=_U^B\boldsymbol{T}_T^U\boldsymbol{T}_F^T\boldsymbol{T} \tag{2-38}$$

有关机器人逆运动学求解的计算方法这里不做详细描述，有兴趣的读者可参考蔡自兴主编的《机器人学》，或孙树栋主编的《工业机器人技术基础》。

根据上述文献中的机器人逆运动学求解推导过程可知，对于给定的工具坐标系的位置与姿态(X,Y,Z,A,B,C)，关节位置变量$\boldsymbol{\theta}(\theta_1,\theta_2,\theta_3,\theta_4,\theta_5,\theta_6)$存在8组解，例如，如图2-32所示的2组解。最终必须确定唯一的一组解，淘汰7组解。其中，由于机器人本体结构和线缆缠绕上的限制，有些关节无法在360°内旋转（如关节$J_1\sim J_5$），这样会淘汰几组解；另

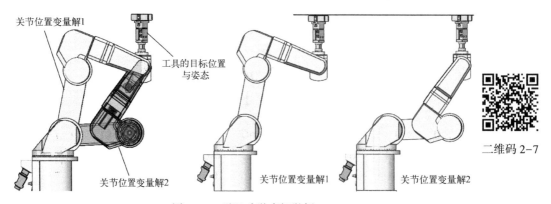

关节位置变量解1
工具的目标位置与姿态
关节位置变量解2
关节位置变量1
关节位置变量解2
二维码2-7

图2-32 逆运动学多解举例

外，还需要约定机器人本体的构造标志（三菱机器人用 FL1 表示），确定最终唯一的关节位置变量解。最后，指定多旋转数据标志（三菱机器人用 FL2 表示），明确当前关节位置变量角度值所处的旋转圈数。

3. 机器人直交位置数据

直交位置矩阵(X, Y, Z, A, B, C)、机器人本体构造标志 FL1、机器人本体多旋转数据 FL2 一起构成了机器人直交位置数据，用$(X, Y, Z, A, B, C)(FL1, FL2)$表示。

以下对附加轴位置数据L_1与L_2、构造标志数据 FL1 和多旋转圈数数据 FL2 进行详细介绍。

（1）附加轴位置

L_1表示附加轴 1 的坐标值，L_2表示附加轴 2 的坐标值，单位为 mm 或度（°）。如果除了本身的关节外没有其他运动轴，则此项数据省略。

（2）构造标志数据 FL1

FL1 表示在直交坐标系下机器人手臂的姿态。其数值含义为

$$7 = \& B\ 0\ 0\ 0\ 0\ 0\ 1\ 1\ 1\ (二进制)$$

$$\begin{array}{l} 1/0 = \text{NonFlip/Flip} \\ 1/0 = \text{Above/Below} \\ 1/0 = \text{Right/Left} \end{array}$$

1）Right/Left：对于 5 轴机器人来说，Right/Left 表示机械法兰中心R相对于J_1轴的位置；对于 6 轴机器人来说，Right/Left 表示J_5轴旋转中心P相对于J_1轴的位置，如图 2-33 所示。

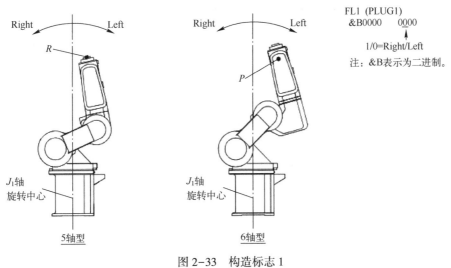

图 2-33　构造标志 1

（图示机器人为其中一例）

2）Above/Below：表示J_5轴旋转中心（P）相对于由J_2轴旋转中心和J_3轴旋转中心所连直线的位置，如图 2-34 所示。

3）NonFlip/Flip：表示机械法兰面相对于由J_4轴旋转中心和J_5轴旋转中心所连直线的方向，如图 2-35 所示。

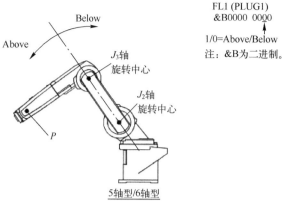

图 2-34　构造标志 2
（图示机器人为其中一例）

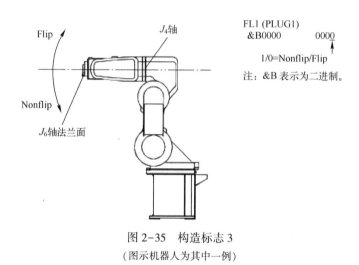

图 2-35　构造标志 3
（图示机器人为其中一例）

（3）多旋转标志 FL2

FL2 表示在直交坐标系下机器人每个关节的旋转周数。其数值含义为

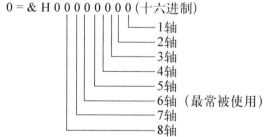

$$0 = \& H\,0\,0\,0\,0\,0\,0\,0\,0\,(十六进制)$$

每个关节轴的多旋转数据与旋转周数的对应关系为

各轴的角度/(°)		−900		−540		−180	0	180		540		900	
多旋转数据的值	⋯		−2(E)		−1(F)		0		1		2		⋯

当省略构造和多旋转标志数据时，初始数据（7，0）会被采用。

知识 2.3　机器人本体结构介绍

　　机器人的机械本体是机器人的执行机构，或者称为操作机，它是一种用于执行类似人类手臂动作功能的机械装置。执行机构一般由机座、腰部、肩膀、上臂、肘部、前臂、手腕和末端执行器构成，如图 2-36 所示。

　　其中，机座是支撑整个机器人机械本体（或操作机）载荷的基础部件，一般固定不动；腰部和肩膀由 J_1 关节驱动，带动上臂、肘部、前臂和手腕及其末端执行器相对机座转动；上臂由 J_2 关节驱动，带动肘部、前臂和手腕及其末端执行器相对腰部转动；肘部由 J_3 关节驱动，带动前臂和手腕及其末端执行器相对上臂转动；前臂由 J_4 关节驱动，带动手腕及其末端执行器相对肘转动；手腕由 J_5 关节驱动，带动末端执行器相对前臂转动。末端执行器安装在手腕的法兰盘上，由法兰盘 J_6 轴驱动，带动末端执行器绕法兰轴自转。机器人本体上的 6 个运动关节及其驱动电动机分布情况如图 2-37 所示。

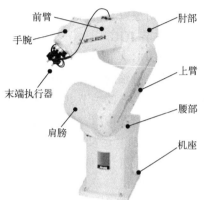

图 2-36　6 自由度垂直关节机器人的机械本体

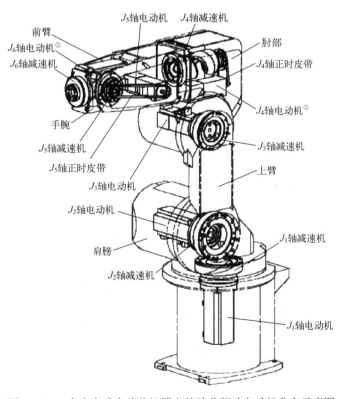

图 2-37　6 自由度垂直关节机器人的关节驱动电动机分布示意图

① RV-3SD/3SDC 系列：J_4、J_6 无制动。

知识 2.4 机器人 JOG 操作介绍

2.4.1 JOG 控制方式

机器人 JOG 控制是指以手动方式控制机器人本体的运动，该手动控制又叫点动控制。按照控制对象以及机器人运动时所参考的坐标系不同，分为以下 6 种 JOG 方式。

1. 关节 JOG

关节 JOG 是指控制机器人本体的各个关节绕自身轴做独立旋转运动。每个关节绕自身轴的旋转构成了关节 JOG 控制的控制自由度。例如，6 自由度垂直关节机器人的关节 JOG 控制由绕 J_1、J_2、J_3、J_4、J_5、J_6 这 6 个关节轴转动的 6 个自由度构成，分别定义为 J_1、J_2、J_3、J_4、J_5、J_6（若有附加轴，则增加 J_7、J_8 轴的运动）。每个关节独立转动，实现正转和反转的转动运动，运动单位为度（°）或 rad。转动方向的定义方法为，面对每个关节法兰面，逆时针为正。如图 2-38 所示。

二维码 2-8

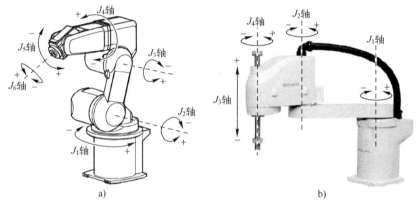

图 2-38 关节 JOG

a）垂直关节机器人 b）水平关节机器人

2. 直交 JOG

直交 JOG 是指控制工具坐标系相对于世界坐标系做绝对平移和绝对旋转运动。沿着世界坐标系 X、Y、Z 轴的平移运动和绕 X、Y、Z 轴的旋转运动构成了直交 JOG 控制的控制自由度。机器人出厂时，世界坐标系与基座坐标系重合，因此，可以看作是相对基座坐标系做平移和旋转运动，如图 2-39 所示。其中，平移自由度的数据用 X、Y、Z 表示，单位为 mm，表示工具坐标系原点在世界坐标系下的空间位置；旋转自由度的数据用 A、B、C 表示，单位为度（°）或 rad，表示工具坐标系各个轴在世界坐标系下的方向。当 X、Y、Z 坐标数值发生变化时，工具坐标系原点在世界坐标系下的空间位置改变，但法兰面的姿态保持不变；当 A、B、C 数值发生变化时，法兰面姿态发生改变，但工具坐标系原点在世界坐标系下的空间位置保持不变。

二维码 2-9

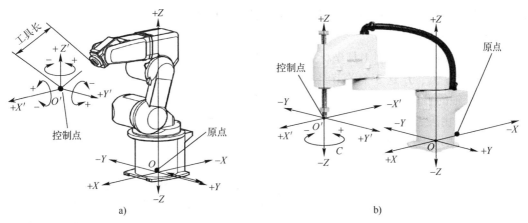

图 2-39　直交 JOG

a）垂直关节机器人　b）水平关节机器人

基座坐标系的定义方法为，在机器人基座后方往前方看为 X 轴正方向，往左方看为 Y 轴正方向，往上方看为 Z 轴正方向。

3. 工具 JOG

工具 JOG 是指控制工具坐标系相对于自身坐标系做相对平移和相对旋转运动。沿着工具坐标系 X、Y、Z 轴的平移运动和绕 X、Y、Z 轴的旋转运动构成了工具 JOG 控制的控制自由度。机器人出厂时，工具坐标系与机械法兰坐标系重合，因此，可以看作是相对机械法兰坐标系做平移和旋转运动，如图 2-40 所示。其中，工具 JOG 方式下显示的自由度数据与直交 JOG 方式下的意义相同。

二维码 2-10

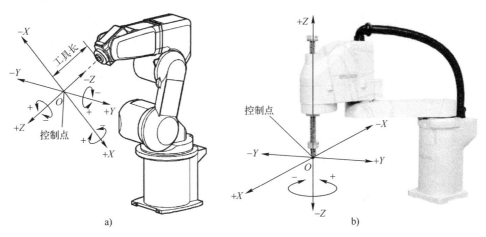

图 2-40　工具 JOG

a）垂直关节机器人　b）水平关节机器人

与直交 JOG 不同的是，工具 JOG 是做相对运动（相对于工具坐标系），当工具坐标系或机械法兰姿态发生变化时，其 X、Y、Z 的平移和 A、B、C 的旋转方向也发生变化。而直交 JOG 是做绝对运动（相对于世界坐标系），其参照的 X、Y、Z 轴方向保持不变（但是，改变了基本变换数据后，直交 JOG 的平移和旋转方向同样也会发生变化）。

4. 3 轴直交 JOG

3 轴直交 JOG 是指控制工具坐标系的原点相对于世界坐标系做绝对平移运动和控制 J_4、J_5、J_6 这 3 个关节绕自身轴做独立旋转运动。沿着世界坐标系 X、Y、Z 轴的平移运动和绕 J_4、J_5、J_6 关节轴的旋转运动构成了 3 轴直交 JOG 的 6 个自由度，如图 2-41 所示。其中，平移自由度用 X、Y、Z 表示，单位为 mm，表示工具坐标系原点在世界坐标系下的空间位置；旋转自由度用 J_4、J_5、J_6 表示，单位为度（°）或 rad，表示对应关节的角度位移。

二维码 2-11

当 X、Y、Z 坐标数值发生变化时，工具坐标系原点在世界坐标系下的空间位置改变，同时姿态数据改变，J_4、J_5、J_6 关节的角度位移不变。当 J_4、J_5、J_6 坐标数值发生变化时，工具坐标系原点在世界坐标系下的空间位置不变，姿态数据改变，J_4、J_5、J_6 关节的角度位移独立改变。以上控制过程不保证 J_1、J_2、J_3 轴的角度位移。

5. 圆筒 JOG

圆筒 JOG 是指控制工具坐标系原点相对圆筒坐标系做平移和转动，并控制工具坐标系姿态相对世界坐标系做旋转。沿圆弧径向移动的自由度 R、沿圆弧转动的自由度 T、沿 Z 轴方向直线移动的自由度 Z 和绕 X 轴、Y 轴、Z 轴旋转的自由度 A、B、C 构成了圆筒 JOG 的 6 个自由度，如图 2-42 所示。

二维码 2-12

其中，控制点的直线移动自由度 R、Z 的单位为 mm；转动自由度 A、B、C 以及 T 的单位为度（°）或 rad。当 R、T、Z 坐标数值发生变化时，工具坐标系原点的空间位置改变，但法兰面的姿态保持不变；当 A、B、C 数值发生变化时，法兰面姿态发生改变，但工具坐标系原点的空间位置保持不变。

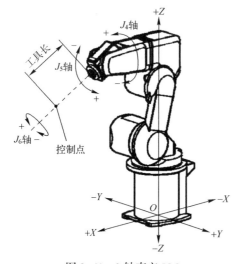

图 2-41   3 轴直交 JOG

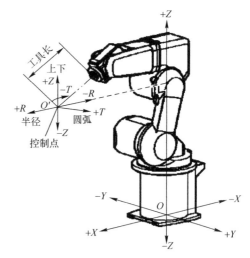

图 2-42   圆筒 JOG

6. 工件 JOG

工件 JOG 是指控制工具坐标系原点相对工件坐标系做平移和转动运动。自由度数据意义与直交 JOG 方式相同。默认情况下，工件坐标系与世界坐标系重合。有关工件坐标系的设置请参考本书"任务 3.4   工件坐标系测算"部分。

二维码 2-13

2.4.2   机器人本体的运动限制

机器人本体在运动时将受到动作范围和构造标志的限制。在不同的 JOG 控制和指令控制下，机器人本体运动受到的限制类型也不同，具体如下。

1. 动作范围的限制

无论使用哪种 JOG 控制方式，其自由度运动都要受到机器人本体的动作范围限制。机器人本体的动作范围限制包括 3 种：本体结构尺寸限制、关节动作范围限制（即每个关节只能在设定的角度位移范围内运动）和直交动作范围限制（即工具坐标系原点只能在设定的空间范围内运动）。第一种限制无法修改范围，后两种动作范围限制可以通过单击工作区工程树目录下的【模拟】或【在线】→【参数】→【动作参数】，双击【动作范围】选项来修改，如图 2-43 所示。

二维码 2-14

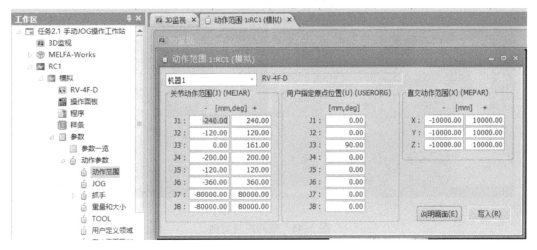

图 2-43   动作范围设置界面

为了防止机器人本体内部线缆和气管缠绕过度，以及机器人本体关节之间发生碰撞，一般不改变关节动作范围的默认设置。为了防止机器人本体与周围物体发生碰撞，一般需要修改直交动作范围。

二维码 2-15

2. 构造标志的限制

除了关节 JOG 的 6 个自由度运动和 3 轴直交 JOG 的 J_4、J_5、J_6 这 3 个自由度运动不受构造标志的限制外，剩余未列举的所有 JOG 自由度运动都受构造标志的限制。所谓构造标志的限制是指，机器人本体无法从一种构造标志运动到另外一种构造标志。例如，无法简单通过直交 JOG 的 Z 方向自由度运动来控制机器人本体从图 2-44a 所示的位姿到达 2-44b 所示的位姿。

二维码 2-16

3. 整列控制

整列控制是指保持工具坐标系原点在世界坐标系下的空间位置和机器人本体构造标志不变的情况下，控制工具坐标系绕世界坐标系各个轴往运动量最小的方向旋转，使得工具坐标系的各个轴与世界坐标系的各个轴平行，例如，从图 2-45a 所示的姿态整列成 2-45b 所示的姿态。需要注意的是，若整

二维码 2-17

列后的构造标志与当前不同，则无法执行整列操作。

二维码 2-18

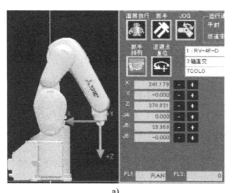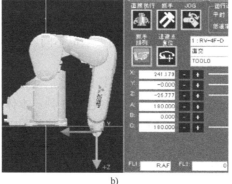

图 2-44　构造标志限制案例

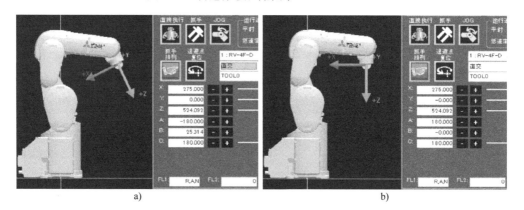

图 2-45　整列控制案例

知识2.5　工业机器人编程概述

1. 面向用户编程和面向任务编程

　　按照编程对象的不同，工业机器人编程类型分为两种：面向用户编程和面向任务编程。面向用户编程，即机器人开发人员为方便用户使用而采用底层语言对机器人系统进行的编程。这种编程涉及机器人底层开发技术，包括运动轨迹规划、关节伺服控制和人机交互等等许多机器人控制的关键问题，并将各种控制程序封装成简单易懂的机器人编程语言供用户编程使用。面向任务编程，即用户为使用机器人完成某一任务而采用机器人编程语言编写相应动作程序的编程。这种编程由于采用已经开发过的机器人系统，因此，相对于前者更简单。

2. 在线编程、离线编程和自主编程

　　按照编程手段的不同，面向任务编程又分为在线编程、离线编程和自主编程 3 种方式。在线编程是指在连接机器人系统的情况下，通过外力直接作用于机器人本体或示教器控制机器人本体移动，对机器人位置及轨迹进行示教记忆和动作再现的编程；离线编程是指借助计算机图形学的研究成果，通过软件工具建立起机器人及其工作环境的模型，利用机器人编程语言及相关轨迹控制算法，对图形进行控制和操作，从而在不占用实际机器人系统的离线状态下生成控制机器人轨迹和作业的离线程序；自主编程是指针对不同工况，利用传感器技术，由计算机自动地规划工业机器人的运动轨迹路径，如视觉引导工业机器人移动。

现场编程需要占用实际的机器人，编程时机器人需要停止当前工作任务；由于机器人位置数据由人工示教而来，因此位置精度有限；操作者编程时处于现场环境，具有一定的危险性；难以获得复杂的轨迹曲线数据。离线编程不需要占用实际的机器人，因此，不影响机器人工作，减少机器人非工作时间，提高机器人工作效率；操作者编程时不在机器人作业现场，比较安全；通过计算机辅助设计的方法，可以获得较高位置精度的轨迹路径，并实现复杂的轨迹规划控制编程。

知识 2.6　机器人程序文件的概念

一个机器人程序文件主要包含程序名、程序语句、位置数据与外部变量 3 个基本构成要素。各个要素的基本知识如下：

1. 程序名

机器人程序的名称必须使用大写英文字母或数字等字符来命名，名称最长为 12 个字符。可使用的字符见表 2-1。

表 2-1　程序名可使用的字符

类型	可使用的字符
英文	A B C D E F G H I J K L M N O P Q R S T U V W X Y Z （最好使用大写，使用小写时，可能出现控制器无法正常执行的风险）
数字	1 2 3 4 5 6 7 8 9 0

当使用外部信号选择程序时，程序名只能用数字字符命名；当使用 CallP 指令选择程序时，可以使用 4 个字符以上、12 个字符以下可使用的字符命名。

在控制箱显示屏上最多只能显示程序名的前 4 个字符，并且会在程序名左边显示"p."字符（表示程序）。不足 4 个字符时，显示屏会自动在程序名前补 0。因此，最好把机器人程序的名称控制在 4 个字符以内。例如，将机器人的程序名称命为"STA"，则控制箱显示屏上显示"p.0STA"，如图 2-46 所示。

2. 程序语句

在机器人程序内，由 1 条以上的程序语句构成程序语句列表，如图 2-47 所示。一条程序语句代表一步动作，这些程序语句都由步号+命令构成；有些命令由指令、数据、附随语句等元素组成，有些指令由标识等元素构成；还有些指令由函数和赋值语句构成；指令不同，其构成要素也略有不同。

图 2-46　控制箱上的程序名称显示

图 2-47　机器人程序的指令语句

步号：决定程序执行的顺序，由整数 1～32767 表示。每一行指令语句都有一个步号，增加一行指令，步号就递增一个整数。在 MELFA－BASIC V 中，步号由编程环境自动添加。

指令：指定机器人的动作及作业的指令。

数据：每个指令所需的变量及数值等数据。并不是每个指令都需要数据。机器人程序中的数据可以用常量或变量表示。

附随语句：根据需要附加到机器人动作或作业后。

标识：指令语句的位置标签。

3. 位置数据与外部变量

位置变量数据是指在直角坐标系或关节坐标系下为某一位置变量示教保存的位置数据。如果程序中有用到位置变量，必须同时将该位置变量的数据作为程序文件的一部分下载到机器人控制器中，否则程序运行时将报错。

外部变量（也叫全局变量）是指在控制器内不同程序之间都有效的变量。如果程序中有用到外部变量，必须同时将该外部变量数据作为程序文件的一部分下载到机器人控制器中。

知识 2.7　机器人程序文件的创建

1. 程序文件新建

可以通过示教器和机器人管理软件 RT ToolBox 创建机器人程序文件。通过示教器创建的机器人程序文件直接存储在机器人控制器中，该程序文件称为在线程序，如图 2-48 所示；通过管理软件 RT ToolBox 创建的机器人程序文件暂时存储在计算机软盘上，该程序文件称为离线程序，如图 2-49 所示。将 RT ToolBox 软件与机器人控制器连接后，可以将离线程序文件下载至机器人控制器中。

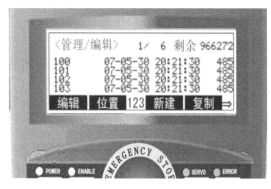

图 2-48　通过示教器创建在线程序

2. 指令语句和位置数据添加

右键单击创建的程序文件，打开程序指令语句编辑器。输入如图 2-50 所示的指令语句和位置数据。

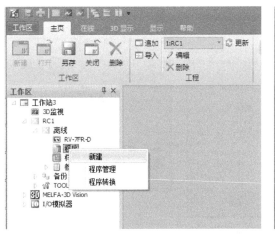

图 2-49　通过软件创建离线程序

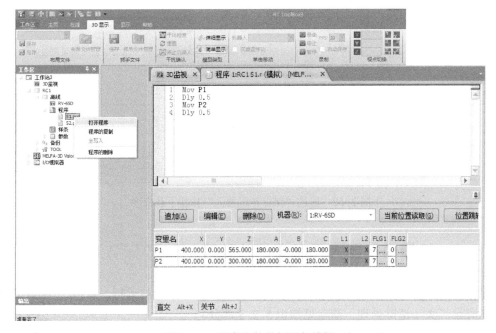

图 2-50　程序文件的打开与编辑

知识 2.8　机器人程序文件的下载

程序的下载是指将机器人程序文件保存至机器人控制器中，保存方式有以下 2 种：

1）在示教器中创建机器人程序文件时，该文件直接保存在机器人控制器中，无须下载。

2）在 RT ToolBox 软件中创建机器人程序文件时，通过程序管理、拖拽、保存至机器人上等方式，将机器人程序文件保存至机器人控制器中，如图 2-51 和图 2-52 所示。

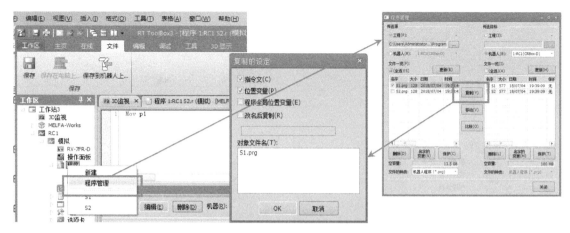

图 2-51　通过"程序管理"功能下载程序

图 2-52　通过"保存至机器人"按钮下载程序

知识 2.9　插槽内机器人程序文件的处理

保存在机器人控制器中的程序只有加载至插槽上后，才能被运行、暂停、复位和清除（关于清除处理，请参见知识 5.2.3 部分）。

1. 机器人程序文件的加载

将机器人程序文件加载至插槽中的方法有 3 种，分别为通过控制器面板的选择程序、通过任务插槽参数的设置和通过加载指令的执行。以下详细介绍第 1 种加载方式的操作方法。

二维码 2-19

虚拟仿真和现场实操中，通过控制器面板选择程序的操作步骤与内容会有所不同，本节以虚拟仿真为例，介绍程序选择步骤与方法。在插槽处于程序可选择的状态下，单击程序选择按钮，跳出程序选择对话框；选择目标程序文件后，控制面板上的程序显示栏将显示程序名，如图 2-53 所示。通过控制器面板选择的程序文件会被加载至插槽 1 中。

二维码 2-20

2. 机器人程序文件的运行

只有先将程序文件加载至任务插槽后，才能启动任务插槽，自动地运行

二维码 2-21

程序文件。

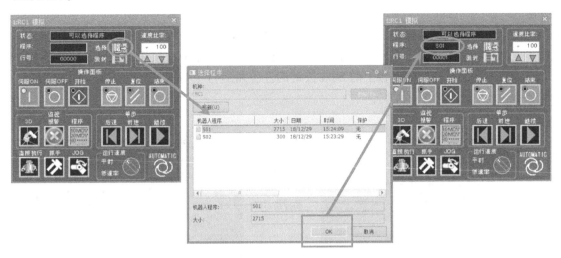

图 2-53　通过控制器面板选择程序的示例

　　任务插槽的启动条件有 3 种，分别为启动命令运行（START）、上电自动运行和错误发生时运行。其中，将插槽参数［SLT＊］的启动条件设定为 START，则控制器在处于暂停或待机状态下，收到 START 启动命令时，对应插槽立即运行所加载的程序文件。

　　START 启动命令可由控制器面板上的 START 按钮、专用 START 输入信号和 XRun 指令 3 种方式输入。以下详细介绍第 1 种启动插槽、运行程序的操作方法。

　　虚拟仿真和现场实操中，通过控制器面板启动插槽、运行程序的操作步骤与内容基本相同。在插槽已加载目标程序文件，并处于程序可选择或暂停中的状态下，单击 START 按钮，系统即进入运行中状态，控制器面板上的 START 按键的左上角运行中指示灯亮起，如图 2-54 所示。

二维码 2-22

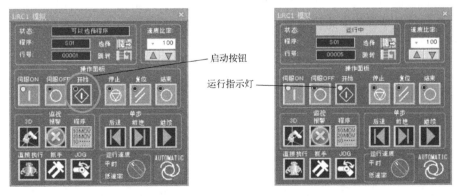

图 2-54　控制器面板 START 按钮及运行指示灯状态

3. 机器人程序文件的暂停

只有当前任务插槽处于运行中状态，才能暂停任务插槽，停止程序文件的执行。

任务插槽的暂停命令有 3 种途径生成，分别为通过控制器或示教器上的 Stop 按钮、通过专用 Stop 输入信号和通过程序的 XStp 指令语句。以下详细介绍第 1 种暂停方式的操作方法。

　　虚拟仿真和现场实操中，通过控制器面板暂停插槽、停止程序执行的操作步骤与内容基本相同。在插槽处于暂停中的状态下，单击 Stop 按钮，系统即进入暂停状态，控制器面板上的 Stop 按键的左上角运行中指示灯亮起，如图 2-55 所示。

二维码 2-23

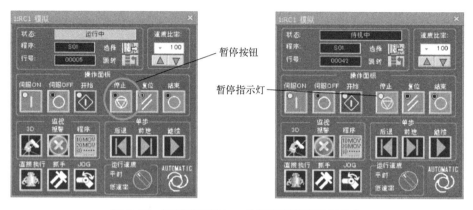

图 2-55　控制器面板 Stop 按钮及暂停指示灯状态

4. 机器人程序文件的复位

　　只有当前任务插槽处于暂停状态，才能复位任务插槽，初始化程序文件，使得程序指针回到第 1 步。

　　任务插槽的复位命令有 3 种途径生成，分别为通过控制器或示教器上的 Reset 按钮、通过专用 Reset 输入信号和通过程序的 XRst 指令语句。以下详细介绍第 1 种复位方式的操作方法。

　　虚拟仿真和现场实操中，通过控制器面板复位插槽、初始化程序的操作步骤与内容略有不同。在插槽处于暂停中的状态下，单击 Reset 按钮，控制器面板状态栏显示可选择程序状态，行号栏显示第 1 步，如图 2-56 所示。

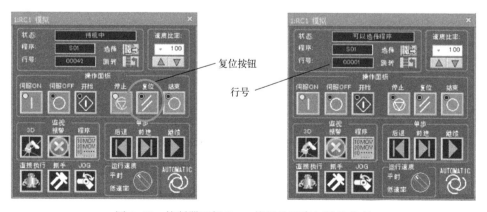

图 2-56　控制器面板 Reset 按钮及程序初始化状态

实训任务 2.1 认识工业机器人的直交 JOG 与 Base 参数

一、任务分析

本次实训任务的主要内容是使用直交 JOG 操作控制工业机器人本体运动，以及修改 Base 参数，体验 Base 参数对直交 JOG 操作的影响。

为了完成并理解该任务，除了具备项目 1 所涉及的有关软件操作技能及知识以外，还须综合应用坐标系有关数学概念、坐标系的几何运动及其矩阵变换运算、工业机器人坐标系种类及作用、基座变换的概念、Base 参数的矩阵变换几何意义及直交 JOG 等基本理论知识。

二、相关知识链接

知识 2.1、知识 2.2、知识 2.3、知识 2.4。

二维码 2-24

三、任务实施

1）打开项目 2 工业机器人销钉装配作业的虚拟仿真工作站。

① 扫描二维码 2-24，下载项目 2 的虚拟仿真工作站文件包。下载以后，将其解压缩到计算机磁盘中，例如，在"D:\"根目录下。

二维码 2-25

② 分别先后打开 Solidworks2017 和 RT ToolBox3 两个软件，勿必在完全打开第一个软件后再打开第二个软件，否则有可能会影响后续的仿真连接。

③ 在 Solidworks 中开启 RT ToolBox 的仿真连接器。具体操作方法请扫描二维码 2-25 观看。

④ 在 RT ToolBox 中打开"工业机器人销钉装配作业工作站"的文件，进入模拟模式，并启动虚拟仿真器，与 Solidworks 连接，工作站场景画面如图 2-57 所示。具体操作方法请扫描二维码 2-26 观看。

二维码 2-26

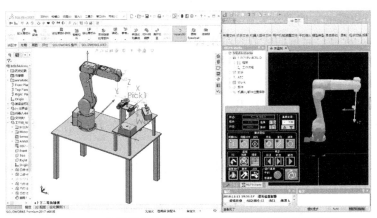

图 2-57 工业机器人销钉装配作业的虚拟仿真工作站画面

2）安装加工型虚拟终端工具。具体操作方法请扫描二维码 2-27 观看。

3）修改工业机器人在工作台上的安装角度为 5°。具体操作方法请扫描二维码 2-28 观看。

4）使用"单击移动"功能，将工具末端移至工作台 P1 位置，如图 2-58 所示。具体操作方法请扫描二维码 2-29 观看。

二维码 2-27

二维码 2-28

二维码 2-29

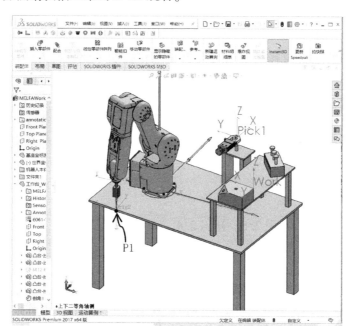

图 2-58　单击移动功能的 P1 位置

5）使用直交 JOG 方式，单击"X+"的方向运动按键，观察移动现象。具体操作方法请扫描二维码 2-30 观看。

二维码 2-30

通过视频可以看到，工具末端不能沿着工作台边缘移动，移动轨迹是一条倾斜的直线。其中，有两个已知条件：一是工业机器人的基座在安装时发生了倾斜；二是工业机器人的 Base 参数全部为 0。

结合以上两个条件，请思考：为什么通过这时的直交 JOG-X+ 运动控制键不能控制工具末端沿着工作台边缘的方向移动？

（知识提示：从点、向量的代数表示来理解坐标系的代数表示；同时，介绍工业机器人系统中坐标系的种类及作用；介绍坐标系的几何运动及其代数矩阵运算，由此理解基座变换的概念以及 Base 参数设置的作用。）

6）重复第 4）步操作后，设置 Base 参数为（0,0,0,0,0,5），再次使用直交 JOG 的 X+ 运动控制键，观察移动现象。具体操作方法请扫描二维码 2-31 观看。

二维码 2-31

（知识提示：再次结合坐标系变换的原理，分析 Base 参数设置的作用，解释本次移动与第 5）步移动不一样的原因。）

7）做好"尖点对顶摆动"实验的 4 个准备工作：修改工业机器人在工作台上的安装角度为 0°，设置 Base 参数为 (0,0,0,0,0,0)，自动设定 Tool 参数，机器人终端工具的末端与试验台工具的尖点对顶。具体操作方法请扫描二维码 2-32 观看。

二维码 2-32

8）使用直交 JOG，开展"尖点对顶摆动"实验，观察工具末端的尖点位置有无变化。有关该实验的具体操作方法请扫描二维码 2-33 观看。

通过上述操作，结合工业机器人中坐标系种类、坐标系运动及变换等知识，请思考：直交 JOG 的控制对象是什么？参考对象是什么？属于哪种运动（绝对运动还是相对运动）？能不能试着用矩阵变换的运算公式进行表达？

二维码 2-33

实训任务 2.2　认识工业机器人的工具 JOG 与 Tool 参数

一、任务分析

本次实训任务的主要内容是使用工具 JOG 操作和直交 JOG 操作开展"尖点对顶摆动"实验，以及修改 Tool 参数，体验 Tool 参数对直交 JOG 与工具 JOG 操作的影响。

为了完成并理解该任务，除了具备项目 1 所涉及的有关软件操作技能及知识以外，还须在实训任务 2.1 所涉及的有关坐标系及其变换知识基础上，再进一步综合应用工具变换的概念、Tool 参数的几何意义、工具 JOG 等基本理论知识。

二、相关知识链接

知识 2.1、知识 2.2、知识 2.3、知识 2.4。

三、任务实施

1）打开项目 2　工业机器人销钉装配作业的虚拟仿真工作站，具体操作方法请参考实训任务 2.1 中的第 1）步。

2）安装加工型虚拟终端工具，具体操作方法请参考实训任务 2.1 中的第 2）步。

3）做好"尖点对顶摆动"实验的 4 个准备工作，将虚拟终端工具的末端移至"尖点对顶摆动"实验工具的顶部，如图 2-59 所示。具体操作方法请参考实训任务 2.1 中的第 7）步。

4）使用直交 JOG，开展"尖点对顶摆动"实验，观察工具末端的尖点位置有无变化。具体操作方法请参考实训任务 2.1 中的第 8）步。

5）设置 Tool 参数为 (0,0,0,0,0,0)，使用直交 JOG 开展"尖点对顶摆动"实验，观察工具末端的尖点位置有无变化。具体操作方法请扫描二维码 2-34 观看。

二维码 2-34

6）重复上述第 3）步操作后，设置 Tool 参数为 (20,20,120,0,0,0)，使用直交 JOG 开展"尖点对顶摆动"实验，观察工具末端的尖点位置有无变化；再结合"单击移动"功能的有关操作，寻找工具上不动的点。具体操作方法请扫描二维码 2-35 观看。

二维码 2-35

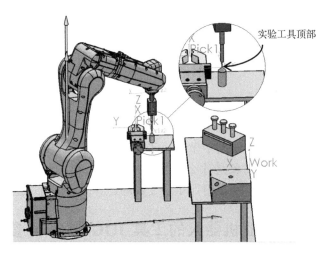

图 2-59　"尖点对顶摆动"实验图

请思考：在上述 3 个操作步骤中，为什么无法完成"尖点对顶摆动"实验？为什么直交 JOG 的控制点发生了变化？

（知识提示：理解法兰坐标系和工具坐标系的定义。应用坐标系平移运动及其矩阵变换运算等数学知识，深度理解 Tool 参数（特别是 X、Y、Z 分量）的几何意义以及工具 JOG 的 A、B、C 运动自由度等专业知识。）

7）重复上述第 3）步操作后，分别通过直交 JOG 和工具 JOG 开展"尖点对顶摆动"实验，观察两种 JOG 方式下工具末端的运动有何不同。具体操作方法请扫描二维码 2-36 观看。

二维码 2-36

请思考：在上述操作步骤中，工具 JOG 的控制对象是什么？参考对象是什么？属于哪种运动（绝对运动还是相对运动）？能不能试着用矩阵变换的运算公式进行表达？

（知识提示：坐标系旋转运动及其对应的右乘法矩阵变换运算。）

8）设置 Tool 参数为（0,0,231,0,0,0），开启轨迹显示功能，分别使用直交 JOG 和工具 JOG 的 Z+ 和 Z- 运动控制键，观察运动轨迹。具体操作方法请扫描二维码 2-37 观看。

二维码 2-37

9）设置 Tool 参数为（0,0,231,90,0,0），开启轨迹显示功能，使用工具 JOG 的 Y+ 和 Y- 运动控制键，观察运动轨迹。具体操作方法请扫描二维码 2-38 观看。

二维码 2-38

10）设置 Tool 参数为（0,0,231,0,90,0），开启轨迹显示功能，使用工具 JOG 的 X+ 和 X- 运动控制键，观察运动轨迹。具体操作方法请扫描二维码 2-39 观看。

请思考：在上述 3 个操作步骤中，为什么直交 JOG 与工具 JOG 的 X、Y、Z 平移运动轨迹不同？同样垂直于机械法兰面的移动轨迹，8）、9）步中为何需要使用 3 个不同的平移运动控制键？

二维码 2-39

（知识提示：进一步理解 Tool 参数（特别是 A、B、C 分量）的几何意义以及工具 JOG 的 X、Y、Z 平移运动自由度。）

实训任务 2.3 　手动控制机器人装配作业

一、任务分析

本次任务的主要内容是使用虚拟操作面板来控制虚拟机器人本体的运动及虚拟抓手的抓放，实现将销钉装入安装板的销钉孔，如图 2-60 所示。在这个过程中，需要设置不同的 Tool 参数，记录各个抓、放时刻机器人的两种位置数据：关节位置数据和直交位置数据。

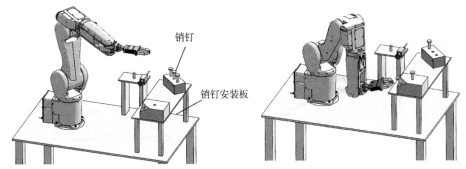

图 2-60 　销钉装配示意图

为了完成并理解该任务，除了具备项目 1 所涉及的有关软件操作技能及知识以外，还须在前述两个实训任务所涉及的有关理论知识基础上，特别是有关直交 JOG、工具 JOG、Base 参数及其基座变换、Tool 参数及其工具变换，再进一步综合应用正运动学计算、逆运动学计算、机器人直交位置数据与关节位置数、关节 JOG 和本体运动的限制等有关基本知识。在进行相关理论知识的学习后，再按照任务实施步骤开展具体操作实践；也可以一边按照任务实施步骤、一边开展理论知识学习。

二、相关知识链接

知识 2.1、知识 2.2、知识 2.3、知识 2.4。

三、任务实施

1）打开项目 2 　工业机器人销钉装配作业的虚拟仿真工作站，具体操作方法请参考实训任务 2.1 中的第 1）步。

2）安装抓取型虚拟终端工具，设置虚拟抓手的控制信号，如图 2-61 所示。具体操作方法请扫描二维码 2-40 观看。

二维码 2-40

图 2-61 　虚拟抓手的模拟仿真设置

3) 设置工具坐标系。默认情况下，工具坐标系与机械法兰坐标系重合。本次任务中需要设置两个工具坐标系，分别如下。

① 未抓取工件前抓手末端的工具坐标系 1，如图 2-62 所示。坐标系变换过程如下：沿着法兰坐标系 Z_F 轴正方向平移至 242 mm 处，绕着法兰坐标系 Y_F 轴负方向旋转 90°。

② 抓取工件后工件末端的工具坐标系 2，如图 2-63 所示。坐标系变换过程如下：沿着法兰坐标系 Z_F 轴正方向平移至 242 mm 处，沿着法兰坐标系 X_F 轴正方向平移至 51 mm 处，绕着法兰坐标系 Y_F 轴负方向旋转 90°。

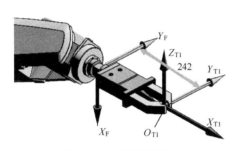

图 2-62　工具坐标系 1

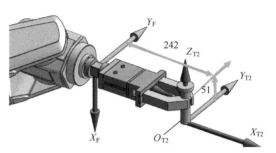

图 2-63　工具坐标系 2

因此，工具坐标系 1 的工具变换数组为（0,0,242,0,-90,0），工具坐标系 2 的工具变换数组为（51,0,242,0,-90,0）。将这两组工具变换数据分别写入参数 MEXTL1 和 MEXTL2 中，同时，初始化参数 MEXTL，如图 2-64 所示。具体操作方法请扫描二维码 2-41 观看。

二维码 2-41

图 2-64　工具坐标系的参数设置画面

4) 抓取工件 1。选用工具坐标系 1，综合应用关节 JOG、直交 JOG 和工具 JOG 等 JOG 方式，控制抓手末端移至抓取工件 1 的位置与姿态，如图 2-65a 所示。具体操作方法请扫描二维码 2-42 观看。同时，将工业机器人抓取工件 1 时的工具坐标系编号、直交位置数据和关节位置数据填入表 2-2 中。

二维码 2-42

表 2-2　抓取工件 1 的位置数据

位置数据类型	抓取 1 位置数据（Tool 编号＝　　）							
直交位置数据	$X=$	$Y=$	$Z=$	$A=$	$B=$	$C=$	FL1＝	FL2＝
关节位置数据	$J_1=$	$J_2=$	$J_3=$	$J_4=$	$J_5=$	$J_6=$		

（知识提示：理解什么是关节位置数据，了解连杆变换的过程，理解什么是直交位置矩阵，了解正运动学与逆运动学的基本过程，熟知直交位置数据的构成及作用。）

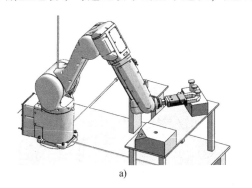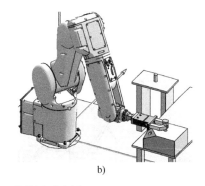

图 2-65　抓取和放置工件 1 的位置示意图

a）抓取工件 1 的位置图　b）放置工件 1 的位置图

5）抓取工件 1 后，选用工具坐标系 2，控制部位由工具末端改为工件末端，使用直交 JOG 的 Z+平移运动控制键抬高工件末端的高度，直到不能继续平移为止。

二维码 2-43

请思考：不能继续 Z+平移是受到了什么限制？（知识提示：熟知机器人本体的运动限制类型及其特点，尤其是本体结构尺寸的限制类型。）

6）放置工件 1。选用工具坐标系 2，综合应用关节 JOG、直交 JOG 和工具 JOG 等 JOG 方式，控制抓手末端的工件移至放置工件 1 的位置与姿态，如图 2-65b 所示。具体操作方法请扫描二维码 2-44 观看。同时，将工业机器人放置工件 1 时的工具坐标系编号、直交位置数据和关节位置数据填入表 2-3 中。

二维码 2-44

表 2-3　放置工件 1 的位置数据

位置数据类型	放置 1 位置数据（Tool 编号＝　　）						
直交位置数据	$X=$	$Y=$	$Z=$	$A=$	$B=$	$C=$	FL1＝	FL2＝
关节位置数据	$J_1=$	$J_2=$	$J_3=$	$J_4=$	$J_5=$	$J_6=$		

7）放置工件 1 后，选用工具坐标系 1，控制部位由工件末端改为工具末端，使用直交 JOG 的 X-平移运动控制键后移工具末端的位置，直到不能继续平移为止。

请思考：不能继续 X-平移是受到了什么限制？（知识提示：熟知机器人本体的运动限制类型及其特点，尤其是关节动作范围的限制类型）

二维码 2-45

8）抓取工件 2。选用工具坐标系 1，综合应用关节 JOG、直交 JOG 和工具 JOG 等 JOG 方式，控制抓手末端移至抓取工件 2 的位置与姿态，如图 2-66a 所示。具体操作方法请参考第 4）步。同时，将工业机器人抓取工件 2 时的工具坐标系编号、直交位置数据和关节位置数据填入表 2-4 中。

表 2-4　抓取工件 2 的位置数据

位置数据类型	抓取 2 位置数据（Tool 编号＝　　）							
直交位置数据	X ＝	Y ＝	Z ＝	A ＝	B ＝	C ＝	FL1 ＝	FL2 ＝
关节位置数据	J_1 ＝	J_2 ＝	J_3 ＝	J_4 ＝	J_5 ＝	J_6 ＝		

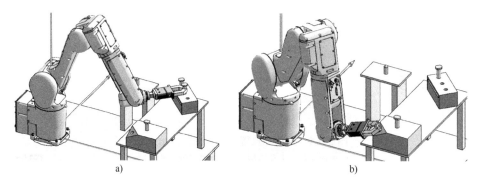

a)　　　　　　　　　　　　　　　　b)

图 2-66　抓取和放置工件 2 的位置示意图

a）抓取工件 2 的位置图　b）放置工件 2 的位置图

9）放置工件 2。选用工具坐标系 2，综合应用关节 JOG、直交 JOG 和工具 JOG 等 JOG 方式，控制抓手末端的工件移至放置工件 2 的位置与姿态，如图 2-66b 所示。具体操作方法请参考第 6）步。同时，将工业机器人放置工件 2 时的工具坐标系编号、直交位置数据和关节位置数据填入表 2-5 中。

表 2-5　放置工件 2 的位置数据

位置数据类型	放置 1 位置数据（Tool 编号＝　　）							
直交位置数据	X ＝	Y ＝	Z ＝	A ＝	B ＝	C ＝	FL1 ＝	FL2 ＝
关节位置数据	J_1 ＝	J_2 ＝	J_3 ＝	J_4 ＝	J_5 ＝	J_6 ＝		

实训任务 2.4　自动控制机器人装配作业

一、任务分析

本次任务的主要内容是创建与下载 1 个机器人程序文件、示教 11 个机器人位置数据、自动运行机器人控制程序，最终完成如二维码 2-46 所展示的销钉自动装配作业过程。

二维码 2-46

为了完成并理解该任务，除了具备项目 1 所涉及的有关软件操作技能及知识以外，还须在前述 3 个实训任务所涉及的有关理论知识基础上，特别是 JOG 操作方式、工具坐标系、机器人位置数据、运动限制等，再进一步综合应用工业机器人任务程序的概念、程序文件的下载及其在插槽内的处理等有关基本知识。在进行相关理论知识的学习后，再按照任务实施步骤开展具体操作实践；也可以一边按照任务实施步骤、一边开展理论知识学习。

二、相关知识链接

知识 2.5、知识 2.6、知识 2.7、知识 2.8、知识 2.9。

三、任务实施

在完成实训任务 2.3 的所有任务内容基础之上，开始执行本次实训任务的以下步骤。

二维码 2-47

1. 创建任务程序文件

分别在模拟和离线状态下创建两个任务程序文件，分别命名为 "S01" 和 "S02"。具体操作方法请扫描二维码 2-47 观看。

2. 编写指令语句

在模拟仿真的状态下，打开新建的 "S01. Prg" 任务程序文件，并输入以下指令语句，具体操作方法请扫描二维码 2-48 观看。

二维码 2-48

```
1 GetM 1                     '获取对机器人本体的控制权
2 M_Out(901) = 0             '抓手信号复位,放开工件
3 '以下程序到抓取 1 位
4 M_Tool = 1                 '采用 1 号工具坐标系
5 Mov PGet                   '关节插补至抓取区域的上空位
6 Mvs PGet1F Type 0,2        '直线插补至 1 号工件抓取前方位
7 Mvs PGet1 Type 0,2         '直线插补至 1 号工件抓取位
8 Dly 0. 2                   '延时等待 0.2 s
9 M_Out(901) = 1             '抓手信号置位,抓取工件
10 Dly 0. 4                  '延时等待 0.4 s
11 M_Tool = 2                '采用 2 号工具坐标系
12 Mvs PGet1,80 Type 0,2     '直线插补至 1 号工件正上空位
13 Mov PGet                  '关节插补至抓取区域的上空位
14 '以下程序到放置 1 位
15 Mov PPut                  '关节插补至放置区域上空位置
16 Mov PPut1,80              '关节插补至 1 号放置位置正上空
17 Mvs PPut1 Type 0,2        '直线插补至 1 号放置位置
18 Dly 0. 2                  '延时等待 0.2 s
19 M_Out(901) = 0            '抓手信号复位,放开工件
20 Dly 0. 4                  '延时等待 0.4 s
21 Mvs PPut1F Type 0,2       '直线插补至 1 号放置位正上空
22 Mov PPut                  '关节插补至放置区域上空位置
23 '以下程序到抓取 2 位
24 M_Tool = 1                '采用 1 号工具坐标系
25 Mov PGet                  '关节插补至抓取区域的上空位
26 Mov PGet2F Type 0,2       '直线插补至 2 号工件抓取前方位
27 Mvs PGet2 Type 0,2        '直线插补至 2 号工件抓取位
28 Dly 0. 2                  '延时等待 0.2 s
```

29 M_Out(901) = 1	'抓手信号置位,抓取工件
30 Dly 0.4	'延时等待0.4 s
31 M_Tool = 2	'采用2号工具坐标系
32 Mvs PGet2,80	'直线插补至2号工件正上空位
33 Mov PGet	'关节插补至抓取区域的上空位
34 '以下程序到放置2号区域	
35 Mov PPut	'关节插补至放置区域上空位置
36 Mov PPut2u1	'关节插补至2号放置区域斜上空位置
37 Mvs PPut2,80 Type 0,2	'直线插补至2号放置区域正上空位置
38 Mvs PPut2 Type 0,2	'直线插补至2号放置位置
39 Dly 0.2	'延时等待0.2 s
40 M_Out(901) = 0	'抓手信号复位,放开工件
41 Dly 0.4	'延时等待0.4 s
42 Mvs PPut2F Type 0,2	'直线插补至2号放置区域正上空位置
43 Mvs PPut	'关节插补至放置区域上空位置
44 Hlt	'程序暂停

3. 抓取时刻与抓取前方位置的示教操作

根据实训任务2.3中表2-2记录的数据,重现工业机器人抓取工件1时刻的位置,将当前位置示教给位置变量PGet1;再通过工具JOG移动抓手至工件1前方位置,将当前位置示教给位置变量PGet1F。示教结果如图2-67所示,具体操作方法请扫描二维码2-49观看。在位置示教过程中,需要特别注意工具坐标系编号的选择。

二维码2-49

变量名	X	Y	Z	A	B	C	L1	L2	FLG1	FLG2
PGet	0.000	0.000	0.000	0.000	0.000	0.000	0.000	0.000	X ...	X ...
PGet1	843.570	198.640	415.980	0.000	0.000	45.000	X	X	6 ...	0 ...
PGet1F	784.810	139.880	415.980	0.000	-0.000	45.000	X	X	6 ...	0 ...
PGet2	0.000	0.000	0.000	0.000	0.000	0.000	0.000	0.000	X ...	X ...
PGet2F	0.000	0.000	0.000	0.000	0.000	0.000	0.000	0.000	X ...	X ...
PPut	0.000	0.000	0.000	0.000	0.000	0.000	0.000	0.000	X ...	X ...
PPut1	0.000	0.000	0.000	0.000	0.000	0.000	0.000	0.000	X ...	X ...
PPut1F	0.000	0.000	0.000	0.000	0.000	0.000	0.000	0.000	X ...	X ...
PPut2	0.000	0.000	0.000	0.000	0.000	0.000	0.000	0.000	X ...	X ...
PPut2F	0.000	0.000	0.000	0.000	0.000	0.000	0.000	0.000	X ...	X ...

追加(A) 编辑(E) 删除(D) 机器(R): 1:RV-8CRL-D 当前位置读取(G) 位置跳转(P)

直交 Alt+X 关节 Alt+J

图2-67 抓取工件1和抓取前方的位置数据

4. 剩余9个位置的示教与保存操作

按照上述第3步展示的操作方法,分别将放置工件1时刻的位置示教给PPut1、放置位置的前方示教给PPut1F、抓取工件2时刻的位置示教给PGet2、抓取工件2的前方位置示教给PGet2F、放置工件2时刻的位置示教给PPut2、放置工件2上空水平姿态位置示教给PPut2U1、放置工件2后退出位置示教给PPut2F、抓取区域上空位置示教给PGet、放置区域上空位置示教给 PPut，示教结果如图 2-68 所示。其中，PPut2u1、PPut2F 位置示教过程的具体操作方法请扫描二维码 2-50 观看。在位置示教过程中，需要特别注意工具坐标系编号的选择。

二维码 2-50

最后，通过保存程序文件的操作，保存位置数据。

图示：位置

| 追加(A) | 编辑(E) | 删除(D) | 机器(R): | 1:RV-8CRL-D | | 当前位置读取(G) | 位置跳转(P) |

变量名	X	Y	Z	A	B	C	L1	L2	FLG1	FLG2
PGet	732.000	180.730	565.640	-0.000	0.000	45.000	X	X	6 …	0 …
PGet1	843.570	198.640	415.980	0.000	0.000	45.000	X	X	6 …	0 …
PGet1F	784.810	139.880	415.980	0.000	-0.000	45.000	X	X	6 …	0 …
PGet2	800.690	240.780	415.980	0.000	0.000	45.000	X	X	6 …	0 …
PGet2F	748.960	189.040	415.980	0.000	-0.000	45.000	X	X	6 …	0 …
PPut	632.710	-270.000	563.660	0.000	0.000	0.000	X	X	6 …	0 …
PPut1	809.050	-270.000	381.900	-0.000	-0.000	0.000	X	X	6 …	0 …
PPut1F	759.920	-270.000	381.900	0.000	-0.000	0.000	X	X	6 …	0 …
PPut2	750.050	-305.760	368.790	27.000	-23.200	-11.250	X	X	6 …	0 …
PPut2F	657.100	-287.270	328.170	27.000	-23.200	-11.250	X	X	6 …	0 …
PPut2u1	710.950	-339.790	442.760	0.000	0.000	0.000	X	X	6 …	0 …

直交　Alt+X　关节　Alt+J

图 2-68　销钉装配位置示教结果

（知识提示：机器人位置数据的表达方式有哪两种？其中，哪一种位置数据的数值与工具坐标系有关？）

5. 控制器面板选择程序

通过控制器面板选择存储在控制器内的程序文件，该文件被加载至插槽 1 中。通过控制器面板"开始"键便可启动插槽自动运行程序。具体操作方法请扫描二维码 2-51 观看。

二维码 2-51

（知识提示：熟知加载任务程序文件的方法及特点。）

6. 参数设置方式选择程序

通过设定插槽表参数，为插槽 2 指定"S01. prg"程序，如图 2-69 所示。通过控制器面板"开始"键便可启动插槽自动运行程序。具体操作方法请扫描二维码 2-52 观看。

二维码 2-52

插槽表 1:RC1（模拟）×

插槽表：

No.	程序名	运行模式	启动条件	优先级
1		REP	START	1
2	S01	REP	START	1
3		REP	START	1
4		REP	START	1
5		REP	START	1
6		REP	START	1
7		REP	START	1
8		REP	START	1

图 2-69　插槽表参数设置

（知识提示：熟知加载任务程序文件的方法及特点。）

7. 指令调用方式

在工作站中新建程序"S03. prg"，在该程序中添加以下指令语句：

```
1 If M_Psa(1)= 0 Then Goto  *LblRun        '确认插槽 1 的程序可以选择状态
2 XLoad1 ,"S01"                            '在插槽 2 选择程序 S01
3  *L30:If C_Prg(1)<>"S01" Then GoTo  *L30   '确认程序加载完成
4 XRun1                                     '启动插槽 1
5 Wait M_Run(1)= 1                          '等待插槽 1 的启动确认
6  *LblRun
```

通过设定插槽表参数，为插槽 3 指定"S03. prg"程序。

通过控制器面板"开始"键便可启动插槽自动运行程序。

（知识提示：熟知加载任务程序文件的方法及特点。）

项目3　工业机器人工作站的离线编程与虚拟仿真

知识 3.1　机器人编程语言概述

三菱工业机器人的编程语言 MELFA-BASIC V 是基于 BASIC 语言发展而来的第五代专用编程语言，属于面向任务级的机器人编程语言，其语法风格与 BASIC 语言相似。通过 MELFA-BASIC-V 编程语言，可实现对机器人的动作控制、程序流程控制、外部信号控制、通信、运算和动作附随控制等功能，MELFA-BASIC-V 简单功能说明见表 3-1。

表 3-1　MELFA-BASIC-V 功能说明

NO.	项　目	内　容	相关命令语
1		关节插补动作	Mov
2		直线插补动作	Mvs
3		圆弧插补动作	Mvr、Mvr2、Mvc
4	动作控制命令	最佳加减速动作	Oadl
5		抓手控制	HOpen、HClsoe
6		目的位置到达确认	Fine、Dly
7		速度调节	Ovrd、JOvrd、Spd
8		分支	Goto、If　Then　Else
9		循环	For…Next、While…Wend
10	程序流程控制命令	中断	Def…Act、Act
11		子程序	GoSub、CallP
12		定时器	Dly
13		停止	Hlt、End
14	定义指令	变量、码垛、中断、弧形轨迹、工具、基准	Dim、Def、Tool、Base
15	任务控制指令	插槽中程序的控制	Priority、XLoad、XRUN、XStp、XRst、XClr、GetM、RelM
16		运算符	+、-、*、/、<>、<、>等
17	运算	码垛运算	Def Plt、Plt
18		位置运算	P1+P2、P1 * P2 等
19	外部信号控制命令	信号输入	M_In、M_Inb、M_Inw
20		信号输出	M_Out、M_Outb、M_Outw
21	通信	—	Open、Close、Print、Input 等
22	动作附随控制命令	—	Wth、WthIf

知识 3.2 标识符

标识符是由数字、字母、符号等文字构成的一串字符。机器人程序中，很多要素会用到标识符，如程序名、变量名、标签名等。

标识符的命名具有以下约定：

1）标识符中的字母不区分大小写。

2）用于变量名或程序名时，开头必须使用英文字母。

3）变量名的第 2 个文字使用 "_" 下划线时，该变量就会成为全局变量。

4）标识符中不能加 "'" 撇号，否则，撇号以后的部分就会变成注释。

5）标识符前面带 " * " 星号，就会变成标签。

知识 3.3 注释

在英文状态下输入撇号（'），或者输入 Rem，则该行之后的所有内容将视为指令的注释部分，不会被机器人控制系统编译。

例如：

```
10 Goto  * Check            '跳转至标签 Check 行
...
50  * Check                 '标签 Check 行
```

知识 3.4 数据

机器人程序语言中设有 4 种基本的数据类型，分别是数值型数据、字符型数据、直交位置型数据和关节位置型数据，如图 3-1 所示。其中，数值型数据还能演变成角度值型和输入输出型数据。

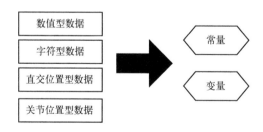

图 3-1 数据类型

机器人程序中的数据可以用常量或变量表示。常量的数据类型和变量的数据类型大致相同，唯一的区别是，常量中有角度值型常量，变量中有输入输出型变量。具体知识体系如图 3-2 所示。

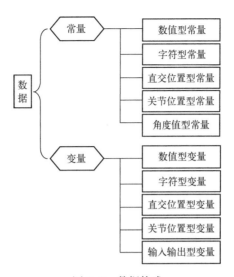

图 3-2　数据构成

3.4.1　常量

常量是在程序运行过程中一直保持不变的数据，类似于数学中的常数。机器人语言中使用常量时不需要定义，可直接引用各种数据类型的常量。

机器人语言中可引用的常量有 5 种：数值型常量、字符型常量、直交位置型常量、关节位置型常量和角度值型常量，如图 3-3 所示。

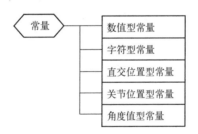

图 3-3　各种常量类型

1. 直交位置型常量

引用形式：(X,Y,Z,A,B,C,L1,L2)(FL1,FL2)。

例如，(400,100,645,180,0,180,0,0)(7,0)，直交位置型常量的各个元素具体如下：

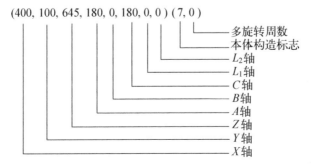

2. 关节位置型常量

引用形式：(J1,J2,J3,J4,J5,J6,J7,J8)。

例如，(-10,0,90,45,90,20,0,0)，关节位置型常量的各个元素具体如下：

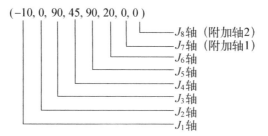

关节位置型常量中的 $J_1 \sim J_8$ 数据代表机器人各个关节的绝对角度位置，单位为°（deg）。其中，J_7、J_8 为附加轴数据，可省略。

对于 6 轴关节机器人而言，关节位置型常量只含有 6 个关节角度，例如，(-10,0,90,45,90,20)。

3. 数值型常量

用于表达数值型数据的常量称为数值型常量，表示固定不变的数。具体如下。

（1）十进制数值常数

引用形式：数值+后缀符号。

十进制数值常数又分为整数、长整数、单精度实数和双精度实数等，其符号见表 3-2。

表 3-2　十进制数值常数说明

十进制数据类型及后缀符号		举　例
整数	整型：%	10%
	长整型：&	10000000&
实数	单精度：!	1.0005!
	双精度：#	1.000000003#

（2）十六进制常数

引用形式：&H+数值。

例如，&H0000、&H000F。

（3）二进制常数

引用形式：&B+数值。

例如，&B0000000000000000、&B0000001100000000。

4. 字符型常量

引用形式："ABC""A"。

用于表达字符型数据的常量称为字符型常量，表示固定不变的字符，必须以双引号的形式将字符引用。

5. 角度值型常量

角度值并不是指"弧度"，而是在表现"度"时使用。

若表述为 100deg，则会变成角度值，可以在三角函数等自变量中使用。

例如，sin（90deg）表示为90°正弦。

3.4.2　变量

变量是机器人CPU内存中保存数据信息的存储区域地址，它的内容在程序运行期间是可变的。变量有名字，可用机器人编程语言中语法允许的标识符来命名。变量也有数据类型，通过特定的命名方式或直接定义变量类型后，机器人CPU将为该变量分配相应的存储空间，来存储某个类型的数据。通过引用该变量名来访问该存储空间。

机器人语言中可引用的变量类型有5种：数值型变量、字符型变量、直交位置型变量、关节位置型变量和输入输出型变量，如图3-4所示。本次项目主要学习其中的直交位置型变量和关节位置型变量。

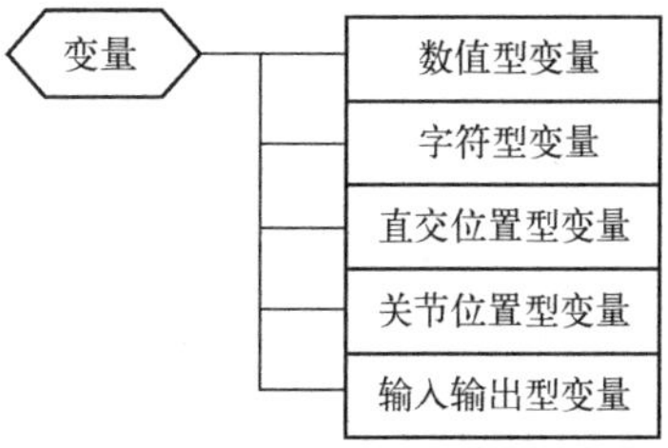

1. 变量的命名

机器人编程语言中变量的命名遵从标识名命名原则：

1）必须以字母开头。

2）变量名的长度不能超过16个字符。

3）变量名中间不能有空格。

4）不能使用机器人语言中的关键字作为变量名，如MVS、ABS等。

5）变量名不区分大小写。

6）最好以易读、易懂为方式来命名变量，如PSAFE表示安全位置变量。

7）当以P、J、M、C等字母开头命名变量时，变量的类型决定于该字母。其中，P开头的变量表示直交位置型变量，如PSAFE、P1；J开头的变量表示关节位置型变量，如JSTART、J1等；M开头的变量表示数值型变量，如MNUM、M1等；C开头的变量表示字符型变量，如CNAME、C1等。

8）当变量名的第二个字符采用下划线"_"时，该变量定义为全局变量，在多个程序间有效。

2. 变量的类型

机器人程序语言中能够定义5种数据类型的变量：

1）数值型变量INTE、LONG、FLOAT、DOUBLE。

2）字符型变量CHAR。

3）直交位置型变量POS。

4）关节位置型变量JNT。

5）输入输出型变量IO。

其中，数值型变量可用于存储整型常数数据（INTE）、长整型常数数据（LONG）、单精度实数型常数数据（FLOAT）、双精度实数型常数数据（DOUBLE）。字符型变量用于存储文本常数数据。直交位置型变量用于存储直交位置常数数据。关节位置型变量用于存储关节位置常数数据。输入输出型变量用于存储BIT、BYTE、WORD或32位数据。

除了根据存储数据类型不同所划分出的以上变量类型外，还可以根据变量作用域的不同，分为局部变量（如P1）和全局变量（如P_01）。对于插有多任务槽的机器人而言，可定义全局变量，便可在多个任务中有效。否则，一般不定义全局变量。

图3-4　各种变量类型

3. 变量的定义

定义变量的过程就是给变量起名字和指定数据类型的过程。机器人语言中实现变量的定义有两种途径：一是通过直接引用以 M、C、P、J 等字母开头的标识符；二是通过以下定义语句实现：

DEF TYPE variablename　　　　　　　　　　　　　　　　　'定义变量

DIM variable name(<1 次元个数>[,<2 次元个数>[,<3 次元个数>]])　　'定义多维数组

在用定义语句定义变量时，所用变量名不得再以 M、C、P、J 等字母作为标识名的开头。例如：

DEF INTE NUM

NUM = 32767

对于输入输出型变量而言，除了通过定义语句 DEF IO 对标识名进行变量定义以外，还可以直接引用机器人系统状态变量预先准备好的 M_In 和 M_Out 变量名，来表示输入输出型变量。

4. 直交位置型变量

定义：以 P 字母开头的变量或通过 Def Pos 指令定义的变量。

直交位置型变量只能被赋直交位置数据。引用变量的某个成分值时，可在变量名的后面加上 "." 和成分名 "X" 或 "Y" 等。

P1.x、P1.y、P1.z 坐标成分以及 P1.A、P1.B、P1.C、P1.L1、P1.L2 角度成分的单位均为弧度（rad）。

在进行度的变换时，需使用 Deg 函数。例如，M2 = Deg(P1.A)。

举例：

1 P1 = (0,180,90,0,0,0,0,0)(1,0)　　　　　　　'以下赋值直交位置变量 P1

2 M1 = P1.x　　　　　　　　　　　　　　　'引用直交位置变量 P1(单位为 mm)

3 M2 = Deg(P1.A)　　　　　　　　　　　　　'(单位为°)

4 Def Pos L10　　　　　　　　　　　　　　'定义 L10 为位置变量

5 Mov L10

5. 关节位置型变量

定义：以 J 字母开头的变量或通过 Def Jnt 指令定义的变量。

关节位置型变量只能被赋值关节位置数据。引用变量的某个成分值时，可在变量名的后面加上 "." 和成分名 "J1" 等。

JData.J1、JData.J2、JData.J3、JData.J4、JData.J5、JData.J6 成分的单位为弧度（rad）。在进行度的变换时，需使用 Deg 函数。例如，M2 = Deg(P1.A)。

举例：

1 JData = (0,180,90,0,0,0,0,0)　　　　　　　'为变量 JData 赋值

2 M1 = JData.J1　　　　　　　　　　　　　'单位为 mm,引用 J1

3 M2 = Deg(JData.J2)　　　　　　　　　　　'单位为°,引用 J2

4 Def Jnt K10　　　　　　　　　　　　　　'定义 L10 为关节位置型变量

5 Mov K10　　　　　　　　　　　　　　　'将各个关节插补至变量 K10

6. 数值型变量

定义：以字母 M 开头的变量，或通过 Def Inte（整型）、Def Long（长整型）、Def Float（单精度实数）、Def Double（双精度实数）等指令定义的变量。类型如下。

M□%：整型变量，存储范围为 -32768～32767，例如，M1% = 1000；

M□&：长整型变量，存储范围为 -2147483648～2147483647，例如，M1& = 32769；

M□!：单精度变量，存储范围为 -3.40282347e+38～3.40282347e+38，例如，MNum! = 1.0006；

M□#：双精度变量，存储范围为 -1.7976931348623157e+308～1.7976931348623157e+308，例如，MX_Val# = 1.12345678。

举例：

```
M1% = 32767
DEF LONG Num
Num = 2147483647
M2& = 1147483640
```

7. 字符型变量

定义：以字母 C 开头的变量，或通过 Def CHAR 指令定义的变量。

举例：

```
C1 $ = "ABC"
CS $ = C1 $
Def Char Moji
Moji = "I Love You"
```

8. 输入状态变量 M_In、M_In8（b）、M_In16（w）、M_In32

功能：读取位输入信号、连续 8 位信号、连续 16 位信号、连续 32 位信号中的值。

语法结构：

```
<数值变量> = M_In(<输入信号>)
<数值变量> = M_Inb(<输入信号>)
<数值变量> = M_Inw(<输入信号>)
<数值变量> = M_In32(<输入信号>)
```

参数：

<数值变量>：指可变的数值变量。

<输入信号>：

    CRnQ 系列

        10000～18191：多 CPU 共享内存

        716～731：多抓手输入

        900～907：抓手输入

    CRnD 系列

        0～255：远程输入

        716～731：多抓手输入

900～907：抓手输入

2000～5071：PROFIBUS 输入

6000～8047：CC-Link 输入

例如：

1 M1＝M_In(10010)	'在 M1 输入输入信号 10010 号的值(1 或 0)
2 M2＝M_Inb(900)	'在 M2 输入从输入信号 900 号开始 8 位量的值
3 M3＝M_Inb(10300)And&H7	'在 M3 输入从输入信号 10300 开始 3 位量的值
4 M4＝M_Inw(15000)	'在 M4 输入从输入信号 15000 号开始 16 位量的值

9. 输出状态变量 M_Out、M_Out8（b）、M_Out16（w）、M_Out32

功能：将位、字节、字、32 位数值数据写入输出信号。

语法结构：

M_Out(<输出信号>)＝ <数据>

M_Outb(<输出信号>)＝ <数据>

M_Outw(<输出信号>)＝ <数据>

M_Out32(<输出信号>)＝ <数据>

参数：

<数值变量>：指可变的数值变量。

<输出信号>：

CRnQ 系列

10000～18191：多 CPU 共享内存

716～731：多抓手输入

900～907：抓手输入

CRnD 系列

0～255：远程输入

716～731：多抓手输入

900～907：抓手输入

2000～5071：PROFIBUS 输入

6000～8047：CC-Link 输入

例如：

1 M_Out(902)＝1	'将输出信号 902(1 位)开启
2 M_Outb(10016)＝&HFF	'将输出信号从 10016(8 位)开启
3 M_Outw(10032)＝&HFFFF	'将输出信号从 10032(16 位)开启
4 M4＝M_Outb(10200)And&H0F	'在 M4 输入输出信号从 10200(4 位)的值

10. 数组变量

将多个数据类型相同的变量按照无序排列组成的集合叫作数组变量。数组变量有变量名，组成数组的各个变量叫作数组元素。按照数组的排列列数不同，可以分为一维数组、二维数组和三维数组。可以通过 Dim 语句来定义数组变量，最多可以定义三维数组。数组类型包括数值型、字符串变量数组、直交位置变量数组和关节位置变量数组。

例如：

    Dim M1(10) 单精度实数型

    Dim M2%(10) 整数型

    Dim M3&(10) 长精度整数型

    Dim M4!(10) 单精度实数型

    Dim M5#(10) 双精度实数型

    Dim P1(20)

    Dim J1(5)

    Dim ABC(10,10,10)

知识 3.5   运算

1. 运算类型一览见表 3-3。

表 3-3 运算类型

类型	符号	意义	程序举例	说明
赋值	=	将右边代入左边	P1 = P2 P5 = P_Curr P10. Z = 100. 0 M1 = 1 STS $ = "OK"	;将 P2 代入位置变量 P1 ;将现在的坐标值代入现在位置变量 P5 ;将位置变量 P10 的 Z 坐标值设为 100. 0 ;将值 1 代入数值变量 ;将字符串变量 STS $代入名称为 OK 的字符串
数值运算	+	加法	P10 = P1+P2 Mov P8+P9 M1 = M1+1 STS $ = "ERR" +"001"	;将 P1 和 P2 各坐标成分加算结果代入位置变量 P10 ;移动到将位置变量 P8 和 P9 的各坐标成分加算的位置 ;数值变量 M1 的值加 1 ;在字符串变量 STS $代入结合 ERR 及 001 的字符串
	−	减法	P10 = P1−P2 Mov P8−P9 M1 = M1−1	;在位置变量 P10 代入从 P1 到 P2 的各坐标成分减算结果 ;移动到位置变量从 P8 到 P9 的各坐标成分减算的位置 ;数值变量 M1 的值减去 1
	*	乘法	P1 = P10 * P3 M1 = M1 * 5	;将从 P1 到 P10 的相对变换结果代入位置变量 P1 ;将数值变量 M1 的值乘上 5 倍
	/	除法	P1 = P10/P3 M1 = M1/2	;将从 P1 到 P10 的反相对变换结果代入位置变量 P1 ;将数值变量 M1 的值除 2
	^	指数运算	M1 = M1^2	;自乘数值变量 M1 的值
	\	整除	M1 = M1\3	;将数值变量 M1 的值除以 3 后取整数
	Mod	求余数	M1 = M1 Mod 3	;将数值变量 M1 的值除以 3 后取余数
	−	符号反转	P1 = −P1 M1 = −M1	;将位置变量 P1 的各坐标成分符号反转 ;将数值变量 M1 值的符号反转
比较运算	=	比较是否等于	If M1 = 1 Then * L2 If STS $ = "OK" Then * L1	;若数值变量 M1 的值为 1，则往 L2 分支 ;若字符串变量 STS $为 OK 的字符串，则往 L1 分支
	<>或><	比较是否不相等	If M1<>2 Then * L3 If STS $<>"OK" Then * L9	;若数值变量 M1 的值不为 2，则往 L3 分支 ;若字符串变量 STS $为 OK 的字符串，则往 L9 分支
	<	比较是否小于	If M1<10 Then * L3 IF Len(STS $)<3 Then * L1	;若数值变量 M1 的值小于 10，则往 L3 分支 ;若字符串变量 STS $的字符串数小于 3，往 L1 分支
	>	比较是否大于	If M1>9 Then * L2 If Len(STS $)>2 Then * L3	;若数值变量 M1 的值大 9，则往 L2 分支 ;若字符串变量 STS $的字符串数大于 2，往 L3 分支

（续）

类型	符号	意　义	程序举例	说　　明
比较运算	<= 或 =<	比较是否等 于小于或小 于等于	If M1<= 10 Then ＊L2 If Len(STS $) <=5 Then ＊L3	;若数值变量 M1 的值为 10 或比 10 小,则往 L2 分支 ;若字符串变量 STS $的字符串数为 5 或比 5 小,则往 L3 分支
	=> 或 >=	比较是否等 于大于或大 于等于	If M1>= 11 Then ＊L2 If Len(STS $) >=6 Then ＊L3	;若数值变量 M1 的值为 11 或比 11 小,则往 L2 分支 ;若字符串变量 STS $的字符串数为 6 或比 6 小,则往 L3 分支
逻辑运算	And	逻辑与运算	M1=M_Inb(1) And &H0F	;将输入信号位 1 到 4 的状态转为以数值代入数值变量 M1 (输入信号位 5 到 8 的状态为关闭)
	Or	逻辑或运算	M_Outb(20) = M1 Or &H80	;在输出信号位 20 到 27,输出数值变量 M1 的值。此时,输出信号位 27 会变成常开
	Not	否定运算	M1 = Not M_Inw(1)	;将输入信号位 1 到 16 的状态取反后代入数值变量
	Xor	异或	M2=M1 Xor M_Inw(1)	;在数值变量 M2,将 M1 和输入信号位从 1 到 16 状态和以数值代入
	<<	逻辑左移动运算	M1=M1 << 2	;将数值变量 M1 向左移动 2 位
	>>	逻辑右移动运算	M1=M1 >> 1	;将数值变量 M1 向右移动 1 位

2. 位置运算

（1）直交位置变量的相对运算（乘算）

当直交位置数据与直交位置数据之间执行右乘的相对运算时，其意义如图 3-5 所示。

相对运算的例子（乘算）：

1 P2 = （10,5,0,0,0,0）（0,0）

2 P100 = P1 ＊ P2

3 Mov P1

4 Mvs P100

P1 = （200,150,100,0,0,45）（4,0）

请参考知

识 2.2.2

上述例子中，对 P_1 位置变量执行右乘 P_2 运算，就等于沿着 P_1 坐标系的 X、Y 轴正方向分别平移 10 mm、5 mm。

如果 P_2 的 A、B、C 不等于 0，则需要绕 P_1 新坐标系的 X、Y、Z 轴旋转后，再沿着各轴平移。

（2）直交位置变量的绝对运算（加算）

当直交位置数据与直交位置数据之间执行加法的绝对运算时，其意义如图 3-6 所示。

绝对运算的例子（加算）：

1 P2 = （5,10,0,0,0,0）（0,0）

2 P100 = P1+P2

3 Mov P1

4 Mvs P100

请参考知

识 2.2.2

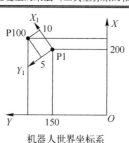

直交位置变量的乘法（工具坐标系的相对运算）

机器人世界坐标系

图 3-5　直交位置变量的乘法

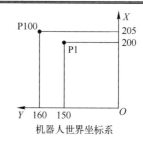

直交位置变量的加法（世界坐标系的绝对运算）

机器人世界坐标系

图 3-6　直交位置变量的加法

P1 = (200,150,100,0,0,45)(4,0)

上述例子中，对 P_1 位置变量执行加 P_2 运算，就等于沿着世界坐标系的 X、Y 轴正方向分别平移 5 mm、10 mm。

如果 P_2 的 A、B、C 不等于 0，则直接将 P_2 的转角成分与 P_1 的转角成分相加后赋值给 P_{100} 的转角成分。

知识 3.6　标签

标签作为分支端的记号，以 * 开头加上标签名的组合表示（即 "*" + "标签名"）；其中，标签的名称必须符合标识符的命名规则，且不得以已经被变量使用的名字命名。

例如：

10 Goto *Check
…
50 *Check

知识 3.7　指令

3.7.1　机器人动作的控制

1. 关节插补指令 Mov

【指令功能】

当目标位置数据是关节位置数据时，驱动机器人本体的各个关节，将各个关节转动至固定角度；当目标位置数据是直交位置数据时，驱动机器人本体的各个关节，以特定的本体构造标志将工具坐标系平移或旋转至目标坐标系；在关节插补过程中，工具坐标系原点的轨迹是一条接近于起止点线段的随机曲线段。

【语法结构】

Mov　<目标位置>[,<接近距离>][Type　<常数1>,<常数2>]　[附随语句]

【指令参数】

1）目标位置：直交位置数据类型的常量和变量或关节位置数据类型的变量。该参数不可省略。

例如：

Mov P1　'P1 = (700.2, -297.6, 740, 0, 0, 0)(6,0)
　　Mov (700.2, -297.6, 740, 0, 0, 0)(6,0)
　　Mov J1　'J1 = (0,90,0,0,90,0)

二维码 3-1

2）接近距离：指定此值的情况下，实际目标位置为，以给定目标位置对应的坐标系为参考坐标系，沿着参考坐标系 Z 轴的指定方向平移指定距离后的新坐标系，且给定目标位置必须以直交位置数据表示，否则语法报

二维码 3-2

错。该参数可省略。

例如，在未进行工具变换的情况下，即工具变换矩阵为 (0, 0, 0, 0, 0, 0)，假设目标位置 P1 = (700.190, -297.590, 740.020, 0.000, 90.000, 0.000)(6, 0)，则执行 Mov P1, -200 指令语句后，机器人工具坐标系的位置如图 3-7a 所示；假设目标位置 P2 = (700.190, -297.590, 740.020, 0.000, 0.000, 0.000)(6, 0)，则执行 Mov P2, 300 指令语句后，机器人工具坐标系的位置如图 3-7b 所示。

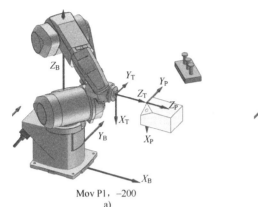
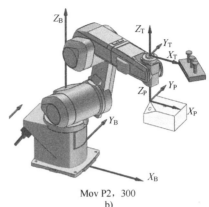

二维码 3-3

二维码 3-4

Mov P1, -200
a)

Mov P2, 300
b)

图 3-7   插补位置的接近距离

3）<常数 1>：赋值 1/0，指定绕道/走近路的动作方式。初始值为 1。该参数可省略。

4）<常数 2>：无效。该参数可省略。

5）附随语句：使用 Wth 或 WthIf 语句。该语句可省略。

【使用说明】

1）关节插补时，只保证工具坐标系终点位置与姿态，其原点轨迹无法保证。

2）与附随语句 Wth、WthIf 并用，可以得到信号输出时序和动作的同步。

3）Type 的数值常数 1 为指定姿势的插补方式。

4）在关节插补里称的绕道，是指以示教姿势做动作。会有因示教时的姿势而变成绕道动作的情况。

5）所谓走近路是指起点至终点间的姿势，在动作量少的方向进行姿势的插补。

6）绕道/走近路的指定，是指开始位置和目的位置的动作范围，有 ±180° 上的移动量。

7）即使在有指定走近路的情况下，目的位置在动作范围外的时候，也会往返方向绕道动作。

8）在关节插补时，Type 的数值<常数 2>没有意义。

【指令举例】

```
Mov P1
Mov P1+P2
Mov P1 * P2
Mov P1, -50
Mov P1 Wth M_Out(17) = 1
Mov P1 WthIf M_In(20) = 1    Skip
Mov P1 Type 1
```

【应用举例】

机器人的动作如图 3-8 所示。

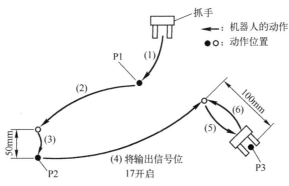

图 3-8　机器人的动作 1

注意：程序中前进/后退的方向会依据机器人本体类型而不同。对于垂直关节机器人来说，沿着机械法兰面法线远离目标位置的方向移动为后退，符号为−，反之为前进，符号为+；对于水平关节机器人来说，沿着机械法兰面法线靠近目标位置的方向移动为后退，符号为−，反之为前进，符号为+。程序说明见表 3-4。

表 3-4　程序说明 1

程　　序	说　　明
1 Mov P1	' (1) 往 P1 移动
2 Mov P2, −50	' (2) 往从 P2 开始，在方向后退 50 mm 的位置移动
3 Mov P2	' (3) 往 P2 移动
4 Mov P3, −100 WTH M_OUT (17) = 1	' (4) 往从 P3 开始，在抓手后退 100 mm 的位置移动，同时开启 17 号信号输出
5 Mov P3	' (5) 往 P3 移动
6 Mov P3, −100	' (6) 往从 P3 开始，在方向后退 100 mm 的位置移动
7 End	'程序结束

2. 直线插补指令 Mvs

【指令功能】

当目标位置数据是关节位置数据时，驱动机器人本体的各个关节，将各个关节转动至固定角度；当目标位置数据是直交位置数据时，驱动机器人本体的各个关节，以特定的本体构造标志将工具坐标系平移或旋转至目标坐标系；在直线插补过程中，工具坐标系原点的轨迹为起止点之间的直线段。

二维码 3-5

【语法结构】

Mvs　<目标位置>[,<接近距离>][Type　常数 1,<常数 2>]　[附随语句]

二维码 3-6

【指令参数】

1) 目标位置：直交位置数据类型的常量和变量或关节位置数据类型的变量。该参数不可省略。

2) 接近距离：指定此值的情况下，实际目标位置为，以给定目标位置对应的坐标系为参考坐标系，沿着参考坐标系 Z 轴的指定方向平移指定距离后的新坐标系，且给定目标位置必须以直交位置数据表示，否则语法报错。该参数可省略。接近距离的举例说明同"Mov"指令。

3）<常数1>：赋值1/0，指定"绕道/走近路"的动作方式。初始值为0。

4）<常数2>：赋值0/1/2，指定"等量旋转/3轴直交/特异点通过"的姿势插补种类，初始值为0。

5）附随语句：使用Wth或WthIf语句。

【使用说明】

1）直线插补既能保证目标位置，又能保证控制点的移动轨迹。

2）与附随语句Wth、WthIf并用，可以得到信号输出时序和动作的同步。

3）在等量旋转（常数2＝0）的情况下，起点和终点的构造标志不同时，执行时会发生异常。

4）在特异点通过（常数2＝2）的情况下，机器人可以在一般直线插补指令无法完成的各个位姿之间做特异点直线插补动作。

5）在3轴直交（常数2＝1）的情况下，常数1无效并且以示教的姿势移动。3轴直交是以(X,Y,Z,J_4,J_5,J_6)坐标定义执行插补，有通过特异点附近的效果。

【指令举例】

```
Mvs P1
Mvs P1+P2
Mvs P1 * P2
Mvs, -50
Mvs P1 Wth M_Out(17)=1
Mvs P1 WthIf M_In(20)=1   Skip
Mvs P1 Type 0,0
Mvs P1 Type 0,1
```

【应用举例】

机器人的动作如图3-9所示。

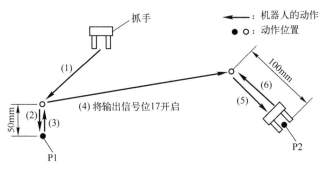

图3-9　机器人的动作2

注意：程序中前进/后退的方向会依据机器人本体类型而不同。对于垂直关节机器人来说，沿着机械法兰面法线远离目标位置的方向移动为后退，符号为-，反之为前进，符号为+；对于水平关节机器人来说，沿着机械法兰面法线靠近目标位置的方向移动为后退，符号为-，反之为前进，符号为+。程序说明见表3-5。

表 3-5　程序说明 2

程　　序	说　　明
1 Mvs P1，-50	' (1) 以直线插补从 P1 移动到后退方向 50 mm 处
2 Mvs P1	' (2) 以直线插补移动到 P1 处
3 Mvs，-50	' (3) 以直线插补移动到当前位置后退方向 50 mm 处
4 Mvs P2，-100 WTH M_OUT (17) = 1	' (4) 移动至 P2 位置后退方向 100 mm 处，同时开启 17 号信号输出
5 Mvs P2	' (5) 移动至 P2 位置处
6 Mvs，-100	' (6) 移动至当前位置后退方向 100 mm 处
7 End	'程序结束

3. 特异点通过功能

（1）特异点概念

二维码 3-7

在直角坐标系下使用直交位置数据，执行直线插补动作的运算及示教位置的记忆时，依据 X、Y、Z、A、B、C 的坐标值得到位置数据。但即使相同的位置数据，机器人也可以得到多种的姿势。所以，需要再使用构造标志（表示姿势标志），从多种机器人的姿势中决定一个。然而，即使采用构造标志，在此标志下转换位置，某关节轴仍可取得角度的无限组合，所以无法使机器人在所期望的位置和姿势动作（例如，垂直 6 轴机型机器人的情况，J_5 轴 = 0° 时，J_4 轴和 J_6 轴无法确定为哪一个），此位置则称为特异点，该点无法以直交 JOG 和直线插补等通过。为了使作业区域中没有特异点的存在，必须在移动轨迹上做研究；在通过特异点的时候，必须以关节插补动作来对应。所谓特异点通过功能，是以直交 JOG 和直线插补等通过特殊点的功能，依据这个功能扩大以直线插补的作业领域并可以提高移动轨迹规划的自由度。

二维码 3-8

（2）特异点有效的插补动作

使特异点通过功能为有效时，能以直交 JOG 及直线插补等动作，从位置 A 经过位置 B（特殊点位置）往位置 C（其相反也一样），如图 3-10 所示。此时，在通过位置 B 的前后，会切换构造标志的值。在使特异点通过功能为无效（或无对应）的情况下，从位置 A 往位置 B 动作前会因为报警而中止。在直交 JOG 的情况下，会在位置 B 前直接停止。

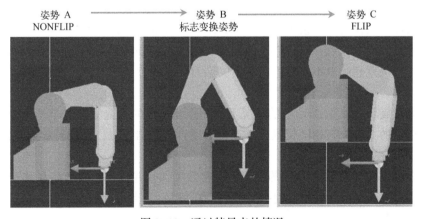

图 3-10　通过特异点的情况

Mvs 指令中的 3 轴直交方法是为了以同样的姿态坐标执行线性插补。由于最后会修改姿势 A 和姿势 C 的 J_4、J_5、J_6 轴关节角度，因此，严格来说，这种 3 轴直交方法并没有保持姿势。可以预知移动途中机器人抓手的姿势会前后动作。在此情况下，若途中追加 1 个点，则可以减少抓手姿势的变化量。

4. 圆弧插补指令 Mvr、Mvr2、Mvr3、Mvc

【指令功能】

Mvr——沿着 3 点确定的圆弧从起点位置开始，经过通过点，到达终点。

Mvr2——沿着 3 点确定的圆弧从起点位置开始，到达终点，超过点在圆弧的终端。

Mvr3——沿着 3 点确定的圆弧从起点位置开始，到达终点，起点到终点的中心角 <180°。

Mvc——沿着 3 点确定的圆从起点位置开始，通过点 1，再到达通过点 2，然后回到起点位置。

【语法结构】

Mvr <起点>,<通过点>,<终点>[Type <常数 1>,<常数 2>]［附随语句］

Mvr2 <起点>,<终点>,<超过点>[Type <常数 1>,<常数 2>]［附随语句］

Mvr3 <起点>,<终点>,<圆心点>[Type <常数 1>,<常数 2>]［附随语句］

Mvc <起点与终点>,<通过点 1>,<通过点 12>[Type <常数 1>,<常数 2>]［附随语句］

【指令参数】

1）起点：圆弧的起点位置，以位置型的变量和常数或关节变量指定。

2）终点：圆弧的终点位置，以位置型的变量和常数或关节变量指定。

3）通过点：圆弧起点与终点之间的点，以位置型的变量和常数或关节变量指定。

4）圆心：圆弧的圆心位置，以位置型的变量和常数或关节变量指定。

5）<常数 1>：赋值 1/0，指定"绕道/走近路"的动作方式。初始值为 0。

6）<常数 2>：赋值 0/1/2，指定"等量旋转/3 轴直交/特异点通过"的姿势插补种类，初始值为 0。

7）附随语句：使用 Wih 或 WthIf 语句。

【使用说明】

1）圆弧插补动作是从被授予的 3 点开始求圆，在那个圆弧上移动。

2）姿势会变成从起点开始往终点的插补，通过点的姿势没有影响。

3）在现在位置和起点不一致的情况下，会自动地以直线插补（3 轴直交插补）移动到起点为止。

4）在等量旋转（常数 2＝0）的情况下，起点和终点的构造标志不同时，会发生异常。

5）在指定的 3 点内有相同位置或 3 点在一条直线的情况时，会执行起点往终点的直线插补动作，不会发生报警。

6）在 3 轴直交（常数 2＝1）的情况下，常数 1 无效并且以示教的姿势移动。3 轴直交是以 (X,Y,Z,J_4,J_5,J_6) 坐标定义执行插补，有通过特异点附近的效果。

【指令举例】

Mvr P1,P2,P3

Mvr P1, P2, P3 Wth M_Out(17)= 1

Mvr P1, P2, P3 WthIf M_In(20)=1, Skip

Mvr P1, P2, P3 Type 0, 1

Mvr2 P1, P3, P11

Mvr3 P1, P3, P10

Mvc P1, P2, P3

【应用举例】

机器人的动作如图 3-11 所示。

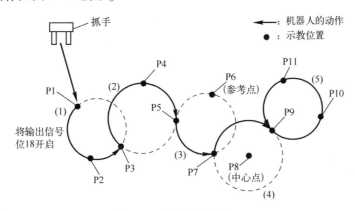

图 3-11　机器人的动作 3

程序说明见表 3-6。

表 3-6　程序说明 3

程　序	说　明
1 Mvr P1, P2, P3 Wth M_Out(18) = 1	'（1）以通过 P1-P2-P3 的圆弧为轨迹，从 P1 点开始到 P3 点结束，同时开启 18 号输出信号；如果动作前的机器人当前位置偏离起点，则先以直线轨迹移动到起点
2 Mvr P3, P4, P5	'（2）以通过 P3-P4-P5 的圆弧为轨迹，从 P3 点开始到 P5 点结束
3 Mvr2 P5, P7, P6	'（3）以通过 P5-P7-P6 的圆弧为轨迹，从 P5 点开始到 P7 点结束
4 Mvr3 P7, P9, P8	'（4）以中心点（P8）、起点（P7）、终点（P9）的圆弧为轨迹做移动
5 Mvc P9, P10, P11	'（5）以通过 P9→P10→P11→P9 的圆为轨迹做圆周运动
6 End	'程序结束

5. 连续动作指令 Cnt

【指令功能】

该指令指定连续动作的开始和结束，在连续动作期间，动作与动作之间不停歇，形成连续动作。

【语法结构】

Cnt [<1/0>][,<数值 1>,<数值 2>]

【指令参数】

1）<1/0>：连续动作的有效/无效。1—连续动作的开始；0—连续动作的结束。

2）数值 1：轨迹变换时的下一个插补开始的最大接近距离，单位为 mm。

3）数值 2：轨迹变换时的前一个插补结束的最大接近距离，单位为 mm。

【使用说明】

1）被 Cnt 1- Cnt 0 围起来的插补会成为连续动作的对象。

2）系统的初始值为 Cnt 0（非连续动作）。

3）在省略数值 1、数值 2 的情况下，会从减速开始位置和下一个插补之间连接。

4）在数值 1、数值 2 的指定不同的情况下，会在较小方的位置（距离）做连续动作。

5）在省略数值 2 的情况下，数值 2 会被设定和数值 1 同值。

6）在指定连续动作时，根据 Fine 指令所做的位置决定完成的指定会变成无效。

7）将接近距离调小时，会变成比 Cnt 0 的状态动作时间更长的情况。

8）即使指定连续动作时，在插补方式指定特异点通过的插补指令，也会变成加减速动作。

【指令举例】

    Cnt 1

        Cnt 1，100，200

    Cnt 0

【应用举例】

机器人的动作如图 3-12 所示。

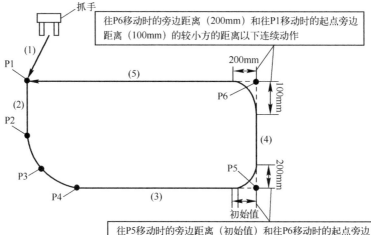

图 3-12　机器人的动作 4

程序说明见表 3-7。

表 3-7　程序说明 4

程　　　序	说　　　明
1 Mov P1	'（1）以关节插补往 P1 移动
2 Cnt1	'使连续动作有效（此后的移动会变成连续动作）
3 Mvr P2，P3，P4	'（2）直线动作到 P2 为止且连续做圆弧动作到 P4 为止
4 Mvs P5	'（3）连续圆弧动作，往 P5 直线动作
5 Cnt 1，200，100	'在连续动作的起点旁边距离设定为 200mm，终点旁边距离设定为 100 mm
6 Mvs P6	'（4）以连续动作、沿着直线轨迹移动到 P6
7 Mvs P1	'（5）连续，以直线动作到 P1
8 Cnt0	'使连续动作无效
9 End	'程序结束

6. 加减速和速度控制 Accel、Ovrd、JOvrd、Spd

【指令功能】

Accel——设定移动时的加速度和减速度的比例值（%），基于最高速度的比例。

Ovrd——设定程序所有动作速度的比例值（%），基于最高速度的比例。

JOvrd——设定程序所有关节插补动作速度的比例值（%），基于最高速度的比例。

Spd——设定程序所有直线插补、圆弧插补动作的速度，控制点的速度（mm/s）。

【语法结构】

Accel［<加速度比例>］［,<减速度比例>］

Ovrd　<速度比例>

JOvrd <速度比例>

Spd <速度>

【指令参数】

1）<加/减速度比例>：1~100，用常数或变量表示，整型。默认为100。

2）速度比例：以实数指定。初始值为100。单位为%（范围为0.01~100.0）；也可以用数值运算式表示。设定为0或100以上时会发生报警。

3）速度：以实数指定。初始值为10000。单位为mm/s。

【使用说明】

1）标准加减速时间，设定对应的比例（%）。系统初始值为100%。

2）执行Accel指令后变更加速比例，在程序复位及执行End指令后，再设定系统初始值。可以设为100%以上，但是，也有机器人机型内部的上限为100%。超过100%的情况下，会影响机器人本体的寿命。此外，也会容易发生过速度报警及过负载报警，因此在设定为100%以上时请特别注意。Cnt有效时的圆滑动作，依据加速度及动作速度，轨迹路径会有不同。另外，在一定速度执行圆滑动作的情况下，可将加速度和减速度视为同一值。在初期状态时，Cnt会变成无效。

3）Ovrd指令与插补的种类无关，均有效。实际的速度比例如下：关节插补动作时＝［操作面板(T/B)的速度比例设定值]×[程序速度比例(Ovrd指令)]×[关节速度比例(JOvrd指令)]；直线插补动作时＝[操作面板(T/B)的速度比例设定值]×[程序速度比例(Ovrd指令)]×[直线指定速度(Spd指令)]。速度比例指令只会使程序速度发生比例变化。速度比例指令被执行以前，指定速度比例会采用系统初始值，系统初始值存储于M_NOvrd中，通常会设定为100%。速度比例指令执行后，现在指定速度的数值存储于M_Ovrd中，最高为100%。执行一次Ovrd指令到下一次Ovrd指令之前，或在End指令执行或程序复位以前会采用指定的速度比例。在End指令执行或程序复位后会返回到初始值。

4）JOvrd只有在关节插补时才有效。实际的速度比例=[操作面板(T/B)设定的速度比例值]×[程序设定的速度比例值(Ovrd指令)]×[关节速度比例(JOvrd指令)]。关节速度比例指令只会使程序速度发生比例变化。速度比例指令被执行以前，指定速度比例会采用系统初始值，系统初始值存储于M_NOvrd中，通常会设定为100%。速度比例指令执行后，现在指定速度的数值存储于M_Ovrd中，最高为100%。执行一次Ovrd指令到下一次Ovrd指令之前，或在程序End指令执行或程序复位以前会采用指定的速度比例。在End指令执行或程序复位后会返回到初始值。

5) Spd 指令只有在直线插补、圆弧插补时有效。实际的速度比例＝［操作面板(T/B)的速度比例设定值］×［程序速度比例(Ovrd 指令)］×［直线指定速度(Spd 指令)］。Spd 指令只会使直线、圆弧指定速度变化。指定速度以 M_NSpd（初始值为 10000）指定的情况下，机器人会以最高速度动作，因此线速无法保持一定（最佳速度控制）。即使在最佳速度，也会依据机器人的姿势发生报警。如果超过速度发生报警，则在其动作指令前插入 Ovrd 指令且只降低那个区间的速度使用。程序中，到实行 Spd 指令为止的指定速度会采用系统的初始值。执行一次 Spd 指令到下一个 Spd 指令执行以前，会采用其指定的速度。执行程序 End 指令后，指定速度会被设定在系统初始值。

【指令举例】

指令举例见表 3-8。

表 3-8　指令举例 1

指　　令	说　　明
Accel	'加减速全部以 100% 设定
Accel 60, 80	'加速度以 60%、减速度为 80% 设定
	（最高加减速时间为 0.2 s 的情况，加速时间 0.2 s÷0.6＝0.33 s、减速时间 0.2 s÷0.8＝0.25 s）
Ovrd 50	'关节插补、直线插补、圆弧插补动作都以最高速度的 50% 设定
JOvrd 70	'将关节插补动作设定为最高速度的 70%
Spd 30	'直线插补、圆弧插补动作时的速度设定为 30 mm/s
Oad1 ON	'使最佳加减速功能为有效

【应用举例】

机器人的动作如图 3-13 所示。

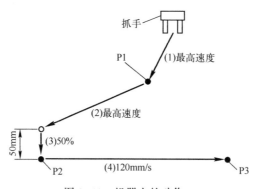

图 3-13　机器人的动作 5

表 3-9　程序说明 5

程　　序	说　　明
1 Ovrd100	'将全体相关的动作速度设定为最大
2 Mvs P1	'（1）以最高速度往 P1 移动
3 Mvs P2, -50	'（2）以最高速度移动到从 P2 开始往抓手方向后退 50 mm 的位置

（续）

程　　序	说　　明
4 Ovrd50	'将全体相关的动作速度设定为最高速度的一半
5 Mvs P2	'（3）以初始设定速度的一半，直线动作到 P2
6 Spd120	'将尖端速度设定为 120 mm/s（因为速度比例为 50%，但实际以 60 mm/s 动作）
7 Ovrd100	'为了使实际的尖端速度为 120 mm/s，Ovrd 比例设为 100%
8 Accel 70, 70	'加减速度也设定为最高加减速度的 70%
9 Mvs P3	'（4）以尖端速度 120 mm/s 直线动作到 P3
10 Spd M_NSpd	'将尖端速度后退到初始值

7. 目的位置到达确认 Fine、Dly

【指令功能】

Fine——以剩余脉冲数指定定位完成条件。数值越小，定位越接近。在连续动作控制 Cnt 1 中，Fine 指令为无效。

Dly——延时等待。

【语法结构】

　　　Fine <脉冲数>［, <轴号码>］
　　　Dly <时间>

【指令参数】

1）脉冲数：指定距离目标位置的剩余脉冲数。0 表示指令无效。初始值为 0。

2）轴号码：表示位置决定脉冲所指定的轴号码。省略时会变成全轴。可以用常数或数值变量指定。

3）时间：等待时间或脉冲输出/输入时间可以用常数或变量来指定，单位为 s。最小值可以从 0.01 s 开始设定，也可以设定为 0；最大值可以指定到单精度实数的最大值。

【使用说明】

1）脉冲数越小，动作完成得越准确。

2）Fine 指令是将动作指令完成条件（位置决定精度）以回馈的脉冲数指定的指令。因为是用脉冲数来判断动作完成，因此可以得到更正确的位置。当然，也可以以时间延时等待的方式简单指定。在程序初期和结束（执行 End 指令、中断后的程序复位）时，Fine 会变成无效。变成连续动作控制（Cnt 1）时，Fine 有效会暂时被忽略（无效，状态保持）。在两个插补动作之间不增加任何动作完成的等待语句时，机器人实际的移动轨迹将偏移第一个插补动作的目标位置，如图 3-14 所示。

【指令举例】

指令举例见表 3-10。

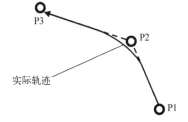

图 3-14　机器人的轨迹偏移

表 3-10   指令举例 2

指　　令	说　　明
Fine 100	'将定位完成条件设定为 100 脉冲
Mov P1	'以关节插补往 P1 移动
Dly 0.5	'动作指令后的定位以定时器来执行（在以皮带驱动方式的机器人中有效，例如，RP-1AH/3AH/5AH 等）

【应用举例】

机器人的动作如图 3-15 所示。

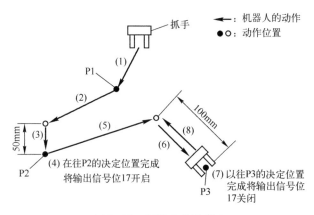

图 3-15   机器人的动作 6

程序说明见表 3-11。

表 3-11   程序说明 6

程　　序	说　　明
1 Cnt0	'Fine 指令只在 Cnt 指令关闭中有效
2 Mvs P1	'（1）以关节插补往 P1 移动
3 Mvs P2, -50	'（2）以最高速度移动到从 P2 开始往抓手方向后退 50 mm 的位置
4 Fine50	'将定位完成脉冲设定为 50
5 Mvs P2	'（3）以直线插补往 P2 移动（定位完成脉冲在 50 以下，Mvs 结束）
6 M_Out(17) = 1	'（4）定位脉冲为 50 脉冲时，开启输出信号 17
7 Fine1000	'将定位完成脉冲设定为 1000
8 Mvs P3, -100	'（5）直线移动到从 P3 开始往抓手方向后退 100 mm 的位置
9 Mvs P3	'（6）直线移动到 P3
10 Dly0.1	'定位以定时器来执行
11 M_Out(17) = 0	'（7）将输出信号关闭
12 Mvs, -100	'（8）直线移动到从现在位置（P3）开始往抓手方向后退 100 mm 的位置
13 End	'程序结束

8. 抓手控制 HOpen、HClose

【指令功能】

抓手控制指令用来控制抓手的打开与闭合。

【语法结构】

　　HOpen　<抓手号码>［,<起动把持力>,<保持把持力>,<起动把持力持续时间>］

　　HClose　<抓手号码>

【指令参数】

1）抓手号码：选择 1~8 的数值的其中之一。以常数或变量指定。

2）起动把持力：在电动抓手的情况下为有效参数。

3）保持把持力：在电动抓手的情况下为有效参数。

4）起动把持力持续时间：将起动把持力持续的时间以常数或变量设定。在电动抓手的情况下为有效参数。

【使用说明】

1）抓手的控制类型（单螺线管/双螺线管）以抓手参数 Type 设定。

2）在双螺线管的情况下，抓手对应 1~4；在单螺线管的情况下，抓手对应 1~8。

3）抓手输入信号存储于机器人状态变量 M_HndCq（'抓手输入号码'）中。此外，也可以通过输入信号 900~907 来监视该信号（当只有一台机器时）。

4）电源启动时的初始抓手输出信号的状态以抓手参数 INIT 设定。

【指令举例】

　　HOpen 1　　　　　　'打开 1 号抓手

　　HClose 1　　　　　　'关闭 1 号抓手

　　HOpen 2　　　　　　'打开 2 号抓手

　　HClose 2　　　　　　'关闭 2 号抓手

【应用举例】

机器人的动作如图 3-16 所示。

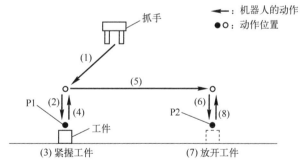

图 3-16　机器人的动作 7

程序说明见表 3-12。

表 3-12　程序说明 7

程　　序	说　　明
1 Tool（0, 0, 95, 0, 0, 0）	'抓手长设定为 95 mm
2 Mvs P1, -50	'（1）以关节插补从 P1 移动到抓手方向后退 50 mm 位置
3 Ovrd50	'将动作速度设定为最高速度的一半

（续）

程　　序	说　　明
4 Mvs P1	'（2）直线往 P1 移动（去抓取工件）
5 Dly0.5	'为目的位置到达完成，等待 0.5s
6 HClose1	'（3）关闭抓手 1（抓住工件）
7 Dly0.5	'等待 0.5s
8 Ovrd100	'将动作速度设定为最大
9 Mvs, -50	'（4）以直线动作从现在位置（P1）移动到抓手方向后退 50mm 位置（抓住工件向上）
10 Mvs P2, -50	'（5）以关节插补动作从 P2 移动到抓手方向后退 50mm 位置
11 Ovrd50	'将动作速度设定为最高速度的一半
12 Mvs P2	'（6）直线往 P2 移动（要放置工件）
13 Dly0.5	'为目的位置到达完成，等待 0.5s
14 HOpen1	'（7）打开抓手 1（放开工件）
15 Dly0.5	'等待 0.5s
16 Ovrd100	'将动作速度设定为最大
17 Mvs, -50	'（8）以直线动作从现在位置（P2）移动到抓手方向后退 50mm 位置（放开工件）
18 End	'程序结束

3.7.2　程序分支控制

1. If 条件语句

（1）单行 If 语句

【指令功能】

单行 If 语句是针对单个条件进行流程判断与单行语句处理。

【语法结构】

$\qquad$ If <条件表达式> Then ［处理 1］

$\qquad$ If <条件表达式> Then ［处理 1］Else ［处理 2］

【指令参数】

<条件表达式>：为必须项，表示符合逻辑条件的计算表达式或逻辑表达式，其结果只能为 1（True）或 0（False）。

［处理 1］：可选项，表示 If 条件判断为 1（True）时的处理语句。

［处理 2］：可选项，表示 If 条件判断为 0（False）时的处理语句。

【指令举例】

$\qquad$ If M1>10 Then ＊L100　　　　　　　'若 M1 比 10 大，则跳转到标识 L100

$\qquad$ If M1>10 Then GoTo ＊L20 Else GoTo ＊L30　　'若 M1 比 10 大，则跳转到标识 L20；若 M1 比 10
　　　　　　　　　　　　　　　　　　　　　　　　　小，则跳转到标识 L30

【使用说明】

1）If　Then　Else　以一行描述。

2）单行 If 语句中 Else 可以省略。

3）在 Then 或 Else 的后面接连 GoTo 的情况下，可以将 GoTo 省略。

单行 If 语句流程示意图如图 3-17 所示。

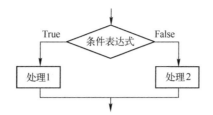

图 3-17　单行 If 语句流程示意图

（2）多行 If-EndIf 语句

【指令功能】

多行 If-EndIf 语句是针对单个条件进行流程判断与多行语句处理。

【语法结构】

    If <条件表达式> Then
        ［处理 1］
        ［处理 2］
    Else
        ［处理 3］
        ［处理 4］
    EndIf

【指令参数】

<条件表达式>：为必须项，表示符合逻辑条件的计算表达式或逻辑表达式，其结果只能为 1（True）或 0（False）。

［处理 1］：可选项，表示 If 条件判断为 1（True）时的处理语句。

［处理 2］：可选项，表示 If 条件判断为 1（True）时的处理语句。

［处理 3］：可选项，表示 If 条件判断为 0（False）时的处理语句。

［处理 4］：可选项，表示 If 条件判断为 0（False）时的处理语句。

【指令举例】

```
10 If M1>10 Then        '当 M1 的值大于 10 时,执行 11 和 12 步语句
11      M1 = 10
12      Mov P1
13 Else                 '当 M1 的值小于 10 时,执行 14 和 15 步语句
14      M1 =-10
15      Mov P2
16 EndIf                '结束多行 If 语句
```

【使用说明】

1）在多行 If 语句的情况下，必须使用 EndIf 结束 If 语句。

2）在多行 If-EndIf 情况下，不得使用 GoTo 指令让其跳转，否则控制器会因内存不足

而报警。

多行 If-EndIf 语句流程示意图如图 3-18 所示。

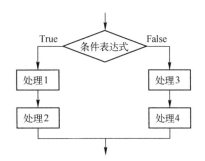

图 3-18　多行 If-EndIf 语句流程示意图

(3) 嵌套 If 语句

【指令功能】

嵌套 If 语句是针对多个条件进行流程判断与多行语句的处理。

【语法结构 1】

```
If <条件表达式 1> Then
    If <条件表达式 2> Then［处理 11］
        ［处理 1］
        ［处理 2］
    Else
        ［处理 3］
        ［处理 4］
    EndIf
EndIf
```

【语法结构 2】

```
If <条件表达式 1> Then
    If <条件表达式 2> Then
        ［处理 11］
        ［处理 12］
    Else
        ［处理 13］
        ［处理 14］
    EndIf
Else
    ［处理 3］
    ［处理 4］
EndIf
```

【指令参数】

<条件表达式>：为必须项，表示符合逻辑条件的计算表达式或逻辑表达式，其结果只能为 1（True）或 0（False）。

［处理 11］：可选项，表示两次 If 条件判断同时为 1（True）时的处理语句。

［处理 12］：可选项，表示两次 If 条件判断同时为 1（True）时的处理语句。

［处理 13］：可选项，表示 If 条件 1 判断为 1 且条件 2 为 0 时的处理语句。

［处理 14］：可选项，表示 If 条件 1 判断为 1 且条件 2 为 0 时的处理语句。

［处理 3］：可选项，表示 If 条件 1 判断为 0 时的处理语句。

［处理 4］：可选项，表示 If 条件 1 判断为 0 时的处理语句。

【指令举例】

```
30 If M1>10 Then
31 If M2 > 20 Then
```

32 M1 = 10

33 M2 = 10

34 Else

35 M1 = 0

36 M2 = 0

37 EndIf

38 Else

39 M1 = -10

40 M2 = -10

41 EndIf

【使用说明】

1）在 If Then Else EndIf 的情况下，在 Then 或 Else 里，可以继续嵌套单行 If 或多行 If-EndIf 语句。最多可嵌套 8 段 If 语句。

2）在多行 If-EndIf 情况下，不得使用 GoTo 指令让其跳转，否则控制器会因内存不足而报警。

嵌套 If 语句流程示意图如图 3-19 所示。

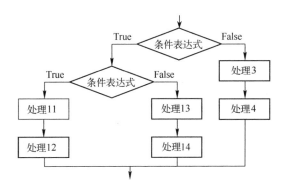

图 3-19 嵌套 If 语句流程示意图

(4) If 语句的跳出

在多行 If-EndIf 语句和嵌套 If 语句中，不可使用 GoTo 跳转指令，但是可以使用 Break 语句跳出 If-EndIf 语句，程序将执行 EndIf 语句的下一行语句。

例如：

30 If M1>10 Then

31 If M2 > 20 Then Break   '若条件成立,则跳转到 Step 号码 39

32 M1 = 10

33 M2 = 10

34 Else

35 M1 = -10

36 If M2 > 20 Then Break   '若条件成立,则跳转到 Step 号码 39

37 M2 = -10

38 EndIf

39 If M_BrkCq＝1 Then Hlt

40 Mov P1

2. Select 条件语句

【指令功能】

Select 条件语句选择对应指定变量及其值的指定条件进行跳转。值的条件可任意地指定。

【语法结构】

```
Select <条件>
        Case <式>
        ［语句块］
        Break
        Case <式>
        ［语句块］
        Break
           ⋮
End Select
```

【指令参数】

<条件>：以数值表达式指定。

<式>：式以下列的形式指定。型则必须和<条件>的型相同。

```
Is <比较运算> <常数>
<常数>
<常数> To <常数>
```

【指令举例】

```
1 Select MCNT
2       M1＝10                    '此行不会被执行
3 Case Is <＝ 10                  'MCNT<＝ 10
4       Mov P1
5       Break
6 Case 11                        'MCNT＝11 或 MCNT＝12
6 Case 12
7       Mov P2
8       Break
9 Case 13 To 18                  '13<＝MCNT<＝18
10      Mov P4
11      Break
12 Default                       '上述情况以外
13      M_Out(10)＝1
14      Break
15 End Select
```

【使用说明】

1）在没有 Default 的情况下，以无处理跳转到 End Select 的下一行。

2）Select Case 和 End Select 必须要一一对应。若在 Case 区域内以 GoTo 指令跳转到 Select Case 以外，则会因为控制构造用内存（堆栈内存）减少，在连续执行的情况下，会发生报警。

3）在执行没有对应 Select Case 的 End Select 的情况下，会发生报警。

4）可以在 Select Case 中，嵌套 Select Case（最多嵌套 8 次）。

5）在 Case 中可以嵌套 While – WEndWhile–WEnd 和 For–Next。

6）在<式>中使用比较运算（<、=、>等）时，使用 Case Is。

7）Break 可以省略（Case 里处理会遵照 1））。

3. GoTo 语句

【指令功能】

GoTo 语句能无条件地跳转到指定的标识名程序步。

【语法结构】

    GoTo <目的程序步>

【指令参数】

<目的程序步>：以"＊名称"标识名语法结构定义的标签名。

【指令举例】

    10 GoTo   ＊L100   '无条件地跳转到标识 L100 的程序步
        ⋮
    100 ＊L100   '标识名程序步
    101 Mvs P1   '直线插补到 P1 位置

【使用说明】

1）必须存在指定的标识名，否则报错。

2）不得在 If EndIf 语句之间或 Select End Select 语句之间使用 GoTo 跳转，否则程序报错。

3）跳转后不可用 Return 指令返回，也无须返回。

4. Wait 语句

【指令功能】

Wait 语句即程序等待，直到条件满足时，执行下一步程序。

【语法结构】

    WAIT <条件逻辑表达式>

【指令参数】

<条件逻辑表达式>：以 =、>、<、> =、< =等逻辑比较符号表示的比较表达式或逻辑表达式。

【指令举例】

    10 Wait M_In(10048)＝1   '程序等待,直到输入 10048 的值等于 1 时,执行下一步程序

11 Mvs P1	'直线插补到 P1 位置
12 Mvs P2	'直线插补到 P2 位置

3.7.3　程序循环控制

1. For 循环语句

【指令功能】

For 循环语句将 For 和 Next 间的程序反复循环执行，直到计数器条件溢出为止。

【语法结构】

> For <计数器> = <初始值> To <结束值>［Step <增量>］
> ⋮
> Next［<计数器>］

【指令参数】

<计数器>：作为反复控制的计数器，以数值变量指定。

<初始值>：将反复控制的计数器的初始值以数值表达式指定。

<结束值>：将反复控制的计数器的结束值以数值表达式指定。

<增　量>：将反复控制的计数器的增量以数值表达式指定。若将 Step 语句省略，则增量会变成 1。

【指令举例】

（1）从 1 到 10 的求和程序

1 MSUM = 0	'将总和 MSUM 初始化
2 For M1 = 1 To 10	'使数值变量 M1 从 1 开始,以计数每次增加 1 到 10 为止
3 MSUM = MSUM + M1	'数值变量 MSUM 加上 M1 的值
4 Next M1	'返回到 Step 号码 2

（2）将两个数值的相乘结果设定在 2 次元排列变量的程序

1 Dim MBOX(10,10)	'确保 10 × 10 的排列领域
2 For M1 = 1 To 10 Step 1	'使数值变量 M1 从 1 开始,以计数每次增加 1 到 10 为止
3 For M2 = 1 To 10 Step 1	'使数值变量 M2 从 1 开始,以计数每次增加 1 到 10 为止
4 MBOX(M1,M2) = M1 * M2	'在排列变量 MBOX(M1,M2)里代入 M1 * M2 的值
5 Next M2	'返回到 Step 号码 2
6 Next M1	'返回到 Step 号码 2

【使用说明】

1）在 For 和 Next 之间可以描述其他的 For~Next。但是，一组 For~Next 的控制会将程序内的控制构造更加深一段。程序内的控制构造深度，最高可达到 16 段的深度。在超过 16 段的情况下，执行时会发生报警。

2）若在 For 和 Next 之间以 GoTo 指令强制地执行跳转，则会因为控制构造用内存（堆栈内存）的减少，在连续执行的情况下，会发生报警。需使 For 语句的条件成立，执行脱离循环（Loop）的程序。

3）下列条件的情况下，执行时会发生报警：①计数器的<初期值>比<结束值>大，<增量>为正值的情况；②计数器的<初期值>比<结束值>小，<增量>为负值的情况。

4）在 For 和 Next 没有相对应的情况下，执行时会发生报警。

5）Next 语句里的计数器变量可以省略。在例2中，可以省略 Step 号码5的 M2 和 Step 号码6的 M1。若将计数器变量省略，某些处理则会变快。

2. While 循环语句

【指令功能】

当循环条件满足时，将 While 和 End 之间的程序反复执行，否则跳出。

【语法结构】

```
While   <循环条件>
   ⋮
WEnd
```

【指令参数】

<循环条件>：以数值表达式描述。

【指令举例】

数值变值 M1 的值在 −5～+5 之间，反复处理，若超越范围，则控制移至 WEnd 的下一行。

```
1 While（M1>=−5）And（M1<=5）    '变量 M1 值在−5～+5 之间,反复处理
2 M1=−（M1+1）                  '把 1 加到 M1 上,将符号反转
3 M_Out（8）= M1                 '输出 M1 的值
4 WEnd                          '返回到 While 语句(Step 1)
5 End                           '程序结束
```

【使用说明】

1）反复执行 While 和 WEnd 之间的程序。

2）<循环条件>的结果为真（不为0）期间，控制移到 While 语句的下一行，反复处理。

3）<循环条件>的结果不为真（为0）的情况下，控制移到 WEnd 语句的下一行。

4）若在 While 和 Wend 之间以 GoTo 指令强制地跳转，则控制构造用内存（堆栈内存）会减少，在连续执行的情况下，会发生报警。需使程序的 While 语句的条件成立，以脱离循环。

3.7.4 子程序调用控制

1. 子程序调用 GoSub 语句

【指令功能】

GoSub 语句用于调用指定标签的子程序。

【语法结构】

```
GoSub   <目的程序>
```

【指令参数】

<目的程序>：以"＊名称"标识名语法结构定义的标签名。

【指令举例】

```
10 GoSub ＊LBL
11 End
　⋮
100 ＊LBL
101 Mov P1
102 Return              '务必以 Return 指令返回
```

【使用说明】

1）在子程序最后，必须以 Return 指令返回。若以 GoTo 指令返回，则机制构造用内存（堆栈内存）会减少，在连续执行的情况下会发生报警。

2）从子程序中，可以依据 GoSub 再度呼出其他的子程序。子程序可以呼出的段数大约为 800 段。

3）呼出处以标签名指定。在呼出处的标签不存在的情况下，执行时会发生报警。

2. 程序文件调用 CallP 语句

【指令功能】

CallP 语句可执行指定的程序文件（类似于使用 GoSub 语句调用子程序）。当执行子程序中的 End 语句或子程序的最后一行语句时，将会返回到主程序。

【语法结构】

```
CallP   "<程序文件名> " ［,<自变量> ［,<自变量>]…]
```

【指令参数】

<程序名>：在字符串常数或字符串变量指定程序。

<自变量>：程序被呼出时，程序会指定替换的变量或常数。自变量的最大个数为 16。

【指令举例】

（1）在调用程序替换自变量时

主程序文件：

```
1 M1＝0
2 CallP "10" ,M1,P1,P2
3 M1＝1
4 CallP "10" ,M1,P1,P2
　⋮
10 CallP "10", M2,P3,P4
　⋮
15 End
```

"10"子程序文件：

```
1 FPrm M01, P01,P02
2 If M01<>0 Then GoTo ＊LBL1
```

3 Mov P01

　　4 ＊LBL1

　　5 Mvs P02

　　6 End　　　　　　　　　　　　　　'在此会返回到主程序

　　注：在主程序的 Step 号码 2、4 被执行时，M1、P1、P2 分别被设定为子程序的 M01、P01、P02，在主程序的 Step 号码 10 被执行时，M2、P3、P4 被设定为子程序的 M01、P01、P02。

　　（2）在调用程序没有替换自变量时

　　主程序文件：

　　　　1 Mov P1

　　　　2 CallP "20"

　　　　3 Mov P2

　　　　4 CallP "20"

　　　　5 End

　　"20" 子程序文件：

　　　　1 Mov P1　　　　　　　　　'子程序的 P1 和主程序的 P1 不同

　　　　2 Mvs P002

　　　　3 M_Out(17)= 1

　　　　4 End　　　　　　　　　　'在此会返回到主程序

【使用说明】

　　1）在 CallP 指令里被执行的子程序，以 End 指令结束，并返回到主程序。在没有 End 指令等的情况下，最终行执行后，返回到主程序。

　　2）将自变量替换的情况下，以 CallP 指令指定自变量的同时，必须在子程序前以 FPrm 指令定义自变量。

　　3）主程序和子程序中自变量的型及个数不同的情况下（在 FPrm 指令下），执行时会发生报警。

　　4）将程序复位的情况下，会返回到主程序的前头控制。

　　5）在主程序里执行的定义语句（Def Act、Def FN、Def Plt、Dim 指令）在子程序为无效。从子程序返回时会再度变成有效。

　　6）速度、Tool 数据即使在子程序里也全部有效。Accel、Spd 的值为无效。Oadl 的模式为有效。

　　7）在子程序中使用 CallP 并且可以执行其他子程序。但是，无法在主程序及已有其他任务的插槽中，呼出执行中的程序。而且，也无法呼出本身的程序。

　　8）可以从最初的主程序开始，执行 8 阶段（阶层）的子程序 CallP。

　　9）从主程序往子程序，可以依据自变量替换变量的值，但是无法在子程序的处理结果代入自变量，然后替换到主程序。将子程序的处理结果使用在主程序的情况下，需使用外部变量替换值。

3. 程序暂停指令 Hlt

【指令功能】

　　Hlt 指令能中断并停止程序的执行和机器人的动作。此时，已执行的程序会变成待机状态。

【语法结构】

    Hlt

【指令举例】

（1）无条件在程序运行中，使机器人停止

    150 Hlt   '无条件的中断程序

（2）满足某个条件时，使机器人停止

    10 If M_In(18)= 1 Then Hlt   '输入信号 18 开启的情况下，程序中断
    20 Mov P1 WthIf M_In(17)= 1，Hlt '往 P1 移动中，当 17In 信号为 ON 时，程序中断

【使用说明】

1）Hlt 指令将程序的执行中断且将机器人减速后停止，此时系统会变成待机状态。

2）在多任务使用时，只有执行 Hlt 的任务插槽会中断。

3）再开启时，以操作面板的启动或外部开始的启动信号执行，程序会从 Hlt 语句的下一行开始执行。但是，在附随语句（WthIf 指令）的 Hlt 情况下，会从执行中断的语句再开始执行。

3.7.5 各种定义指令

3.7.5.1 码垛相关

1. 码垛定义语句

【指令功能】

该语句用于定义码垛托盘。

【语法结构】

    Def Plt<托盘号码>，<起点>，<终点 A>，<终点 B>，[<对角点>]，<个数 A>，<个数 B>，<托盘模板>

【指令参数】

<托盘号码>：选择已设定的托盘号码（为 1~8 的常数）。

<起点>：托盘的起点。以位置常数或位置变量指定。

<终点 A>：托盘一边的终点。圆弧托盘时其为圆弧的通过点。以位置常数或位置变量指定。

<终点 B>：托盘另一边的终点。圆弧托盘时其为圆弧的终点。以位置常数或位置变量指定。

<对角点>：托盘起点的对角点。圆弧托盘时无意义。

<个数 A>：托盘起点和终点 A 间的工作个数。

托盘时，托盘的起点和圆弧的终点间的工件个数，可以是变量。

<个数 B>：托盘的起点和终点 B 间的工件个数。圆弧托盘时无意义（必须指定 1 等）。可以是变量。

<托盘模板>：设定在被分配格子点，加上号码的托盘模板及姿势的固定/等分割，可以是变量。如图 3-20 所示。

1：Z字型（姿势等分割）2：同一方向（姿势等分割）3：圆弧托盘（姿势等分割）

11：Z字型（姿势固定）12：同一方向（姿势固定）13：圆弧托盘（姿势固定）

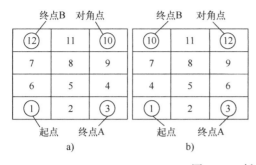 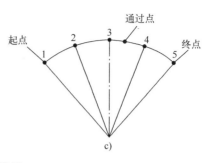

图3-20　托盘模板

a）Z字型　b）同一方向　c）圆弧托盘

【指令举例】

1 Def Plt 1,P1,P2,P3, ,3,4,1　　　　　　　'3点托盘的定义

2 Def Plt 1,P1,P2,P3,P4,3,4,1　　　　　　'4点托盘的定义

【使用说明】

1）位置运算时的精度，4点托盘比3点托盘的精度更精准。

2）只有在已执行的程序内有效。在以CallP指令呼出来的子程序中，无法使用已定义的托盘模板。使用在子程序时，需在子程序里再次定义。

3）个数A、B视为非0的正数，若为0或者负数的情况下，会发生报警。

4）个数A×个数B的值若超过32767的情况下，执行时发生报警。

5）在圆弧托盘的情况下，个数B的值并没有意义，但是因为无法省略，所以需设定为0等值。此外，即使对角点有指定，也没有意义。

6）在抓手向下的情况下，需使起点、终点A、终点B、对角点的ABC轴的值的符号相同。抓手向下时，会变成A=180（或-180）、B=0、C=180（或-180），3点的A轴、C轴的符号不一致，在途中的位置，会有抓手回转的情况发生。在这种情况下，需在示教单元的位置编辑界面将符号修正为相同。+180和-180会成为相同姿势，即使修正符号也不会有问题。

7）若托盘模板指定为11~13，以托盘运算求得的位置变量的姿势数据会被代入<起点>的姿势。指定为1~3情况的姿势，会代入将<起点>-<终点>之间等分割的值。

2. 码垛运算

【指令功能】

该指令用于运算码垛托盘内指定格子点的位置。

【语法结构】

　　Plt　<托盘号码>，<格子点号码>

【指令参数】

<托盘号码>：选择在Def Plt设定的码垛托盘号码（1~8）。以变量或常数指定。

<格子点号码>：想求得的码垛盘内的位置号码。以变量或常数指定。

【指令举例】

1 Def Plt 1,P1,P2,P3,P4,4,3,1	'4 点托盘的定义（P1,P2,P3,P4）
2 '	
3 M1 = 1	'M1（计数器）初始化
4 ∗LOOP	
5 Mov PICK,－50	'往取出工件位置上空 50 mm 移动
6 Ovrd 50	
7 Mvs PICK	
8 HClose 1	'抓手闭
9 Dly 0.5	'抓手闭后等待 0.5 s
10 Ovrd 100	
11 Mvs,－50	'往现在位置上空 50 mm 移动
12 PLACE = Plt 1, M1	'计算第 M1 号的位置
13 Mov PLACE, 50	'往托盘上放置位置上空 50 mm 移动
14 Ovrd 50	
15 Mvs PLACE	
16 HOpen 1	'抓手开
17 Dly 0.5	
18 Ovrd 100	
19 Mvs,－50	'往现在位置上空 50 mm 移动
20 M1＝M1+1	'计数器加算
21 If M1 <=12 Then ∗LOOP	'若计数在范围内,则从 ∗LOOP 开始反复
22 Mov PICK,－50	

【使用说明】

1）运算以 Def Plt 指令定义的码垛盘的格子点位置。

2）码垛盘号码最多可以同时给出 1~8 的 8 个定义。

3）注意格子点的位置会依据码垛盘定义的指定方向而有所不同。

4）若指定超过以码垛定义指令所定义的最大格子点号码，执行时会发生报警。

5）将码垛托盘的格子点作为插补指令的目的位置的情况下，若没有用括号括起来，则会发生报警。例如，Mov（Plt 1, 5）。

3.7.5.2　中断相关

1. 中断定义 Def Act

【指令功能】

该指令用于定义程序执行中的中断及其处理。

【语法结构】

　　　Def　Act　<优先号码>,<式>　<处理>　［,<种类>］

【指令参数】

<优先号码>：中断的号码，也是中断的优先级。设置范围为 1~8，以常数设定。

中断的优先级是以<优先号码>来决定，以 1 至 8 的顺序优先级逐级降低。

<式>：定义中断源，以下列语法结构描述。

<数值型数据> <比较运算符号> <数值型数据>

或

<数值型数据> <逻辑运算符号> <数值型数据>

<数值型数据 >可用<数值型常数>、<数值变量>、<数值型数组变量>、<成分数据>等表示。

<式>只能用单纯的比较运算或逻辑运算描述，中间无法嵌套其他运算符，无法使用括号。

<处理>：为了执行中断发生时的处理，以 GoTo 指令或 GoSub 指令描述。

使用 Goto 指令时进入中断时，不需要返回。

使用 GoSub 指令进入中断后，需要使用 Return 指令返回。返回的方式有两种：①Return 0，返回到发生中断插入时那一步执行语句继续执行；②Return 1，返回到发生中断插入时那一步指令语句的下一步语句继续执行。

使用 GoSub 指令处理中断的情况下，如果不希望无中断时也执行处理语句，则必须使用 End 指令将中断插入处理语句部分与主程序隔开。

当在执行圆或圆弧插补（Mvc，Mvr，Mvr2，Mvr3）指令过程中发生中断插入时，如果以 Return 0 返回到原来那一步语句，机器人则会返回到圆或圆弧的起点，再次执行圆、圆弧插补。

<TYPE>：省略时，表示以下停止种类，即在外部速度比例为 100% 执行时，停止在已设定的停止位置；在外部速度比例较小时，到停止为止的时间延长，且经常停在同一位置。

S：表示以下停止种类，即不依赖外部速度比例，以最短时间或最短距离减速停止。

L：执行完成停止。在完成当前步的指令语句后，再插入中断。

2. 中断开启

【指令功能】

该指令用于开启中断源监测。

【语法结构】

　　Act　<优先号码> = <数值>

【指令参数】

<优先号码>：插入的优先号码。用常数表示，对应于中断定义语句中优先号码。

<数值>：0/1。

　　　　0：关闭中断监测。

　　　　1：开启中断监测。

【指令举例】

1 Def Act 1,M_In(17)= 1 GoSub * L100	'若通用输入信号 17 号为开启状态,则定义呼出 * L100(Step 号码 10)的子程序
2 Def Act 2,MFG1 And MFG2 GoTo * L200	'若 MFG1 和 MFG2 的逻辑与为真,则定义往 * L200 (Step 号码 20)跳转
3 Def Act 3,M_Timer(1)>10500 GoSub * LBL	'经过 10.5 s 后,往 * LBL(Step 号码 30) 的子程序跳转
⋮	
10 * L100;M_Timer(1)= 0	'定时器设定在 0

11 Act 3 = 1   '使 Act 3 为有效

12 Return 0

⋮

20 * L200：Mov P_Safe

21 End

⋮

30 * LBL

31 M_Timer(1) = 0   '将定时器返回到 0

32 Act 3 = 0   '使 Act 3 为无效

32 Return 0

【使用说明】

1）在中断里被呼出的跳转处的处理最后以 Return 指令设定。

2）从插入处理以 Return1 返回到下一个 Step 的情况下，在插入处理内禁止插入。若没有禁止插入，则会直接在插入条件成立的情况下，再度执行插入处理，为了返回到下一个 Step，会有 Step 不被执行却做了 Step 的事。

3）中断的优先级是以<优先号码>来决定，以 1 至 8 的顺序优先级逐级降低。

4）插入的设定，最多可以同时设定 8 个。依据<优先号码>来区别。

5）只能使用在<式>等单纯的逻辑运算或比较运算（运算符号为 1 个），括号也无法使用。

6）在定义相同优先号码 Def Act 指令的情况下，以后者定义的为有效。

7）因为 Def Act 指令只能执行插入的定义，所以插入的许可/禁止需依 Act 指令来指定。

8）以通信插入（Com）的优先级会比任何一个 Def Act 指令定义的插入优先级高。

9）Def Act 指令只在已定义的程序内有效。在以 CallP 指令（程序间呼叫）呼出的程序（子程序）内使用插入处理的情况下，必须在子程序上再次定义。

10）以 Def Act 指令在<处理>中指定 GoTo 指令的情况下，若发生插入，则会变成直接在以后的程序执行中处理插入，只接受优先级高的插入。在 GoTo 指令的插入处理中，以 End 指令来解除。

11）在<式>中无法以（M1 And &H001）= 1 的逻辑运算的组合条件来设定。

12）在圆或圆弧插补（Mvc、Mvr、Mvr2、Mvr3）的执行中，有插入条件，以 Return 0 返回到原本以 Step 控制的情况下，机器人会返回到圆或圆弧的起点，再次执行圆、圆弧插补。

13）在弧形插补的执行中，有插入，以 Return 0 返回到原本以 Step 控制的情况下，机器人会从那时的位置开始执行弧形插补。

3.7.5.3　坐标系定义

1. 基座坐标系定义指令 Base

【指令功能】

Base 指令用于指定从世界坐标系至基座坐标系的变换。

【语法结构】

    Base   <基本变换数据>

【指令参数】

<基本变换数据>：用直交位置矩阵或直交位置变量表示。

【指令举例】

    1 Base（50,100,0,0,0,90）   '变换数据以常数输入

    2 Mvs P1

    3 Base P2   '变换数据以常数输入

    4 Mvs P1

    5 Base P_NBase   '变换数据返回到初始值

【使用说明】

1）基本变换数据的 X、Y、Z 成分，表示从世界坐标系到基座坐标系所需的平移量；A、B、C 成分表示从世界坐标系变换至基座坐标系所需的旋转量。

X：往 X 轴方向平行移动距离。

Y：往 Y 轴方向平行移动距离。

Z：往 Z 轴方向平行移动距离。

A：绕 X 轴的回转角度。

B：绕 Y 轴的回转角度。

C：绕 Z 轴的回转角度。

2）A、B、C 的正负号符合笛卡儿坐标系右手螺旋法则。

3）当用直交位置变量表示<基本变换数据>时，构造标志数据 FL1 和多旋转标志数据 FL2 无意义。

4）基本变换的系统初始值为 P_NBase＝（0,0,0,0,0,0）（0,0）。

2. 工具坐标系定义指令 Tool

【指令功能】

Tool 指令用于指定从机械法兰坐标系到工具坐标系的变换。

【语法结构】

    Tool   <Tool 数据>

【指令参数】

<Tool 数据>：以直交位置矩阵或直交位置变量表示。

【指令举例】

1）设定直接数值。

    1 Tool（100,0,100,0,0,0）   '沿机械法兰坐标系 X、Z 轴平移 100 mm、100 mm 后,将新工具坐标
                                  系作为控制坐标系

    2 Mvs P1

    3 Tool P_NTool   '重新将工具坐标系与机械法兰坐标系重合

2）设定在直交位置变量。

（若在 PTL01 设定为（100，0，100，0，0，0，0，0），则会变成和 1）相同）

    1 Tool PTL01

    2 Mvs P1

【使用说明】

1）Tool 指令是用于在使用 Double 抓手的系统里，想要在各抓手的尖端设定控制点的时候。抓手为 1 种类的情况下，并非使用 Tool 指令，而是使用参数［MEXTL］设定。

2）依据 Tool 指令变更的 Tool 数据会被存储在参数 MEXTL 里，控制器的电源关闭后即被存储。

3）到 Tool 指令执行为止，系统初始值（P_NTool）会被采用。

执行一次 Tool 指令，到下个 Tool 指令被执行为止，会采用已指定的 Tool 变换数据。与厂商构造无关，会以 6 轴三次元运算。

4）当示教时和自动运行时的 Tool 数据不同时，会有在预料外动作的情况发生。因此必须使运行时和示教时的设定一致。

此外，依据机器人的机型，有效轴成分会有所不同。

5）可以使用 M_Tool 变量将 METL1~16 的参数设定为 Tool 数据。

6）当用直交位置变量表示<Tool 数据>时，构造标志数据 FL1 和多旋转标志数据 FL2 无意义。

3. 任意坐标系定义指令 Fram

【指令功能】

Fram 指令用于计算由 3 个位置数据所指定的坐标位置数据。

【语法结构】

　　　　<位置变量 4> = Fram(<位置 1>, <位置 2>, <位置 3>)

【指令参数】

<位置 1>：会变成以 3 个位置指定的平面的 X、Y、Z 的原点。以变量或常数指定。

<位置 2>：会变成以 3 个位置指定的平面的 X 轴+方向上的点。以变量或常数指定。

<位置 3>：会变成以 3 个位置指定的 X–Y 平面的 Y 轴+方向上的点。以变量或常数指定。

<位置变量 4>：将结果代入变量。构造标志与<位置 1>相同。

【指令举例】

```
1 Base P_NBase
2 P10 = Fram(P1,P2,P3)        '以 P1,P2,P3 的位置为基础制作 P10 的坐标
3 P10 = Inv(P10)
4 Base P10                    '将 P10 的位置利用为机器人原点
  ⋮
```

【使用说明】

1）可以在定义基本坐标和作为基准坐标时使用。

2）由 3 个位置变量的 X、Y、Z 坐标值做成平面，计算原点的位置及平面的倾斜，作为位置变量返回。

此位置变量的位置数据 X、Y、Z 和位置变量 1 的值相同，因此 A、B、C 会变成以 3 个位置指定的平面倾斜。

3）无法在自变量使用关节变量，使用时会发生报警。

4）在<位置 1>，<位置 2>，<位置 3>无法表示为有自变量的函数，执行时会发生报

警。例如：

$$P10 = Fram(FPrm(P01,P02,P03),P04,P05)$$

4. 坐标系逆变换指令 Inv

【指令功能】

Inv 指令用于求得位置变量的逆矩阵的位置数据。在位置的相对运算时使用。

【语法结构】

<位置变量> = Inv(<位置变量>)

【指令举例】

1 P1 = Inv(P2)   '在 P1 代入 P2 的逆矩阵

【使用说明】

1）无法在自变量使用关节变量，使用时会发生报警。

2）因为返回值为位置数据，所以在左边使用关节变量的情况下，会发生报警。

知识 3.8 状态变量

3.8.1 机器人位置相关的状态变量

1. 现在位置 P_Curr、P_FBC、J_Curr、J_Fbc

现在位置变量说明见表 3-13。

表 3-13 现在位置变量说明

变　　量	解　　释
P_Curr	【功能】 　　返还现在位置（X,Y,Z,A,B,C,L1,L2）（FL1,FL2） 【语法结构】 　　<位置变量> = P_Curr[(<机器号码>)] 【参数】 　　<位置变量>：指定代入的位置变量 　　<机器号码>：输入机器号码。即 1~3，省略时为 1
P_FBC	【功能】 　　将从伺服来的回馈值返还到原来的现在位置（X,Y,Z,A,B,C,L1,L2）（FL1,FL2） 【语法结构】 　　<位置变量> = P_Fbc[(<机器号码>)] 【参数】 　　<位置变量>：指定代入的位置变量 　　<机器号码>：输入机器号码。即 1~3，省略时为 1
J_Curr	【功能】 　　返回现在位置的关节型数据 【语法结构】 　　<关节型变量> = J_Curr[(<机器号码>)] 【参数】 　　<关节型变量>：指定代入的关节型变量 　　<机器号码>：代入机器号码。即 1~3，省略时为 1

（续）

变　　量	解　　释
J_Fbc	【功能】 　　J_Fbc：返回到依据编码器的回馈脉冲所生成的关节型现在位置 　　J_AmpFbc：返回各轴现在电流回馈值 【语法结构】 　　<关节型变量>=J_Fbc[(<机器号码>)] 　　<关节型变量>=J_AmpFbc[(<机器号码>)] 【参数】 　　<关节型变量>：指定代入的关节型变量 　　<机器号码>：将机器号码代入。即 1~3，省略时为 1

2. 电动机反馈的现在位置与指令位置的距离 M_Fbd

电动机反馈的现在位置与指令位置的距离变量说明见表 3-14。

表 3-14　电动机反馈的现在位置与指令位置的距离变量说明

变　　量	解　　释
M_Fbd	【功能】 　　返还位置和回馈位置的差 【语法结构】 　　<数值变量>=M_Fbd[(<机器号码>)] 【参数】 　　<数值变量>：指定代入的数值变量 　　<机器号码>：输入机器号码。即 1~3，省略时为 1

3. 退避点位置

退避点位置变量说明见表 3-15。

表 3-15　退避点位置变量说明

变　　量	解　　释
P_Safe	【功能】 　　返回待避点位置（参数 JSAFE 的直交位置） 【语法结构】 　　<位置变量>=P_Safe[(<机器号码>)] 【参数】 　　<位置变量>：指定代入的位置变量 　　<机器号码>：输入机器号码。即 1~3，省略时为 1

3.8.2　坐标位置相关的状态变量

坐标位置相关的状态变量说明见表 3-16。

表 3-16　坐标位置相关的状态变量说明

变　　量	解　　释
P_Tool P_NTool	【功能】 　　返还 Tool 变换数据 　　P_Tool：返还现在被设定的 Tool 变换数据 　　P_NTool：返还初始值 (0,0,0,0,0,0,0,0)(0,0) 【语法结构】 　　<位置变量>=P_Tool[(<机器号码>)] 　　<位置变量>=P_NTool 【参数】 　　<位置变量>：指定代入的位置变量 　　<机器号码>：输入机器号码。即 1~3，省略时为 1

（续）

变　量	解　释
P_Base P_NBase	【功能】 　　返还基本数据相关数据 　　P_Base：返还现在被设定的 Base 变换数据 　　P_NBase：返还初值（0, 0, 0, 0, 0, 0）(0, 0) 【语法结构】 　　<位置变量>=P_Base[(<机器号码>)] 　　<位置变量>=P_NBase 【参数】 　　<位置变量>：指定代入的位置变量 　　<机器号码>：输入机器号码。即 1~3，省略时为 1
P_Zero	【功能】 　　通常返回（0, 0, 0, 0, 0, 0, 0, 0）(0, 0) 【语法结构】 　　<位置变量>=P_Zero 【参数】 　　<位置变量>：指定代入的位置变量

3.8.3　速度、加速度相关的状态变量

速度、加速度相关的状态变量说明见表 3-17。

表 3-17　速度、加速度相关的状态变量说明

变　量	解　释
M_JOvrd M_NJOvrd M_OPovrd M_Ovrd M_NOvrd	【功能】 　　返还速度比例值 　　M_JOvrd：关节插补用的速度比例值，以 JOvrd 指令指定 　　M_NJOvrd：关节插补用的速度比例的初始值（100%） 　　M_OPovrd：操作面板的速度比例值 　　M_Ovrd：现在的速度比例值，以 Ovrd 指令指定 　　M_NOvrd：速度比例的初始值（100%） 【语法结构】 　　<数值变量>=M_JOvrd[(<数式>)] 　　<数值变量>=M_NJovrd[(<数式>)] 　　<数值变量>=M_OPovrd 　　<数值变量>=M_Ovrd[(<数式>)] 　　<数值变量>=M_NOvrd[(<数式>)] 【参数】 　　<数值变量>：指定代入的数值变量 　　<数式>：输入任务插槽号码。即 1~32，省略时为现在的插槽号码
M_Spd M_NSpd M_RSpd	【功能】 　　返还直线插补、关节插补时的速度 　　M_Spd：现在被设定的速度 　　M_NSpd：初始值（最佳速度控制） 　　M_RSpd：现在的指令速度 【语法结构】 　　<数值变量>=M_Spd[(<数式>)] 　　<数值变量>=M_NSpd[(<数式>)] 　　<数值变量>=M_RSpd[(<数式>)] 【参数】 　　<数值变量>：指定代入的数值变量 　　<数式>：输入任务插槽号码。即 1~32，省略时为现在的插槽号码

（续）

变　　量	解　　释
M_RDst	【功能】 　　返还机器人移动中到目的位置为止的剩余距离（mm） 【语法结构】 　　<数值变量>=M_RDst[（<数式>）] 【参数】 　　<数值变量>：指定代入的数值变量 　　<数式>：输入任务插槽号码。即1~32，省略时为现在的插槽号码

3.8.4　系统状态相关的状态变量

系统状态相关的状态变量说明见表3-18。

表3-18　系统状态相关的状态变量说明

变　　量	解　　释
M_Run( )	【功能】 　　返还已指定的任务插槽的程序是否在执行中 　　1：执行中 　　0：执行中以外（中断中或停止中） 【语法结构】 　　<数值变量>=M_Run[（<数式>）] 【参数】 　　<数值变量>：指定代入的数值变量 　　<数式>：输入任务插槽号码。即1~32，省略时为现在的插槽号码
M_Wai( )	【功能】 　　返还指定任务插槽的程序待机状态 　　1：中断中（程序为中断状态） 　　0：中断中以外（运行中或停止中） 【语法结构】 　　<数值变量>=M_Wai[（<数式>）] 【参数】 　　<数值变量>：指定代入的数值变量 　　<数式>：输入任务插槽号码。即1~32，省略时为现在的插槽号码
M_Psa( )	【功能】 　　返还已指定的任务插槽是否为程序可选择 　　1：可以选择程序 　　0：不可以（程序为中断状态的时候） 【语法结构】 　　<数值变量>=M_Psa[（<数式>）] 【参数】 　　<数值变量>：指定代入的数值变量 　　<数式>：输入任务插槽号码。即1~32，省略时为现在的插槽号码
M_Svo	【功能】 　　返还现在的伺服电源的状态 　　1：伺服电源开启（ON） 　　0：伺服电源关闭（OFF） 【语法结构】 　　<数值变量>=M_Svo[（<机器号码>）] 【参数】 　　<数值变量>：指定代入的位置变量 　　<机器号码>：输入机器号码。即1~3，省略时为1

3.8.5 其他状态变量

其他状态变量说明见表 3-19。

表 3-19 其他状态变量说明

变 量	解 释
M_Open( )	【功能】 　　返还被指定的档案的开启状态。依据以 Open 指令所指定的档案种类，值会有所不同 【语法结构】 　　<数值变量>=M_Open［<档案号码>］ 【参数】 　　<数值变量>：指定代入的数值变量 　　<档案号码>：以 Open 指令所开启的档案号码，以 1~8 常数指定。省略时档案号码会变成 1。 执行 9 以上时会发生报警 【举例】 　　1 Open "temp. txt" As #1　　　　　　　　'将"temp. txt"作为档案 1 开启 　　2 ＊LBL:If M_Open(1)<>1 Then GoTo ＊LBL　'等待文件档案号码 1 到开启为止
M_Timer( )	【功能】 　　以 ms 单位计数时间。可以使用于机器人的动作时间测定及计测正确时间的情况 【语法结构】 　　<数值变量>=M_Timer(<数式>) 【参数】 　　<数值变量>：指定代入的数值变量 　　<数式>：输入 1~8 的号码。括号无法省略 【举例】 　　1 M_Timer(1)=0 　　2 Mov P1 　　3 Mov P2 　　4 M1=M_Timer(1)　　'在 M1 输入从 P1 到 P2 为止的移动时间（ms） 　　5 M_Timer(1)=1.5　　'设定为 1.5
M_Pi	【功能】 　　返还圆周率（3.14159265358979） 【语法结构】 　　<数值变量>=M_PI 【参数】 　　<数值变量>：指定代入的数值变量 【举例】 　　1 M1=M_ PI　　'在 M1 输入 3.14159265358979

知识 3.9　函数

3.9.1　数值函数

数值函数说明见表 3-20。

表 3-20 数值函数说明

函 数	解 释
Abs( )	返还绝对值
DEG( )	将角度单位弧度（rad）变换为度（deg）
Rad	将角度单位度（deg）变换为弧度（rad）
Rnd	产生随机数

（续）

函　　数	解　　释
MAX/MIN	最大值/最小值
Sgn	输出符号，正数输出 1；负数输出−1

3.9.2　三角函数

三角函数说明见表3-21。

表 3-21　三角函数说明

函　　数	解　　释
ATn ATn2	【功能】 　　计算反正切（Arc Tangent）值。单位：rad 【语法结构】 　　<数值变量>=ATn(<数式>) 　　<数值变量>=ATn2(<数式 1>, <数式 2>) 【参数】 　　<数值变量>：依据指定的数式，计算并返还反正切值 　　<数式>：$\Delta Y/\Delta X$ 的计算值 　　<数式 1>：ΔY 　　<数式 2>：ΔX 【举例】 　　1 M1=ATn(100/100)　　　'在 M1 代入 $\pi/4$ 弧度 　　2 M2=ATn2(−100,100)　　'在 M2 代入−$\pi/4$ 弧度
ASin	【功能】 　　计算反正弦（Arc Sin）值。单位：rad 【语法结构】 　　<数值变量>=ASin(<数式>) 【参数】 　　<数值变量>：依据指定的数式，计算并返还反正弦值 【举例】 　　1 M1=ASin(1/2)　　'在 M1 代入 $\pi/6$ 弧度
ACos	【功能】 　　计算反余弦（Arc Cos）值。单位：rad 【语法结构】 　　<数值变量>=ACos(<数式>) 【参数】 　　<数值变量>：依据指定的数式，计算并返还反余弦值 【举例】 　　1 M1=ACos(1/2)　　'在 M1 代入 $\pi/3$ 弧度
Sin	【功能】 　　计算正弦（Sin）值 【语法结构】 　　<数值变量>=Sin(<数式>) 【举例】 　　1 M1=Sin(Rad(30))　　　'在 M1 代入 0.5 【说明】 　　1）计算数式的正弦值 　　2）给定数式正弦值的范围会变成左边数值变量的数值范围 　　3）返回值的范围会变成−1~1 　　4）自变量的单位为 rad

（续）

函　　数	解　　释
Cos	【功能】 　　计算余弦（Cos）值 【语法结构】 　　<数值变量>=Cos(<数式>) 【举例】 　　1 M1=Cos(Rad(60))　　　　　'在 M1 代入 0.5 【说明】 　　1）计算数式的余弦值 　　2）给定数式余弦值的范围会变成左边数值变量的数值范围 　　3）返回值的范围会变成-1~1 　　4）自变量的单位为 rad
Tan	【功能】 　　计算正切（Tangent）值 【语法结构】 　　<数值变量>=Tan(<数式>) 【举例】 　　1 M1=Tan(Rad(60))　　　　　'在 M1 代入 1.73205 【说明】 　　1）返回数式的正切值 　　2）以自变量给予值的范围，会变成数值变值可以取得的全部范围 　　3）返回值的范围，会变成数值变值可以取得的全部范围 　　4）自变量的单位为 rad

3.9.3　字符串函数

字符串函数说明见表 3-22。

表 3-22　字符串函数说明

函　　数	解　　释
Bin$	将算式的值变换为二进制字符串
Chr$	将算式的字符码给予持有文字
Hex$	将算式的值变换为十六进制字符串
Left$	从第 1 自变量的字符串例左边开始，求得用第 2 自变量所指定的字符串长度
Mid$	第 1 自变量字符串中，从第 2 自变量指定位置开始，用第 3 自变量求得指定长度的字符串
Mirror$	执行字符串的二进制的位镜像反转
Mki$	将算式的值变换为 2 个文字的字符串
Mks$	将算式的值变换为 4 个文字的字符串
Mkd$	将算式的值变换为 8 个文字的字符串
Right$	从第 1 自变量的字符串例右边开始，求得用第 2 自变量所指定的字符串长度
Str$	将算式的值变换为十进制字符串
CkSum	制作字符串的检查和（Checksum） 将给定的第 1 个变量对应的字符串，从第 2 个变量指定的字符开始到第 3 个变量指定的字符为止，进行相加，求校验码

3.9.4 位置变量函数

位置变量函数说明见表3-23。

表3-23 位置变量函数说明

函 数	解 释
Dist	【功能】 　　求得两点间（位置变量）的距离，单位为 mm 【语法结构】 　　<数值变量>= Dist(<位置1>,<位置2>) 【参数】 　　<位置1>和<位置2>都只能为直交型位置数据，变量中不能含有变量 　　<数值变量>：用于存储计算的结果 【举例】 　　1 M1＝Dist(P1,P2)　　　　'在 M1 代入 P1 ～ P2 的距离 【说明】 　　1）位置数据的角度数据被忽视，只使用 X、Y、Z 的数据计算 　　2）无法使用关节变量，使用时会发生报警
Fram	【功能】 　　通过 3 个点创建新坐标系，并计算该坐标系在世界坐标系中的位姿数据 【语法结构】 　　<位置变量4>= Fram(<位置1>,<位置2>,<位置3>) 【参数】 　　<位置1>：表示新坐标系的原点。用变量或常数表示 　　<位置2>：表示新坐标系 X 轴的正方向上的点。用变量或常数表示，不能含有自变量 　　<位置3>：表示新坐标系 Y 轴的正方向上的点。用变量或常数表示，不能含有自变量 　　<位置变量4>：将结果代入变量。其构造标志代入<位置1>的值 【举例】 　　1 Base P_NBase 　　2 P10＝Fram(P1,P2,P3)　　　'以 P1，P2，P3 的位置为基础制作 P10 的坐标 　　3 P10＝Inv(P10) 　　4 Base P10　　　　　　　　'将 P10 的位置利用为机器人原点
PosCq	【功能】 　　确认被给予的位置是否有进入动作范围内，如果给予的位置变量进入机器人有效的动作范围内，函数返回数值1，否则返回0 【语法结构】 　　<数值变量>=PosCq(<位置变量>) 【参数】 　　<位置变量>：直交型或关节型位置数据 【举例】 　　1 M1＝PosCq(P1)　　　　　若'P1 的位置有在动作范围内，则 M1 被赋值 1
PosMid	【功能】 　　求两点间做直线插补时的中间位置数据 【语法结构】 　　<位置变量>=PosMid(<位置变量1>,<位置变量2>,<数值1>,<数值2>) 【参数】 　　<位置变量1>：求中点的第 1 个位置，不能含有自变量 　　<位置变量2>：求中点的第 2 个位置，构造标志与第 1 个位置变量必须相同，否则，执行时会报警。不能含有自变量 　　<数值1>和<数值2>：参考 Mvs 指令中的 Type 参数。不能用变量表示 【举例】 　　1 P1＝PosMid(P2,P3,0,0)　　　'在 P1 代入 P2、P3 的中间点的位置数据（含姿势）

（续）

函　数	解　释
SetPos	【功能】 　　设定目标直交位置数据 【格式】 　　<位置变量>=SetPos(<X 轴>[,<Y 轴>[,<Z 轴> [,<A 轴>[,<B 轴>[,<C 轴>[,<L1 轴> [,<L2 轴>]]]]]]]) 【参数】 　　<位置变量>：要变更的直交位置变量 　　<X 轴>~<Z 轴>：单位为 mm 　　<A 轴>~<C 轴>：单位为 rad（可使用 PRGMDEG 参数转换为 deg） 　　<L1 轴>、<L2 轴>：单位依存在 AXUNT 参数而变 【举例】 　　1 P1 = P_Curr 　　2 For M1 = 0 To 100 Step 10 　　3 　M2 = P1. Z+M1 　　4 　P2 = SetPos(P1. X, P1. Y, M2)　　'Z 轴的值上升 10 mm，A 轴以后为相同值 　　5 Mov P2 　　6 Next M1 【说明】 　　1) 参数可以用变量表述，但是不能用含变量的变量表示 　　2) X 轴以外的参数可以省略。某一参数省略后，后面的参数全部省略
SetJnt	【功能】 　　设定当前关节位置数据。 【格式】 　　<关节变量>=SetJnt(<J1 轴>[,<J2 轴>[,<J3 轴>[,<J4 轴> [,<J5 轴>[,<J6 轴>[,<J7 轴> [,<J8 轴>]]]]]]]) 【参数】 　　<关节变量>指定变更的关节变量 　　<J1 轴>~<J8 轴>单位为 rad（线性轴为 mm） 【举例】 　　1 J1 = J_Curr 　　2 For M1 = 0 To 60 Step 10 　　3 　M2 = J1. J3+Rad(M1) 　　4 　J2 = SetJnt（J1. J1, J1. J2, M2)　　'J3 轴的值每 10° 回转，J4 轴以后为相同值 　　5 Mov J2 　　6 Next M1 　　7 M0 = Rad(0) 　　8 M90 = Rad(90) 　　9 J3 = SetJnt(M0, M0, M90, M0, M90, M0) 　　10 Mov J3 【说明】 　　1) 参数可以用变量表述，但是不能用含有变量的变量表示 　　2) J_1 轴以外的参数可以省略。某一参数省略后，后面的参数全部省略

【实训任务】

实训任务 3.1　机器人拧螺钉虚拟工作站的离线编程与虚拟仿真

一、任务分析

二维码 3-9

机器人拧螺钉虚拟工作站由虚拟工业机器人本体、虚拟锁付机构（机器人本体的终端工具）、虚拟螺钉供料单元、虚拟直角件供料单元与锁付平台、虚拟螺钉等 5 个与虚拟仿真有关的基本单元构成，如图 3-21 所示。本次任务的主要内容是编写机器人任务程序，将螺钉供料台上的虚拟螺钉吸取并拧入直角件的螺纹孔内，实现用机器人自动拧螺钉的虚拟仿真作业。

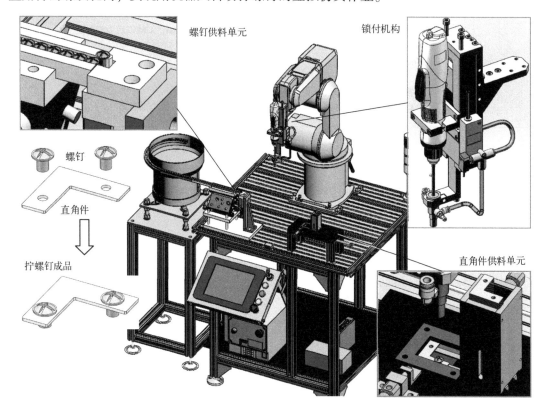

图 3-21　拧螺钉工作站示意图

为了完成本次任务，需要对机器人的移动轨迹进行规划、对抓手输出信号进行控制，运用动作控制指令、信号控制指令、延时指令等语法结构和语句使用知识来编写机器人程序，针对轨迹规划中的各个位置进行示教。

二、相关知识链接

该任务主要训练对机器人本体动作控制、抓手输出信号控制、机器人 JOG 控制和虚拟仿真操作等知识运用和操作的能力。

涉及的知识：知识3.1、知识3.3、知识3.4、知识3.7.1。

三、任务实施

1. 打开工作站，并进入虚拟仿真系统

下载本书提供的机器人拧螺钉虚拟仿真工作站文件，按照任务2.1的实施步骤，打开该虚拟工作站文件，开启机器人虚拟仿真器，并将 RT ToolBox 连接至虚拟控制器，进入虚拟仿真状态，虚拟仿真界面如图3-22所示。

二维码3-10

二维码3-11

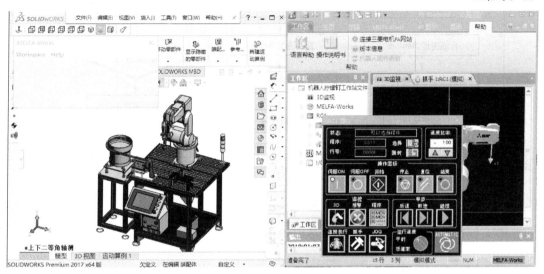

图3-22　拧螺钉虚拟仿真系统界面

2. 设计控制流程图

控制程序的设计过程一般由流程图设计和指令语句编写两部分构成。其中，流程图的设计至关重要，决定了控制程序的整体结构和逻辑功能，而编写指令语句是用编程语言对控制流程图进行翻译的过程；有了控制流程图或控制规则作为参考，后期指令语句的编写也会变得简单、思路清晰。根据机器人拧螺钉的作业过程分析，得到如图3-23所示的机器人任务程序的控制流程图。在该流程图中，机器人采用延时来等待动作的完成。

3. 创建机器人程序文件"S31"，并编写指令语句

以下程序作为编程参考，请按照图3-23所示的流程图完善任务程序。

```
1 '以下程序为动作初始化
2 M_Out(900) = 0          '螺钉吸嘴复位
3 M_Out(901) = 0          '螺钉旋具复位
4 Servo On                '关节伺服上电
5 Wait M_Svo = 1          '等待关节伺服上电完成
6 JOvrd 20                '关节插补速度比例为20%
7 Mov P_Safe              '关节插补到退避点位置
8 '以下程序吸取螺钉
```

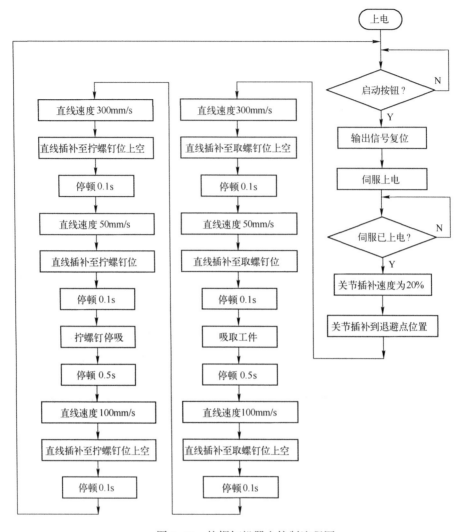

图 3-23　拧螺钉机器人控制流程图

9 Spd 300	'直线插补速度为 300 mm/s
10 Mvs PGet,-20	"关节插补至螺钉吸取位上方 20 mm 处
11 Dly 0.1	'延时 0.1 s
12 Spd 50	'直线插补速度为 50 mm/s
13 Mvs PGet	'直线插补至螺钉吸取位
14 Dly 0.1	'延时 0.1 s
15 M_Out(900) = 1	'吸嘴吸螺钉
16 Dly 0.5	'延时 0.5 s
17 Spd 100	'直线插补速度为 100 mm/s
18 Mvs PGet,-20	'直线插补至螺钉吸取位上方 20 mm 处
19 Dly 0.1	'延时 0.1 s
20 Spd 300	'直线插补速度为 300 mm/s
21 Mvs PGet,-100	'直线插补至螺钉吸取位上方 100 mm 处
22 Dly 0.1	'延时 0.1 s

23 '以下程序为拧螺钉

24 Spd 100　　　　　　　　　　'直线插补速度为 100 mm/s

25 Mvs PPut,-30　　　　　　　"直线插补至拧螺钉位上方 30 mm 处

26 Dly 0.1　　　　　　　　　　'延时 0.1 s

27 Spd 50　　　　　　　　　　'直线插补速度为 50 mm/s

28 Mvs PPut　　　　　　　　　'直线插补至拧螺钉位

29 Dly 0.1　　　　　　　　　　'延时 0.1 s

30 M_Out(901) = 1　　　　　　'螺钉旋具启动

31 M_Out(900) = 0　　　　　　'关闭吸嘴

32 Dly 0.5　　　　　　　　　　'延时 0.5 s

33 M_Out(901) = 0　　　　　　'关闭螺钉旋具

34 Spd 300　　　　　　　　　　'直线插补速度为 300 mm/s

35 Mvs PPut,-100　　　　　　'直线插补至拧螺钉位上方 100 mm 处

36 Dly 0.1　　　　　　　　　　'延时 0.1 s

37 Hlt　　　　　　　　　　　　'程序暂停

38 End

4. 设置抓手控制参数

1）分配控制信号地址。在 RT ToolBox 的工作区树目录下，双击【抓手】选项，在窗口编辑区出现抓手参数设置界面，设置抓手 1 为单电控、信号地址为 900，如图 3-24 所示。

二维码 3-12

图 3-24　抓手参数设置界面

2）设置信号初始值。在 RT ToolBox 的工作区树目录下，双击【参数一览】选项，在窗口编辑区出现参数一览界面；在参数名输入框中输入 HANDINIT，找到该参数所在行后双击，在弹出的参数编辑界面中设置抓手 1 和抓手 2 的初始值为 0，如图 3-25 所示。

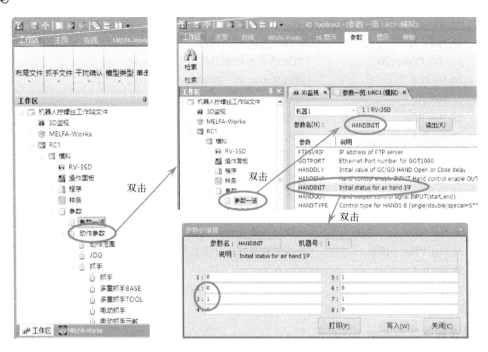

图 3-25　抓手信号初始值设置界面

5. 设置抓手虚拟仿真属性

在 RT ToolBox 的 MELFA Works 树目录下，双击【抓手设定】选项，在弹出的抓手虚拟仿真属性设置窗口中，使能虚拟抓手 1、绑定控制信号地址为 900、抓取时工件虚拟姿态不保持，如图 3-26 所示。

二维码 3-13

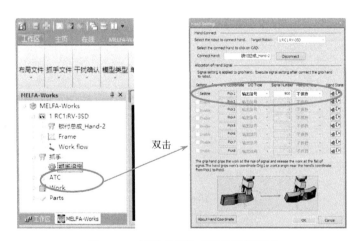

图 3-26　抓手虚拟仿真属性设置界面

6. 单步试运行及位置示教

1）打开机器人程序文件"S31"。

2）单击菜单栏中的【调试】选项，单击【开始调试】按钮，进入调试模式，如图 3-27 所示。

二维码 3-14

图 3-27　程序调试模式界面

3）单步运行指令语句，并示教 3 个机器人位置数据 PGet、PPut 和 PSafe，如图 3-28 所示。

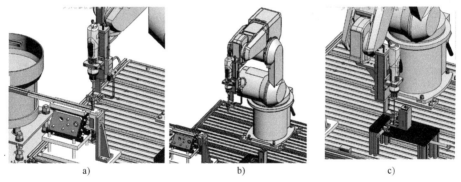

a)　　　　　　　　　　　　b)　　　　　　　　　　　　c)

图 3-28　拧螺钉位置示教

a）PGet 位置　b）PSafe 位置　c）PPut 位置

4）单击【停止调试】按钮，退出"程序调试"模式。

5）单击菜单栏中的【文件】选项，单击【保存】或【保存到机器人】按钮，保存程序文件。

7. 全自动运行

按照任务 2.4 的实施步骤，设置速度比例为 20%，自动运行程序文件 S31. prg。

四、任务拓展

二维码 3-15

1）修改控制程序：用 Fine 指令代替 Dly 指令，确认插补动作完成，使得动作衔接更加顺畅。（注意 Fine 指令添加的位置）

2）修改控制程序：增加拧 2 个螺钉的控制语句。

实训任务 3.2　机器人立体仓库工作站的离线编程和虚拟仿真

一、任务分析

　　机器人立体仓库虚拟工作站由虚拟工业机器人本体、虚拟抓手、虚拟输送单元、虚拟托盘工件、虚拟立体仓库等 5 个与虚拟仿真有关的基本单元构成，如图 3-29 所示。本次任务的主要内容是编写机器人任务程序，将托盘输送带上的托盘工件放置在立体仓库货架上，实现用机器人自动存放物品的虚拟仿真作业。

二维码 3-16

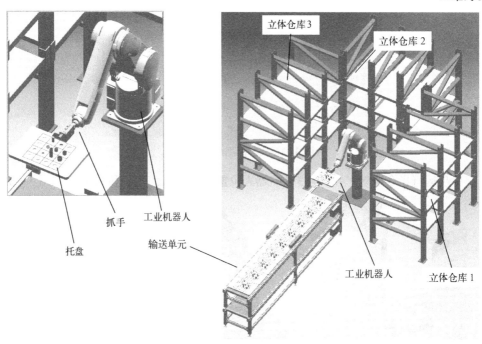

图 3-29　立体仓库工作站示意图

　　要求在复位后重新执行机器人程序时，能够根据机器人当前所在位置，自主规划移动路径，安全地回到退避点位置。

二、相关知识链接

　　该任务主要训练机器人动作控制、程序调用、条件判断功能的知识运用和操作的能力。

　　涉及的知识：直线插补动作类型；数组变量；特殊状态变量 P_Curr、J_Curr；函数 SetPos、SetJnt、Dist、Rad；条件判断 If 语句；子程序调用 GoSub 语句、CallP 语句；标签和程序跳转 GoTo 语句；位置运算语句；暂停语句 Hlt。

二维码 3-17

三、任务实施

任务 3.2.1　机器人本体动作的初始化

1. 打开工作站，并进入虚拟仿真系统

　　下载本书提供的机器人锁螺丝立体仓库虚拟仿真工作站文件，按照任务

二维码 3-18

2.1 的实施步骤，打开该虚拟工作站文件，开启机器人虚拟仿真器，并将 RT ToolBox 连接至虚拟控制器，进入虚拟仿真状态，虚拟仿真界面如图 3-30 所示。

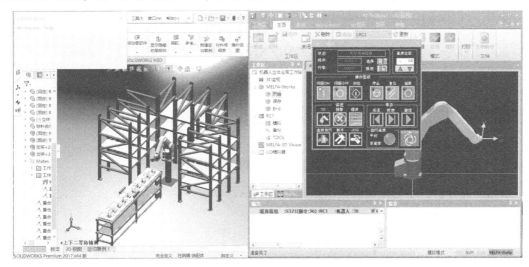

图 3-30 立体仓库虚拟仿真系统界面

2. 设计控制流程图

1）判断机器人本体的当前活动半径，若安全，则直接旋转 J_1 轴至 0°，回到抓取输送单元的附近位置；若不安全，则向 J_1 轴中心靠拢，到达安全范围后，再旋转 J_1 轴至 0°，具体流程如图 3-31 所示。

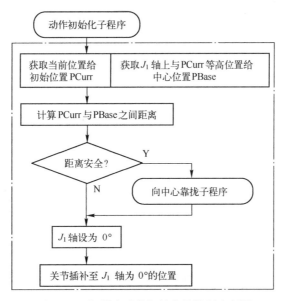

图 3-31 机器人动作初始化的控制流程图

2）为了从当前不安全位置向中心靠拢到达安全位置，需要自动计算目标位置 PSafe。该目标位置必须同时符合两个要求：安全范围内和位置可达到。如果不在安全范围内，对于第一个中点 PM(1)，以当前位置为 P1，中心位置为 P0 向里求中点；若仍然不安全，则以计算位置为 P1，不断地向里求中点；如果位置太靠里不可到达，则以计算位置为 P0，不断地向外求中点，如图 3-32 所示。

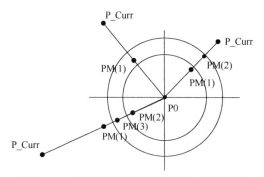

图 3-32　求安全位置和可到达位置的示意图

根据上述分析，绘制控制流程图如图 3-33 所示。

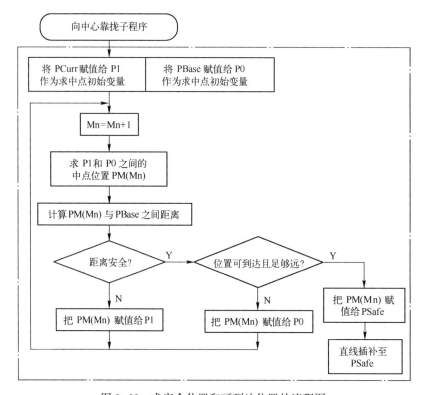

图 3-33　求安全位置和可到达位置的流程图

3. 新建程序文件 "S321"

根据图 3-31 和图 3-33 所示的流程图编写指令语句，以下程序作为编程参考：

1	M_Tool = 1	'选择 1#工具坐标系
2	Servo On	'伺服上电
3	Wait M_Svo = 1	'等待伺服上电
4	Dim PMid(10)	'定义一维直交位置数组变量,10 个元素
5	PCurr = P_Curr	'记录初始位置给 PCurr
6	PBase = P_Curr	'获取当前位置给 PBase

7　　　PBase = SetPos(P_Base. X,P_Base. Y)　'修改当前位置的 XY 坐标为基座的 XY 坐标,其他坐标数据不变,记录该活动范围中心位置给 PBase

8　　　MDist = Dist(PCurr,PBase)　'计算机器人当前活动半径

9　　　If (MDist > 520) Then GoSub *SCenter　'如果活动半径过大,则向中心靠拢

10　　　MJ1 = Rad(0)　　　　　　　'计算 0°的弧度数值

11　　　JSafe2 = J_Curr　　　　　　'获取机器人当前关节位置数据给 JSafe2

12　　　JSafe2 = SetJnt(MJ1)　　　'修改当前 J1 轴位移数据为 0°,其他关节轴位置数据不变

13　　　Mov JSafe2　　　　　　　　'关节插补至 JSafe2 位置

14　　　Hlt　　　　　　　　　　　　'程序暂停

15 End

16 '''

17 '＊＊＊＊＊＊＊＊＊＊＊＊＊＊＊＊＊＊＊＊＊＊＊＊＊＊＊

18 *SCenter　　　　　　　　　　　'向中心靠拢子程序

19　　　Mn = 0　　　　　　　　　　'中点计算次数清零

20　　　P0 = PBase　　　　　　　　'将活动范围中心位置赋值给测距基准 P0

21　　　P1 = PCurr　　　　　　　　'将初始位置赋值给求中点基准位置 P1

22　　　*LMid　　　　　　　　　　　'计算中点的入口

23　　　Mn = Mn + 1　　　　　　　'中点计算次数加 1

24　　　Rem PMid(Mn) = PosMid(P1,P0,0,0)　'计算中点。如果计算出来的位置有误会报警,改成以下 3 语句

25　　　PMid(Mn) = P_Curr　　　　'获取当前直交位置数据

26　　　PMid(Mn). X = (P1. X + P0. X)/2　'求 P0 和 P1 中点的 X 坐标

27　　　PMid(Mn). Y = (P1. Y + P0. Y)/2　'求 P0 和 P1 中点的 Y 坐标

28　　　Rem MDist = Dist(PMid(Mn),PBase)　'计算机器人当前活动半径 Dist 中不能含有自变量,改成以下 2 条语句

29　　　PD1 = PMid(Mn)　　　　　　'为测距做准备

30　　　MDist = Dist(PD1,PBase)'计算机器人当前活动半径

31　　　If (MDist > 520) Then P1 = PMid(Mn)　'如果计算的中点位置不安全,则往里求中点

32　　　If (MDist > 520) Then GoTo *LMid　'如果计算中点位置不安全,则重新跳回计算中点

33　　　If PosCq(PCurr) <> 1 Or (MDist < 450) Then P0 = PMid(Mn)　'如果位置不可到达,则往外求中点

34　　　If PosCq(PCurr) <> 1 Or (MDist < 450) Then GoTo *LMid　'如果位置不可到达,则重新跳回计算中点

35　　　PSafe1 = PMid(Mn)　　　　'把当前计算中点位置赋值给安全位置变量

36　　　Mvs PSafe1 Type 0,2　　　'直线插补至安全位置。此步有时会出现关节超出极限错误

37　　　Dly 0. 1　　　　　　　　　'延时 0.1 s,确保动作完成

38 Return

37 '''

4. 设置抓手控制参数与 Tool 参数

1) 请参考任务 3.1 的第 4) 步设置抓手控制参数。

2) 请参考任务 2.3 的第 3) 步设置 Tool1 参数为 (0, 0, 195, 0, 0, 0)。

5. 设置抓手虚拟仿真属性

请参考任务 3.1 的第 5) 步设置抓手虚拟仿真属性。

6. 全自动运行

请参考任务 2.3 的第 5）步，通过控制器面板选择并运行程序文件 S321. Prg。

任务 3.2.2　机器人单工位入库搬运程序

在任务 3.2.1 基础上，开展本次任务的以下步骤。

1. 进入虚拟仿真系统

请参考任务 3.2.1 的实施步骤进入虚拟仿真系统。

二维码 3-19

2. 设计控制流程图

1）设计总流程图。首先机器人到输送单元抓取托盘，再到立体仓库 1 中随意一个位置，放置托盘，总体控制流程如图 3-34 所示。

二维码 3-20

2）设计抓取托盘流程图。在安全活动半径范围内，J_1 轴回转至 0°位置；向外直线伸出到过渡位置，再直线插补到抓取托盘位 PGet 的正前方位置（必须要先伸出到过渡位置，否则由于机器人本体自身结构原因而无法直线插补）；直线插补至抓取托盘位 PGet 的正前方位置、线插补至抓取托盘位 PGet 后抓取托盘；向上直线抬起托盘后往里直线插补至可到达的安全半径范围内，J_1 轴不回转。

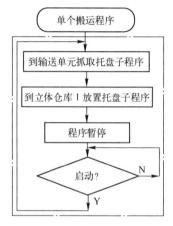

图 3-34　机器人单个点到点搬运控制流程图

3）设计放置托盘流程图。在安全活动半径范围内，J_1 轴回转至 90°位置；向外直线伸出到过渡位置，再直线插补到放置托盘位 PPut 的正前方位置（必须要先伸出到过渡位置，否则由于机器人本体自身结构原因而无法直线插补）；直线插补至放置托盘位 PPut 的正前方位置、线插补至放置托盘位 PPut 后放置托盘；向后直线退出后往里直线插补至可到达的安全半径范围内，J_1 轴不回转。

4）从上述控制流程分析中可知，"到安全活动半径范围内后 J_1 轴回转"这样的动作是重复工作的，其中，J_1 轴有时候回转、有时候不回转。因此，需要使用可传递参数的程序调用 CallP 指令。

3. 新建程序文件"S322"

根据上述流程图的要求编写指令语句。以下程序作为编程参考：

```
1 M_Tool = 1              '选择 1#工具坐标系
2 GoSub ＊SGet            '调用抓取程序
3 GoSub ＊SPut            '调用放置程序
4 Hlt                     '程序暂停
5 End                     '主程序结束
6 '''''''''''''''''''''''''''''''''''''''''''''''''
7 '＊＊＊＊＊＊＊＊＊＊＊＊＊＊＊＊＊＊＊＊＊＊＊＊＊＊＊
8 ＊SGet                  '抓取子程序
9     CallP "S3221" ,0     '呼叫子程序文件,向中心靠拢,并 J1 轴回转至 0°
10    PGetG = P_Curr       '获取当前直交位置数据
```

11	PGetG. X = PGet. X − 300	'修改当前位置的 X 轴,赋值给抓取过度位
12	Mvs PGetG	'直线插补至过渡位
13	Dly 0.05	'延时 0.1 s
14	Mvs PGet, −300 Type 0,2	'直线插补至抓取前 300 mm 位置
15	Dly 0.05	'延时 0.1 s
16	Mvs PGet Type 0,2	'直线插补至抓取位
17	Dly 0.05	'延时 0.1 s
18	M_Out(900) = 1	'抓手闭合
19	Dly 0.2	'延时 0.5 s
20	Mvs PGetU Type 0,2	'直线插补至抓取上方位
21	CallP "S3221", −1	'呼叫子程序文件,向中心靠拢,并 J1 轴回转至 90°
22	Return	
23	'""""""""""""""""""""""""""""""	
24	'************************************	
25	*SPut	
26	CallP "S3221",90	'呼叫子程序文件,向中心靠拢,并 J1 轴回转至 90°
27	Dly 0.05	'延时 0.1 s
28	Mvs PPut1, −350 Type 0,2	'直线插补至放置前 300 mm 位置
29	Dly 0.05	'延时 0.1 s
30	Mvs PPut1 Type 0,2	'直线插补至放置位置
31	Dly 0.05	'延时 0.1 s
32	M_Out(900) = 0	'抓手张开
33	Dly 0.2	'延时 0.5 s
34	Mvs PPut1, −300 Type 0,2	'直线插补至放置前 300 mm 位置
35	CallP "S3221",0	'呼叫子程序文件,向中心靠拢,J1 轴不回转
36	JSafe = (+0.00, +0.00, +90.00, +0.00, −90.00, +0.00)	
37	Mov JSafe	
38	Return	
39	'""""""""""""""""""""""""""""""	

4. 修建程序文件 "S3221"

复制程序文件 "S321",并修改文件名为 "S3221",修改其指令语句。以下程序作为编程参考:

1	FPrm M1	
2	Servo On	'伺服上电
3	Wait M_Svo = 1	'等待伺服上电
4	Dim PMid(10)	'定义一维直交位置数组变量,10 个元素
5	PCurr = P_Curr	'记录初始位置给 PCurr
6	PBase = P_Curr	'获取当前位置给 PBase
7	PBase = SetPos(P_Base. X, P_Base. Y)	'修改当前位置的 XY 坐标为基座的 XY 坐标,其他坐标数据不变,记录该活动范围中心位置给 PBase
8	MDist = Dist(PCurr, PBase)	'计算机器人当前活动半径

```
9      If（MDist > 520）Then GoSub ＊SCenter    '如果活动半径过大,则向中心靠拢
10         MJ1 = Rad（M1）                    '计算 M1 度数对应的弧度值
11         JSafe2 = J_Curr                   '获取机器人当前关节位置数据给 JSafe2
12         JSafe2 = SetJnt（MJ1）             '修改当前 J1 轴位移数据为 0°,其他关节轴位置数据不变
13      If M1 <> -1 Then Mov JSafe2         '关节插补至 JSafe2 位置
14 End
15 '''''''''''''''''''''''''''''''''''''''''''''''''''''''''''''''''''''''''''''
16 '＊＊＊＊＊＊＊＊＊＊＊＊＊＊＊＊＊＊＊＊＊＊＊＊＊＊＊
17 ＊SCenter                                '向中心靠拢子程序
18         Mn = 0                           '中点计算次数清零
19         P0 = PBase                       '将活动范围中心位置赋值给测距基准 P0
20         P1 = PCurr                       '将初始位置赋值给求中点基准位置 P1
21      ＊LMid                               '计算中点的入口
22         Mn = Mn + 1                      '中点计算次数加 1
23         Rem PMid（Mn）= PosMid（P1,P0,0,0）    '计算中点。如果计算出来的位置有误会报
警,改成以下 3 语句
24         PMid（Mn）= P_Curr                '获取当前直交位置数据
25         PMid（Mn）. X =（P1. X + P0. X）/2    '求 P0 和 P1 中点的 X 坐标
26         PMid（Mn）. Y =（P1. Y + P0. Y）/2    '求 P0 和 P1 中点的 Y 坐标
27         Rem MDist = Dist（PMid（Mn）,PBase）    '计算机器人当前活动半径 Dist 中不能含有
自变量,改成以下 2 条语句
28         PD1 = PMid（Mn）                   '为测距做准备
29         MDist = Dist（PD1,PBase）          '计算机器人当前活动半径
30      If（MDist > 520）Then P1 = PMid（Mn）    '如果计算的中点位置不安全,往里求中点
31      If（MDist > 520）Then GoTo ＊LMid       '如果计算中点位置不安全,重新跳回计算中点
32      If PosCq（PD1）<> 1 Or（MDist < 450）Then P0 = PMid（Mn）    '如果位置不可到达,
往外求中点
33      If PosCq（PD1）<> 1 Or（MDist < 450）Then GoTo ＊LMid        '如果位置不可到达,
重新跳回计算中点
34         PSafe1 = PMid（Mn）               '把当前计算中点位置赋值给安全位置变量
35         Mvs PSafe1 Type 0,2              '直线插补至安全位置 此步有时会出现关节超出极限错误
36         Dly 0. 1                         '延时 0.1s,确保动作完成
37 Return
38 '''''''''''''''''''''''''''''''''''''''''''''''''''''''''''''''''''''''''''''
```

5. 位置示教

请参考任务 2.3 的第 3）步,分别示教抓取位给变量 PGet 和放置位给变量 PPut1,位置示教时的工具坐标系编号为 Tool1,具体操作方法请扫描二维码 3-21 观看。

二维码 3-21

6. 全自动运行

请参考任务 2.3 的第 5）步,通过控制器面板选择并运行程序文件"S322. Prg"。

实训任务 3.3　工具坐标系测算

二维码 3-22

一、任务分析

测算出圆形码垛盘表面的姿态数据，并作为机器人世界坐标系的 OXY 平面；测算出吸嘴吸取圆形工件时圆形工件被吸表面的几何中心在机械法兰坐标系中的 XY 坐标，即把圆形工具的几何中心作为工具 TCP 点；测算出圆形码垛盘中某个圆形槽中心在机器人世界坐标系中的 XY 坐标。如图 3-35 所示。

二维码 3-23

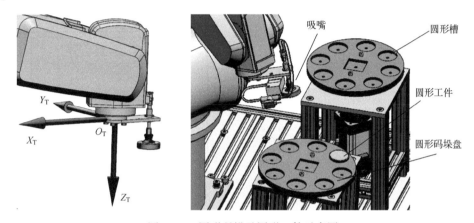

图 3-35　圆形码垛及圆形工件示意图

二、相关知识分析

1. 世界坐标系测算与变换

假设在机器人坐标系空间内有一个参考平面 A，在参考平面 A 中存在一个顶尖，如图 3-36a 所示。在参考平面中存在 Po、Px、Py 这 3 个点，连线 PoPx 与连线 PoPy 垂直，如图 3-36b 所示。在机器人基本变换数据为零，即 P_Base 的值为 (0,0,0,0,0,0) 的情况下，机器人世界坐标系 $\{U_1\}$ 与机器人基座坐标系 $\{B\}$ 重合。此时，将 Po、Px、Py 这 3 个点在机器人世界坐标系下的位置数据示教给 Po1、Px1、Py1 这 3 个直交位置变量，并以 Po 为原点、以向量 **PoPx** 为 X 轴、以向量 **PoPy** 为 Y 轴，根据笛卡儿坐标系准则，建立一个新的坐标系 $\{C_1\}$，如图 3-36c 所示。以坐标系 $\{C_1\}$ 作为新的世界坐标系 $\{U_2\}$，由于机器人安装固定后，基座坐标系 $\{B\}$ 在物理空间内的位姿不变，故新世界坐标系 $\{U_2\}$ 与基座坐标系 $\{B\}$ 之间的变换运动可理解为坐标系 $\{C_1\}$ 相对于世界坐标系做 $\{U_1\}$ 的逆向变换，如图 3-36d 所示。

根据上述世界坐标系创建过程，编写以下程序指令语句：

```
1 Base P_NBase        '世界坐标系与基座坐标系重合
2 Pc1 = Fram(Po1,Px1,Py1)  '相对于世界坐标系{U1}创建新坐标系{C1}
3 Pc2 = Inv(Pc1)      '从坐标系{U1}至坐标系{C1}变换的逆变换
4 Base Pc2            '创建相对于世界坐标系{U2}下的基座坐标系
```

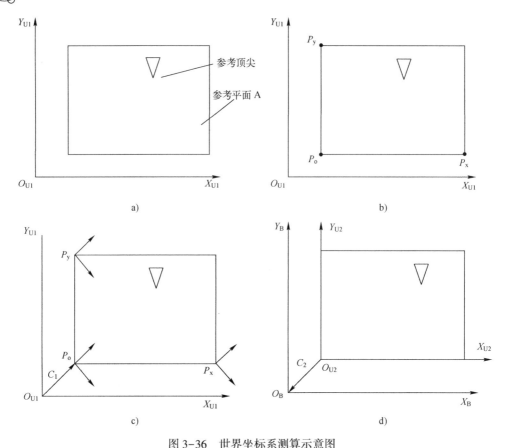

图 3-36　世界坐标系测算示意图

a）参考平面与参考顶尖　b）参考平面 3 点位置

c）参考平面 3 点位置示教与坐标系创建　d）逆变换与世界坐标系创建

2. 工具坐标系测算与变换

假设在机器人本体末端的机械法兰上安装了一个工具，工具末端中心点记为 TCP，假设 TCP 点在机械法兰坐标系下的坐标为 (X_t, Y_t, Z_t)，在机器人工具变换数据为零，即 P_Tool 数据为 $(0,0,0,0,0,0)$ 的情况下，机器人工具坐标系与机械法兰坐标系重合。

（1）求 TCP 点在机械法兰坐标系下的 X 坐标和 Y 坐标

为了测算 X_t 和 Y_t 的值，暂时不计算 TCP 点到机械法兰面的距离 Z_t。因此，只考虑在世界坐标系 OXY 平面下坐标系 $\{F\}$ 和坐标系 $\{T\}$ 的投影位置与姿态，如图 3-37a 所示。

通过直交 JOG 操作，在 $A=180$，$B=0$，$C=180$ 的姿态下，将目标 TCP 点移至参考顶尖位置，如图 3-37b 所示。此时，机器人当前位置示教给直交位置变量 P1。

通过直交 JOG 操作，在 $A=180$，$B=0$，$C=90$ 的姿态下，将目标 TCP 点再一次移至参考顶尖位置，如图 3-37c 和 d 所示。此时，机器人当前位置示教给直交位置变量 P2。

由图 3-37d 可知：

$$P1.\,y-P2.\,y=X_t-Y_t \tag{3-1}$$

$$P1.\,x-P2.\,x=X_t+Y_t \tag{3-2}$$

即

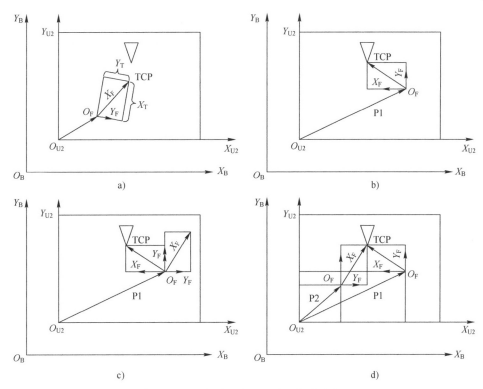

图 3-37 工具坐标系 *OXY* 平面测算示意图

a) 机械法兰坐标系与工具坐标系在 *OXY* 平面上的投影 b) TCP 点与参考顶尖的第 1 次重合

c) 直交 JOG 方式下绕 *Z* 轴旋转 90° d) TCP 点与参考顶尖的第 2 次重合

$$X_t = (P1.y - P2.y + P1.x - P2.x)/2 \tag{3-3}$$

$$Y_t = (P1.x - P2.x - P1.y + P2.y)/2 \tag{3-4}$$

根据上述工具坐标系 *X*、*Y* 测算过程，编写以下程序指令语句：

```
1 Tool P_NTool              '将工具变换数据清零
2 P1 = P_Curr               '获取机器人工具坐标系的当前位置
3 P1.A = Rad(180)
4 P1.B = Rad(0)
5 P1.C = Rad(180)
6 Mov P1                    '调整机器人工具坐标系的当前姿态
7 'JOG 控制机器人本体,使得目标 TCP 点与参考点重合
8 P1 = P_Curr               '获取第 1 次 TCP 点与参考顶尖重合时的位置数据
9 P90 = P1                  '上一步位置数据获取
10 P90.C =   Rad(90)        '上一步位置数据的角度 C 改为 90°
11 Mvs P90 Type 0 , 2       '调整机器人工具坐标系的当前姿态,绕 Z 轴转 90°
12 'JOG 控制机器人本体,使得目标 TCP 点再一次与参考点重合
13 P2 = P_Curr              '获取第 2 次 TCP 点与参考顶尖重合时的位置数据
14 MXt1 = (P1.y - P2.y + P1.x - P2.x)/2     '计算 TCP 点的 X 坐标
15 MYt1 = (P1.x - P2.x - P1.y + P2.y)/2     '计算 TCP 点的 Y 坐标
```

（2）求 TCP 点在机械法兰坐标系下的 X 坐标和 Z 坐标

为了测算 X_t 和 Z_t 的值，只考虑在世界坐标系 OXZ 平面下坐标系 $\{F\}$ 和坐标系 $\{T\}$ 的投影位置与姿态，如图 3-38a 所示。

通过直交 JOG 操作，在 $A=180$，$B=0$，$C=180$ 的姿态下，将目标 TCP 点移至参考顶尖位置，如图 3-38a 所示。此时，机器人当前位置示教给直交位置变量 P1。

通过直交 JOG 操作，在 $A=180$，$B=90$，$C=180$ 的姿态下，将目标 TCP 点再一次移至参考顶尖位置，如图 3-38b 所示。此时，机器人当前位置示教给直交位置变量 P2。

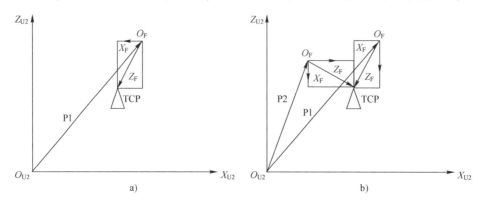

图 3-38　工具坐标系 OXZ 平面测算示意图

a）$A=180$，$B=0$，$C=180$ 时 TCP 点与顶尖第 1 次重合

b）$A=180$，$B=90$，$C=180$ 时 TCP 点与顶尖第 2 次重合

由图 3-38b 可知：

$$P1.\,z - P2.\,z = Z_t - X_t \tag{3-5}$$

$$P1.\,x - P2.\,x = Z_t + X_t \tag{3-6}$$

即

$$X_t = (P1.\,x - P2.\,x - P1.\,z + P2.\,z)/2 \tag{3-7}$$

$$Z_t = (P1.\,x - P2.\,x + P1.\,z - P2.\,z)/2 \tag{3-8}$$

根据上述工具坐标系 Z、X 测算过程，编写以下程序指令语句：

```
1 Tool P_NTool            '将工具变换数据清零

2 P1 = P_Curr             '获取机器人工具坐标系的当前位置

3 P1. A = Rad(180)

4 P1. B = Rad(0)

5 P1. C = Rad(180)

6 Mov P1                  '调整机器人工具坐标系的当前姿态

7 'JOG 控制机器人本体,使得目标 TCP 点与参考点重合

8 P1 = P_Curr             '获取第 1 次 TCP 点与参考顶尖重合时的位置数据

9 P90 = P1                '上一步位置数据获取

10 P90. B = Rad(90)       '上一步位置数据的角度 B 改为 90°

11 Mvs P90 Type 0 , 2     '调整机器人工具坐标系的当前姿态,绕 Y 轴转 90°

12 'JOG 控制机器人本体,使得目标 TCP 点再一次与参考点重合

13 P2 = P_Curr            '获取第 2 次 TCP 点与参考顶尖重合时的位置数据
```

14 MXt2 = (P1.x−P2.x − P1.z + P2.z)/2   '计算 TCP 点的 X 坐标

15 MZt1 = (P1.x−P2.x + P1.z − P2.z)/2   '计算 TCP 点的 Z 坐标

（3）求 TCP 点在机械法兰坐标系下的 Y 坐标和 Z 坐标

为了测算 Y_t 和 Z_t 的值，只考虑在世界坐标系 OYZ 平面下坐标系 {F} 和坐标系 {T} 的投影位置与姿态，如图 3-39a 所示。

通过直交 JOG 操作，在 $A=-180$，$B=0$，$C=-180$ 的姿态下，将目标 TCP 点移至参考顶尖位置，如图 3-39a 所示。此时，机器人当前位置示教给直交位置变量 P1。

通过直交 JOG 操作，在 $A=-90$，$B=0$，$C=-180$ 的姿态下，将目标 TCP 点再一次移至参考顶尖位置，如图 3-39b 所示。此时，机器人当前位置示教给直交位置变量 P2。

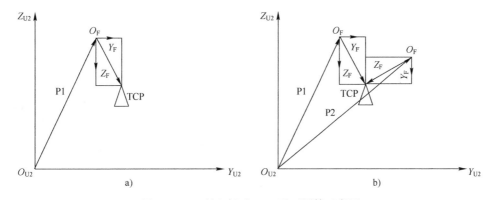

图 3-39　工具坐标系 OYZ 平面测算示意图

a）$A=-180$，$B=0$，$C=-180$ 时 TCP 点与顶尖第 1 次重合

b）$A=-90$，$B=0$，$C=-180$ 时 TCP 点与顶尖第 2 次重合

由图 3-39b 可知：

$$P2.y−P1.y = Z_t + Y_t \qquad (3-9)$$

$$P1.z−P2.z = Z_t − Y_t \qquad (3-10)$$

即

$$Y_t = (P2.y−P1.y − P1.z+P2.z)/2 \qquad (3-11)$$

$$Z_t = (P2.y−P1.y+P1.z−P2.z)/2 \qquad (3-12)$$

根据上述工具坐标系 Y、Z 测算过程，编写以下程序指令语句：

1 Tool P_NTool   '将工具变换数据清零

2 P1 = P_Curr   '获取机器人工具坐标系的当前位置

3 P1.A = Rad(−180)

4 P1.B = Rad(0)

5 P1.C = Rad(−180)

6 Mov P1   '调整机器人工具坐标系的当前姿态

7 'JOG 控制机器人本体,使得目标 TCP 点与参考点重合

8 P1 = P_Curr   '获取第 1 次 TCP 点与参考顶尖重合时的位置数据

9 P90 = P1   '上一步位置数据获取

10 P90.A = Rad(−90)   '上一步位置数据的角度 A 改为 90°

11 Mvs P90 Type 0 , 2   '调整机器人工具坐标系的当前姿态,绕 X 轴转 90°

12 'JOG 控制机器人本体,使得目标 TCP 点再一次与参考点重合
13 P2 = P_Curr　　　　　'获取第 2 次 TCP 点与参考顶尖重合时的位置数据
14 MYt2 =（P2. y-P1. y - P1. z + P2. z)/2　　'计算 TCP 点的 Y 坐标
15 MZt2 =（P2. y-P1. y + P1. z - P2. z)/2　　'计算 TCP 点的 Z 坐标

（4）求出 TCP 点 *X*、*Y*、*Z* 坐标的平均值

通过上述 3 次共 6 个位置的计算,可分别求得工具 TCP 点的 2 个 *X*、*Y*、*Z* 坐标,求平均值作为最终的 TCP 点测算坐标,公式如下:

1 MXt =（MXt1 + MXt2)/2　　　　'计算 TCP 点的 X 坐标
2 MYt =（MYt1 + MYt2)/2　　　　'计算 TCP 点的 Y 坐标
3 MZt =（MZt1 + MZt2)/2　　　　'计算 TCP 点的 Z 坐标

三、任务实施

1. 圆盘上表面世界坐标系 *X*、*Y*、*Z*、*A*、*B*、*C* 数值测算

1）创建 SBase. prg 程序文件,并输入以下指令语句:

1 Tool P_NTool
2 Base P_NBase　　　　　'世界坐标系与基座坐标系重合　　　　二维码 3-24
3 Pc1 = Fram(Po1,Px1,Py1)　'相对于世界坐标系|U1|创建新坐标系|C1|
4 Pc2 = Inv(Pc1)　　　　'从坐标系|U1|至坐标系|C1|变换的逆变换
5 Base Pc2　　　　　　'创建相对于世界坐标系|U2|下的基座坐标系

2）单步执行上述程序文件中的第 1 步和第 2 步指令语句。

3）在待测圆盘上表面平铺一片校准纸,校准纸上印有 3 个圆,分别为圆 o、圆 x、圆 y,如图 3-40 所示。

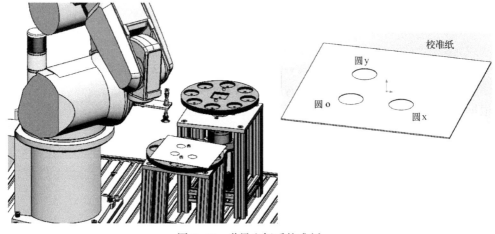

图 3-40　世界坐标系校准纸

4）将吸嘴对准校准纸上的圆 o,并示教给位置变量 Po,如图 3-41 所示。
5）将吸嘴对准校准纸上的圆 x,并示教给位置变量 Px,如图 3-42 所示。
6）将吸嘴对准校准纸上的圆 y,并示教给位置变量 Py,如图 3-43 所示。
7）依次继续单步执行上述程序文件中的第 3 步、第 4 步和第 5 步指令语句。

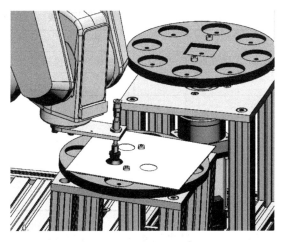

图 3-41　新世界坐标系原点示教

图 3-42　新世界坐标系 X 轴方向示教

图 3-43　新世界坐标系 Y 轴方向示教

8) 查看 Po、Px、Py、Pc1、Pc2 和 Base 数据，如图 3-44 所示，并将数据记录在表 3-24 中。

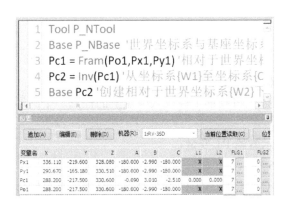

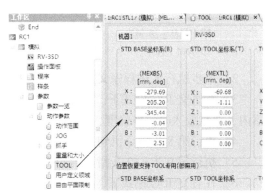

图 3-44　世界坐标系校准相关数据查看界面

表 3-24　世界坐标系校准数据记录表

序号	名称	数值							
		X 坐标	Y 坐标	Z 坐标	A 坐标	B 坐标	C 坐标	FL1	FL2
1	Po								
2	Px								
3	Py								
4	Pc1								
5	Pc2								
6	Base								

2. 圆形工件上表面几何中心的工具坐标系 *X*、*Y* 坐标数值测算

1) 创建 STL. prg 程序文件，并输入以下指令语句：

```
1 Tool P_NTool              '将工具变换数据清零
2 P1 = P_Curr               '获取机器人工具坐标系的当前位置
3 P1. A = Rad(180)
4 P1. B = Rad(0)
5 P1. C = Rad(180)
6 Mov P1                    '调整机器人工具坐标系的当前姿态
7 'JOG 控制机器人本体,使得目标 TCP 点与参考点重合
8 P1 = P_Curr               '获取第 1 次 TCP 点与参考顶尖重合时的位置数据
9 P90 = P1                  '上一步位置数据获取
10 P90. C =    Rad(90)      '上一步位置数据的角度 C 改为 90°
11 Mvs P90 Type 0 , 2       '调整机器人工具坐标系的当前姿态,绕 Z 轴转 90°
12 'JOG 控制机器人本体,使得目标 TCP 点再一次与参考点重合
13 P2 = P_Curr              '获取第 2 次 TCP 点与参考顶尖重合时的位置数据
14 MXt1 = (P1. y-P2. y + P1. x - P2. x)/2   '计算 TCP 点的 X 坐标
15 MYt1 = (P1. x-P2. x - P1. y + P2. y)/2   '计算 TCP 点的 Y 坐标
16 PTL0 = P_NTool
17 PTL0. x = MXt1
18 PTL0. y = MYt1
19 Tool PTL0
```

2) 单步执行上述程序文件中的第 1 步~第 6 步指令语句。

3) 在直交 JOG 模式下，手动控制机器人本体，将圆形工件放入圆盘上的任意一个圆形槽内，注意放入时的准确度，如图 3-45 所示。

4) 执行第 8 步指令语句，将当前位置数据示教给 P1 变量。

5) 执行第 9 步~12 步指令语句，如图 3-46 所示。

6) 在直交 JOG 模式下，手动控制机器人本体，将圆形工件再次放入圆盘上的这个圆形槽内，注意放入时的准确度，如图 3-47 所示。

图 3-45　圆形工件第 1 次与圆形槽口重合

图 3-46　上升 20 mm 和旋转 90°

图 3-47　圆形工件再一次与圆形槽口重合

7）执行第 13 步~20 步指令语句。

8）查看 P1、P2、P90 和 Tool 数据，如图 3-48 所示，并将数据记录在表 3-25 中。

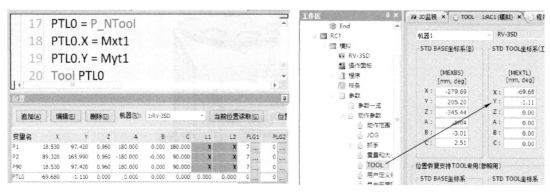

图 3-48　工具坐标系校准相关数据查看界面

表 3-25　工具坐标系校准数据记录表

序号	名称	数 值							
		X 坐标	Y 坐标	Z 坐标	A 坐标	B 坐标	C 坐标	FL1	FL2
1	P1								
2	P2								
3	P90								
4	Tool								
5	PGet1								

9）读取机器人当前直交位置数据，并记录在表 3-25 中的 PGet1 行，作为圆形盘第一个圆形槽口几何中心在机器人世界坐标系下的 X、Y 坐标。

实训任务 3.4　工件坐标系测算

一、任务分析

在机器人世界坐标系 $\{U\}$ 下安装有一台卧式挤压机，由于加工和安装的误差，导致挤压机上装套铝管的主轴轴线与机器人世界坐标系的坐标轴之间不平行，如图 3-49 所示。在这样的情况下，机器人无法将铝管平行于主轴轴线从主轴上套入或抽出。为此，本次任务需要创建一个工件坐标系，使得坐标系的 X 轴与挤压机主轴轴线平行，从而在该工件 JOG 模式下能够顺畅地将铝管套入或拔出主轴，要求在这个过程中，铝管内圆表面不与主轴外圆表面发生严重的刮擦。

二维码 3-25

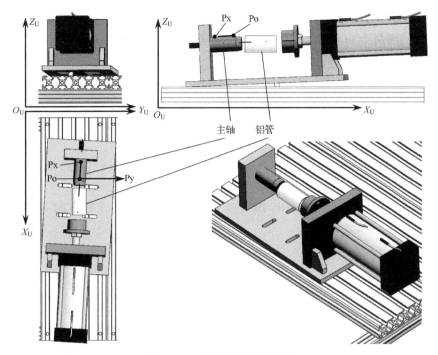

图 3-49　挤压机安装示意图

二、相关知识分析

1. 工件坐标系原点、X 轴方向和 Y 轴方向的确定

假设挤压机主轴外圆在侧视图视角下的顶部轮廓母线上存在 2 个点，记为 Po 和 Px，在平行于 OXY 水平面且垂直于 PoPx 的方向上，取一点，记为 Py，如图 3-49 所示。以 Po 点为圆心、到 Px 点为 X 轴正方向、到 Py 点为 Y 轴正方向，根据右手笛卡儿坐标系守则，创建工件坐标系{W}，便可通过该工件坐标系 JOG 方式，沿着 X 轴将铝管平行于主轴轴线套入或抽出。为此，需要求出 Po、Px、Py 这 3 个点在机器人世界坐标系中的位置数据。在图 3-49 所示的坐标系及相关特殊点基础上，总结出如图 3-50 所示的坐标系示意图。

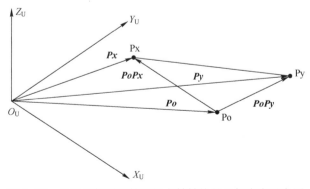

图 3-50　世界坐标系下挤压机主轴轴线的几何姿态示意图

其中，Po 点和 Px 点在机器人世界坐标系中的位置可由人工通过机器人位置示教的方式求得。

Py 点的位置可由机器人编程语言通过其特殊几何关系计算求得。由于向量 ***PoPx*** 与向量 ***PoPy*** 垂直，则两个向量的点积为零；取向量 ***Po*** 和向量 ***Py*** 的 z 坐标相等，则 Py. z = Po. z。以下详细介绍 Py 点的位置数据计算过程。

1）两个向量的点积为零，即

$$PoPx \odot PoPy = 0 \tag{3-13}$$

PoPx 的坐标值为（Px. x-Po. x，Px. y-Po. y，Px. z-Po. z），***PoPy*** 的坐标值为（Py. x-Po. x，Py. y-Po. y，Py. z-Po. z），代入式（3-13）求得

$$（Px. x-Po. x）×（Py. x-Po. x）+（Px. y-Po. y）×（Py. y-Po. y）+（Px. z-Po. z）×（Py. z-Po. z）= 0 \tag{3-14}$$

2）记 Mx10 = Px. x-Po. x，My10 = Px. y-Po. y，取工件坐标系 Y 轴方向上 My20 距离处为 Py 点，即 Py. y-Po. y = My20，则

$$Py. x = Po. x - My10 × My20 / Mx10 \tag{3-15}$$

3）综上

$$Py. x = Po. x - My10 × My20 / Mx10 \tag{3-16}$$

$$Py. y = Po. y + My20 \tag{3-17}$$

$$Py. z = Po. z \tag{3-18}$$

为了求出唯一解，假设 Mx20 = 50 mm，便可将 Py 的 x、y、z 坐标求出。

2. 工件坐标系的创建

三菱工业机器人系统最多可允许用户创建 8 个工件坐标系。在【在线】或【模拟】模式下，双击工作区树目录下的【模拟】或【在线】→【参数】→【工件坐标】，便可弹出工件坐标系的创建窗口，如图 3-51 所示。在该窗口中可选择要创建的工件坐标系号，输入或查看工件坐标系的原点、X 轴方向上的点和 Y 轴方向上的点，查看已经创建的工件坐标系在机器人世界坐标系中的位置与姿态数据等。

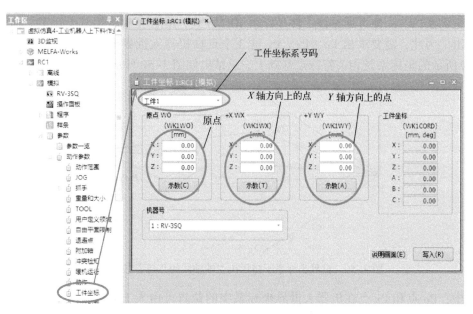

图 3-51　工件坐标系的创建窗口

三、任务实施

1. 示教工件坐标系 X 轴方向点 Px 的寻找与位置数据示教

打开工业机器人挤压机自动上下料虚拟仿真工作站，如图 3-52 所示。

二维码 3-26

二维码 3-27

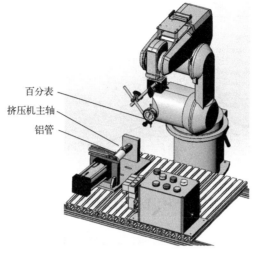

图 3-52 工件坐标系测算项目的工作站效果图

通过直交 JOG 手动控制机器人，将表分表探头对准挤压机主轴上的 Px 点，位置控制过程中，要从侧视和主视两个角度观察，确保 Px 点与百分表抬头对齐，如图 3-53 所示。

二维码 3-28

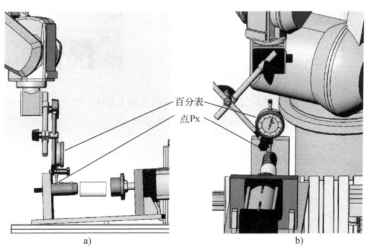

图 3-53 百分表对准挤压机主轴上的 Px 点
a) 侧视图　b) 主视图

位置对准无误后，打开工件坐标系创建窗口，单击工件坐标系 X 轴方向点的位置示教按钮，如图 3-54 所示。

2. 工件坐标系原点 P_o 的寻找与位置数据示教

同上述步骤，通过手动 JOG 控制机器人本体，使得百分表探头对准挤压机主轴上的 Po 点，如图 3-55 所示。将该位置数据示教给工件坐标系创建窗口中的原点，如图 3-56 所示。

二维码 3-29

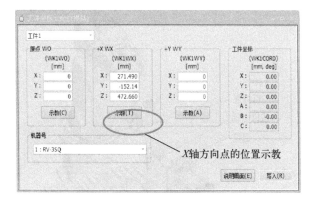

图 3-54　Px 点位置示教界面

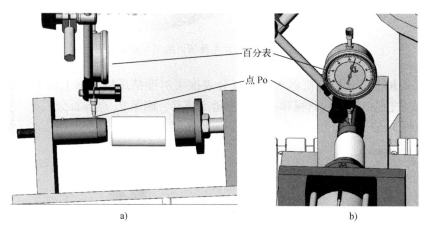

图 3-55　百分表对准挤压机主轴上的 Po 点

a）侧视图　b）主视图

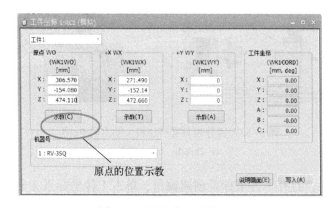

图 3-56　原点位置示教界面

3. 工件坐标系 *Y* 轴方向上点 **Py** 的位置数据计算与输入

创建程序文件"WKCS. prg",编写指令语句;将工件坐标系原点的位置变量 Po、*X* 轴方向上点的位置变量 Px 和 *Y* 轴方向上点的位置变量 Py 清零;将步骤 1 和步骤 2 中示教的工件坐标系原点和 *X* 轴方向上点的 *x*、*y*、*z* 坐标数据记录下来,赋值给 Po、Py 的对应坐标分量。

二维码 3-30

1 Po = P_NBase	'Po 位置变量清零
2 Px = P_NBase	'Px 位置变量清零
3 Py = P_NBase	'Py 位置变量清零
4 Po. x = 306. 88	'将工件坐标系原点的 x 坐标赋值给 Po. x
5 Po. y = −154. 01	'将工件坐标系原点的 y 坐标赋值给 Po. y
6 Po. z = 474. 13	'将工件坐标系原点的 z 坐标赋值给 Po. z
7 Px. x = 271. 99	'将工件坐标系 X 轴方向上点的 x 坐标赋值给 Px. x
8 Px. y = −152. 08	'将工件坐标系 X 轴方向上点的 y 坐标赋值给 Px. y
9 Px. z = 472. 79	'将工件坐标系 X 轴方向上点的 z 坐标赋值给 Px. z

计算工具坐标系 *Y* 轴方向上点 Py 的 *x*、*y* 和 *z* 坐标位置数据。

10 Mx10 = Px. x − Po. x	'计算 Px 点和 Po 点之间 x 坐标的差值
11 My10 = Px. y − Po. y	'计算 Px 点和 Po 点之间 y 坐标的差值
12 My20 = 50	'取 Py 点 x 坐标与 Po 点的 x 坐标间隔为 50mm
13 Py. x = Po. x − My10 * My20/Mx10	'计算 Py 点的 x 坐标
14 Py. y = Po. y + My20	'计算 Py 点的 y 坐标
15 Py. z = Po. z	'计算 Py 点的 z 坐标
16 Hlt	

运行程序文件"WKCS. prg",并监视 Py 的数值,如图 3-57 所示。

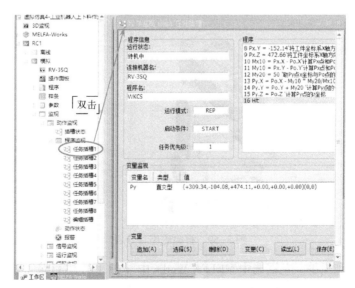

图 3-57　Py 点位置数据运算结果监视

打开工件坐标系创建窗口，将 Py 的位置数据抄写、填入工件坐标系 Y 轴方向点的位置数据输入框，并单击写入按钮，自动计算工件坐标系的位置与姿态数据，如图 3-58 所示。

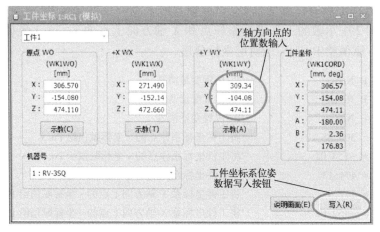

图 3-58　工件坐标系 Y 轴方向点的位置数据输入

4. 新建工件坐标系的测试

1）移除磁座百分表。左键选中 MELFA Works 中【机器人】树目录下磁座百分表，采用鼠标拖拽的方式，将百分表拖拽至【抓手】树目录下，松开鼠标左键，就实现了将磁座百分表从工业机器人本体上取下的目的，如图 3-59 所示。同时，在 SolidWorks 树目录中将磁座百分表隐藏。

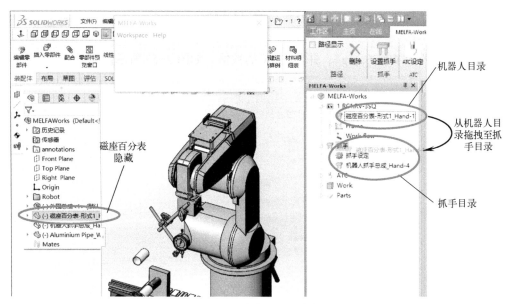

图 3-59　移除磁座百分表

2）安装铝管和抓手。左键选中 MELFA Works 中【抓手】树目录下机器人抓手，采用鼠标拖拽的方式，将抓手拖至【机器人】树目录下，松开鼠标，就实现了将抓手安装在工业机器人本体上的目的，如图 3-60 所示。同时，在 SolidWorks 树目录中将抓手和铝管显示出来。

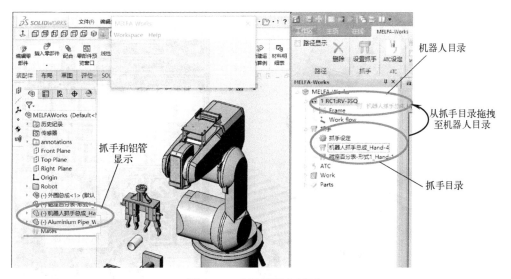

图 3-60　安装铝管和抓手

3）设置虚拟抓手。打开 MELFA Works 中的抓手设置画面，将抓手 Pick1 的使能框勾选，分配 901 作为抓手 1 的控制信号地址，最后，单击【OK】确认上述设置，如图 3-61 所示。

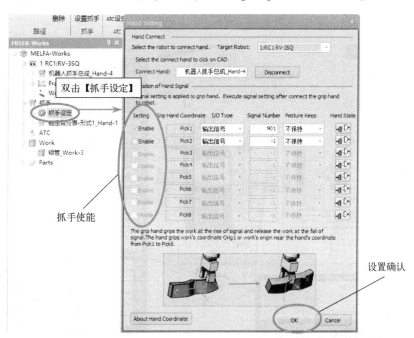

图 3-61　虚拟抓手 1 的设置窗口

4）抓住铝管。打开控制面板，按"抓手切换"键，切换至抓手控制界面，单击抓手 1 的闭合控制键"-"键，实现抓手抓住铝管的仿真效果，如图 3-62 所示。

5）移动铝管。按"JOG 切换"键，切换至 JOG 控制界面，调整铝管与主轴轴线的平行度，并将铝管口子对准主轴头部，如图 3-63 所示。选择 JOG 方式为工件，工件坐标系号码选择工件 1，按"X 轴-"或"X 轴+"键，观察铝管是否沿着主轴套进或抽出。

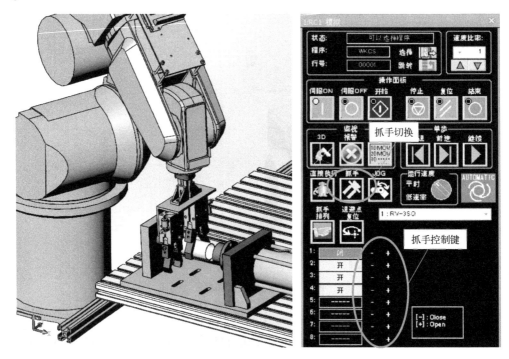

图 3-62　虚拟抓手 1 的控制

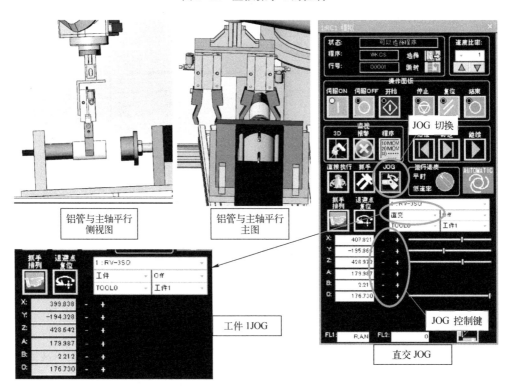

图 3-63　工件坐标系及工件 JOG 控制

项目4　工业机器人圆形码垛工作站的现场编程与实操

{相关知识}

知识4.1　三菱工业机器人系统的构成

　　从基本工作原理上讲，工业机器人系统主要由控制系统、驱动系统、机械系统和感知系统四大部分构成，如图4-1所示。其中，控制系统的功能是生成控制指令，并根据控制指令及感知系统信息，输出控制信号。根据控制系统输出的控制信号，驱动系统执行对应的动作，包括位移、速度、加速度等物理量。机械系统一般由开链式或并联式的、具备若干自由度的连杆机构构成（也称为机械本体或机械臂），在驱动系统执行器的动力推动下，完成相应的动作。感知系统能够获得机械本体各个关节的位置、速度等内部信息，以及机器人本体与周围环境之间关系的外部信息，这些信息反馈至控制系统，用于帮助控制系统做出相应的控制决策。

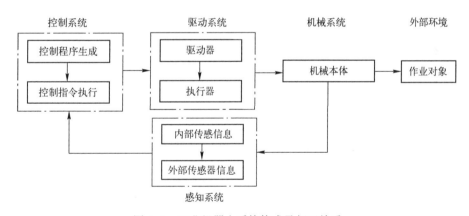

图4-1　工业机器人系统构成及相互关系

　　与上述工业机器人系统构成类似，三菱工业机器人系统主要包括机器人控制部分、机器人本体部分、示教器以及其他一些选配器件。其中，根据机器人CPU模块内置与否的不同，控制器又分为D型号控制器和R型号控制器（在FR系列以前为Q型号，在FR系列之后为R型号），如图4-2和图4-3所示。需要注意的是，D型号机器人控制器内部已经包含机器人CPU模块，可独立工作运行；R型号（Q型号）机器人控制器内部没有CPU模块，需要与搭载了机器人CPU模块的iQ Platform平台一起，共同工作运行。

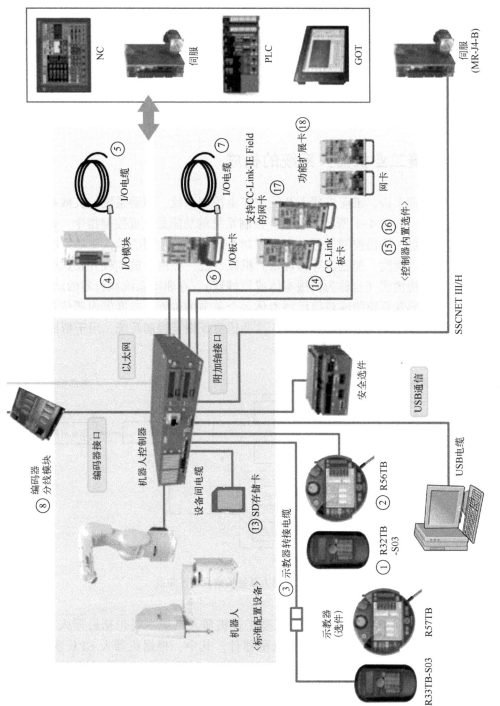

图4-2 D型号机器人系统配置图

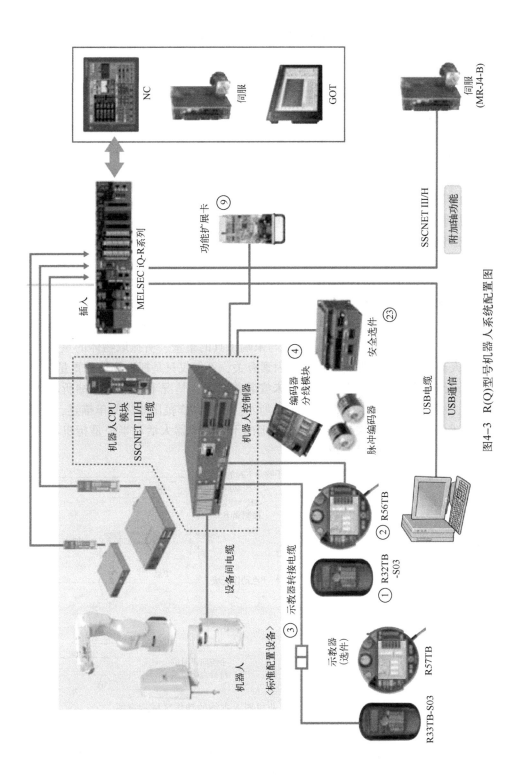

图4-3　R(Q)型号机器人系统配置图

知识 4.2　三菱工业机器人本体及其技术参数

1. 机器人自由度

机器人自由度是指机器人所具有的独立坐标轴运动的数目，不包括末端执行器的开合动作自由度。机器人自由度代表着机器人本体的灵活程度，一般由移动或转动运动构成。

按照自由度数的不同，三菱工业机器人本体主要包括水平四关节型工业机器人和垂直六关节型工业机器人两种，如图4-4所示。水平四关节型工业机器人具有4个自由度，垂直六关节型工业机器人具有6个自由度。

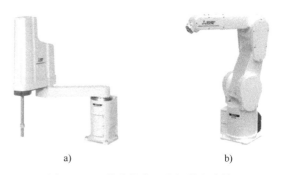

a)　　　　　　　　b)

图 4-4　三菱多关节工业机器人本体

a）水平四关节型工业机器人本体
b）垂直六关节型工业机器人本体

2. 机器人承载能力和动作范围

机器人承载能力是指机器人在作业范围内、任何位置上、任意姿态下其末端所能承受的最大质量，一般以 kg 为单位。承载能力与末端工具的重量、所抓取物体的重量及其重心位置、机器人动作的速度、加速度等各自因素有关，不仅仅只是抓取物体的重量。

机器人动作范围是指机器人运动时、未安装终端工具情况下的手臂末端所能达到的所有点的集合，也称之为工作区域，如图4-5所示。由于动作范围难以简单描述，一般来说，是用机器人活动半径的大小来表征其作业范围的不同。机器人活动半径是指机器人末端法兰中心到第一轴转动中心的最大距离。

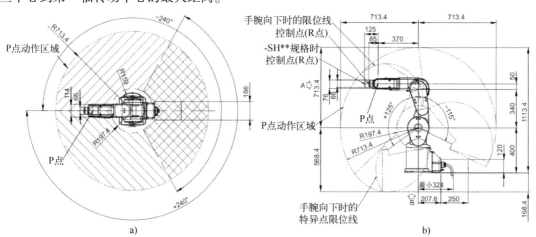

a)　　　　　　　　　　　　b)

图 4-5　三菱 RV-7FR 工业机器人本体的动作区域示意图

a）俯视图　b）侧视图

按照承载能力，三菱水平四关节型工业机器人主要包括 3 kg、6 kg、12 kg 和 20 kg 这 4 种，三菱水平六关节型工业机器人主要包括 2 kg、3 kg、4 kg、6 kg、7 kg、8 kg、13 kg 和 20 kg 这 8 种。

不同系列、不同规格的三菱工业机器人本体具有不同的负载能力和活动半径，鉴于本书篇幅所限，表4-1只列举了部分常用型号规格的三菱工业机器人本体规格。更多规格机器人本体的资料可登录 https://mitsubishielectric.yangben.cn/robot/products 查阅。

表4-1 部分常用型号规格三菱工业机器人本体的负载与活动半径表

系 列	自 由 度	承载能力/kg	活动半径/mm	规 格
S系列 （2012年停产）	水平四关节型 RH	6	450	RH-6SH4520（D/Q）
		12	700	RH-12SH7035（D/Q）
		20	850	RH-20SH8535（D/Q）
	垂直六关节型 RV	3	695	RV-3S（D/Q）
		6	765	RV-6S（D/Q）
F系列 （2016年停产）	水平四关节型 RH	3	450	RH-3FH45（D/Q）
		6	450	RH-6FH45（D/Q）
		12	700	RH-12FH70（D/Q）
		20	850	RH-20FH85（D/Q）
	垂直六关节型 RV	4	515	RV-4F（D/Q）
		7	713	RV-7F（D/Q）
		13	1388	RV-13FL（D/Q）
		20	1094	RV-20F（D/Q）
FR系列	水平四关节型 RH	3	400	RH-3CRH4018-D
		3	450	RH-3FRH45（D/Q）
		6	450	RH-6FRH45（D/Q）
		12	700	RH-12FRH70（D/Q）
		20	100	RH-20FHR100（D/Q）
	垂直六关节型 RV	4	515	RV-4FR（D/Q）
		13	1094	RV-13FR（D/Q）
		13	1388	RV-13FRL（D/Q）
		20	1094	RV-20FR（D/Q）
		8	931	RV-8CRL-D

3. 定位精度与重复精度

定位精度是指机器人末端执行器的实际位置与目标位置之间的偏差，由机械误差、控制误差与系统分辨率误差共同决定。重复定位精度是指同一环境、同一条件、同一目标位置情况下，机器人本体连续重复动作若干次，其实际位置偏差的最大值，表示了实际位置的分散情况，属于定位精度的统计数据。机器人本体的重复精度高，而定位精度低。由于定位精度难以测量以及不确定性，所以，一般只给出工业机器人的重复精度。三菱工业机器人的重复精度为±0.02 mm。

4. 最大速度

机器人的最大速度包括各个关节自由度运动的速度以及机械臂末端合成的速度。不同系列、不同规格的机器人本体，其各个关节自由度运动速度和末端合成速度都不一样，具体见表4-2。

表4-2　三菱RV-FR不同活动半径机器人本体（7kg负载）的最大速度表

型　号		单　位	RV-7FR（M）（C）	RV-7FRL（M）（C）	RV-7FRLL（M）（C）
最大速度	J1	deg/s	360	288	234
	J2		401	321	164
	J3		450	360	219
	J4		337		375
	J5		450		
	J6		720		
最大合成速度 * 3		mm/s	11064	10977	15300

5. 典型机器人本体的技术参数

三菱RH-CRH系列工业机器人本体的技术参数见表4-3。三菱RV-2FR系列工业机器人本体的技术参数见表4-4。

表4-3　三菱RH-CRH系列机器人本体的技术参数表

			RH-3CRH4018-D	RH-6CRH6020-D	RH-6CRH7020-D
可搬运重量		kg	最大3（额定1）	最大6（额定2）	
臂长	第1	mm	225	325	425
	第2	mm	175	275	
最大动作半径		mm	400	600	700
动作范围	J_1	deg	264(±132)	264(±132)	
	J_2	deg	282(±141)	300(±150)	
	J_3	mm	180	200	
	J_4	deg	720(±360)	720(±360)	
重复定位精度	X-Y合成	mm	±0.01	±0.02	
	$J_3(Z)$	mm	±0.01	±0.01	
	$J_4(\theta)$	deg	±0.01	±0.01	
最大速度	J_1	deg/s	720	420	360
	J_2	deg/s	720	720	
	$J_3(Z)$	mm/s	1100	1100	
	$J_4(\theta)$	deg/s	2600	2500	
	J_1+J_2	mm/s	7200	7800	
节拍时间		s	0.44	0.41	0.43
允许惯量	额定	kg·m²	0.005	0.01	
	最大	kg·m²	0.05(0.075)	0.12(0.18)	
本体重量		kg	14	17	18
抓手配线/配管			15点 D-sub/φ6×2、φ4×1		
控制器			CR800-CHD		
防护等级			IP20		

表4-4 三菱 RV-2FR 系列机器人本体的技术参数表

类　　型		单　位	规　格　值				
型号			RV-4FR	RV-4FRL	RV-4FRJL	RV-7FR	RV-7FRL
环境规格			本记载：一般环境规格 C：清洁规格 M：油雾规格				
动作自由度			6		5	6	
安装姿势			落地·吊顶·（壁挂）				
结构			垂直多关节型				
驱动方式			AC 伺服电机（带全轴制动闸）				
位置检测方式			绝对编码器				
电机容量	腰部（J_1）	W	400			750	
	肩部（J_2）		400			750	
	肘部（J_3）		100			400	
	腕部偏转（J_4）		100		—	100	
	腕部俯仰（J_5）		100				
	腕部翻转（J_6）		50				
动作范围	腰部（J_1）	deg	±240				
	肩部（J_2）		±120			−115~125	−110~130
	肘部（J_3）		0~161	0~164		0~156	0~162
	腕部偏转（J_4）		±200		—	±200	
	腕部俯仰（J_5）		±120				
	腕部翻转（J_6）		±360				
最大速度	腰部（J_1）	deg/s	450	420		360	288
	肩部（J_2）		450	336		401	321
	肘部（J_3）		300	250		450	360
	腕部偏转（J_4）		540		—	337	
	腕部俯仰（J_5）		623			450	
	腕部翻转（J_6）		720				
最大动作范围半径（P点）		mm	514.5	648.7		713.4	907.7
最大合成速度		mm/s	9,000		8,800	11,000	
可搬运质量		kg	4			7	
位置重复精度		mm	±0.02				
循环时间		s	0.36			0.32	0.35
环境温度		℃	0~40				
本体质量		kg	39	41	39	65	67
允许惯量	腕部偏转（J_4）	N·m	6.66		—	16.2	
	腕部俯仰（J_5）		6.66			16.2	
	腕部翻转（J_6）		3.90			6.86	

（续）

类　　型		单　位	规　格　值		
允许惯性	腕部偏转（J_4）	kg·m²	0.20	—	0.45
	腕部俯仰（J_5）		0.20		0.45
	腕部翻转（J_6）		0.10		
工具接线	抓手输入/输出		8 点/8 点		
	LAN 电缆		有（8 芯）<100BASE-TX>		
	用户用接线		有（24 芯）<电动抓手、力觉传感器等>		
工具压缩空气配管	1 次配管		$\phi6\times2$ 根		
	2 次配管		$\phi4\times8$ 根		
供应压缩空气压力		MPa	0.54		
防护规格			一般环境规格：IP40 清洁规格：ISO 等级 3 油雾规格：IP67		
油漆颜色			浅灰色（参考蒙塞尔色：0.6B7.6/0.2、参考 PANTONE：428℃）		

6. 机器人本体型号定义

<关节类型>-<最大负载><系列><动作范围><环境要求>-<控制器>-<线缆方式>

例如：

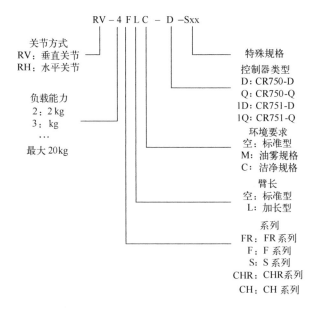

知识 4.3　三菱工业机器人控制器及接线回路

三菱工业机器人控制器包括 CRnD/Q 系列、CR700-D（Q）系列和 CR800-D（R）系列，分别对应 S 系列、F 系列和 FR 系列机器人本体。鉴于篇幅所限，以下仅介绍 D 型号机器人控制器的有关内容。

4.3.1　CRnD 系列控制器相关知识

1. 控制器外形

CRnD 系列机器人控制器包括小型机器人用的 CR1D、中型机器人用的 CR2D、大型机器人用的 CR3D，外形如图 4-6 所示。

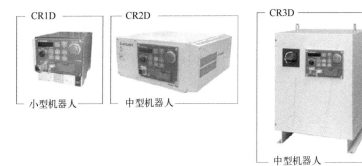

图 4-6　CRnD 系列机器人控制器外形

其中，CR1D 控制器前面构成如图 4-7 所示。

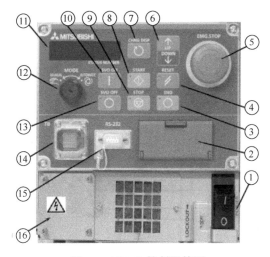

图 4-7　CR1D 控制器前面

① 电源开关；② USB、电池端口；③ 循环结束按钮；④ 程序/报警复位按钮；⑤ 急停按钮；⑥ 选择按钮；
⑦ 显示切换按钮；⑧ 程序启动按钮；⑨ 程序暂停按钮；⑩ 伺服上电按钮；⑪ 数码管显示屏；⑫ 手动/
自动模式切换开关；⑬ 伺服断电按钮；⑭ 示教器连接端口；⑮ RS232 串口连接端口；⑯ 电源线接线盒

CR1D 控制器背面构成如图 4-8 所示。

2. 控制器接线回路

（1）电源电缆与接地电缆的连接

机器人控制器工作电源接入前，需配置一个漏电断路器，如图 4-9 所示。

（2）紧急停止与门开关专用输入/输出回路的连接

机器人控制器配有急停输入接口 EMGIN1 和 EMGIN2，如图 4-10 所示。EMGIN1 接口
中提供了 1A~11A 共 11 个接线端子。其中，1A 和 2A 之间已经内部短路，2A 和 3A 之间

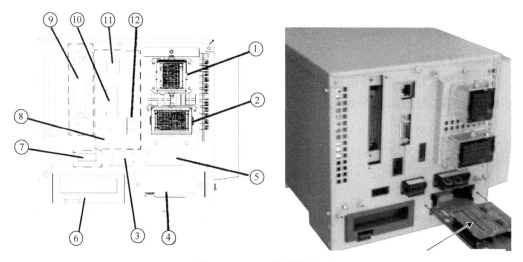

图 4-8 CR1D 控制器背面

① 与机器人本体连接的电机电源用接头（CN1）；② 与机器人本体连接的信号用接头（CN2）；
③ 紧急停止输出（EMGOUT）；④ 抓手 IO 板专用插槽（HND）；⑤ 紧急停止输入（EMGIN）；
⑥ 选配插槽（SLOT1）；⑦ 增设并行输出入单元连接接头（RIO/附 I/F 外壳）；⑧ 专用停止输入（SKIP）；
⑨ 增设内存卡匣（MEMORY CASSETTE/附 I/F 外壳）；⑩ 追踪编码器接口（CNENC/附 I/F 外壳）；⑪ 以太网接口

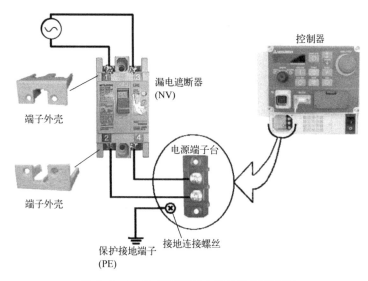

图 4-9 CR1D 控制器漏电保护连接示意图

通过示教器与控制器面板上的急停按钮短路，3 A 和 4 A 之间通过用户在外部形成短路，4 A 和 5 A 之间通过内部一继电器线圈接通，5 A 和 6 A 之间已经内部短路，至此，1 A 到 6 A 之间全部依次短接，形成回路状态，如果其中任意一对接线柱之间的连接断开，会导致回路断开，从而使得控制器出现急停报警状态。7 A 没有功能，不可用；8 A 和 9 A 之间通过用户在外部短接，形成回路状态，如果外部线路断开，会导致该回路断开，从而使得控制器出现门开关报警状态。10 A 和 11 A 之间通过用户在外部短接，形成回路状态，如果外部线路断开，会导致该回路断开，从而使得控制器出现使能报警状态。

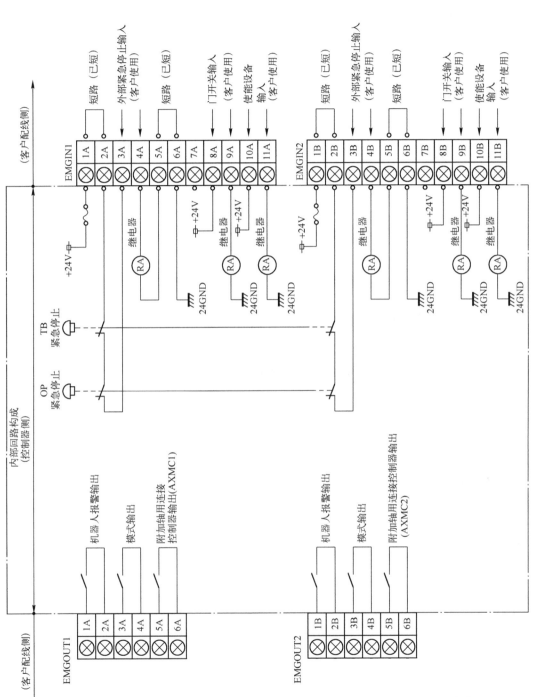

图 4-10　急停输入接口内部线路示意图

同上所述，EMGIN2 接口同样提供 11 个接线端子，功能同上。EMGIN1 和 EMGIN2 接口的布局和接线方法如图 4-11 所示。

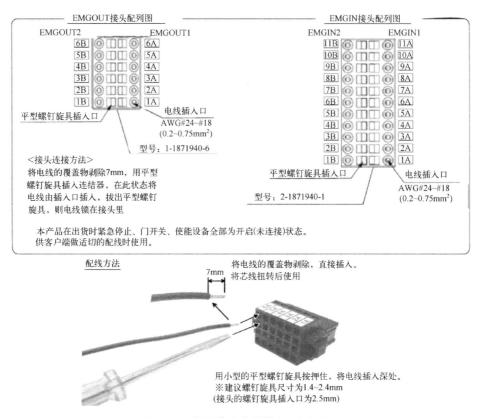

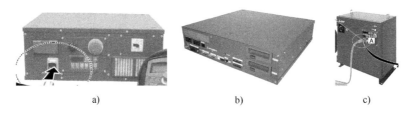

图 4-11　紧急停止专用输入/输出接口

4.3.2　CR700 系列机器人控制器

1. 控制器外形

CR700-D 系列机器人控制器包括 CR750、CR751 和 CR760 等 3 种规格，外形如图 4-12 所示。

图 4-12　CR700 系列机器人控制器

a) CR750　b) CR751　c) CR760

其中，CR751 控制器前面构成如图 4-13 所示。

2. 控制器接线回路

（1）电源电缆与接地电缆的连接

机器人控制器的电源电缆、接地电缆的连接方法如图 4-14 所示。

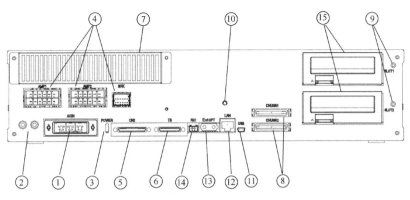

图 4-13　CR1D 控制器前面

① ACIN 连接器，AC 电源输入用；② PE 端子，接地用；③ POWER 指示灯，控制电源 ON 指示灯显示；④ 与机器人本体连接的电机电源用接头，AMP1、AMP2：电机电源用，BRK：电机制动闸用；⑤ 与机器人本体连接的信号用接头 CN2；⑥ 示教单元连接用连接器（TB），R33TB 连接专用（未连接示教单元时安装假插头）；⑦ 过滤器盖板，空气过滤器、电池安装两用；⑧ CNUSR1、CNUSR2 连接器，机器人专用输入输出连接用；⑨ 接地端子，M3 螺栓，上下 2 处；⑩ 充电指示灯，用于确认拆卸盖板时的安全时机（防止触电）的指示灯，当机器人的伺服 ON 使得控制器内的电源基板上积累电能时，本指示灯亮灯（红色），关闭控制电源后经过一定时间（几分钟左右）后熄灭；⑪ USB 连接用连接器（USB）；⑫ LAN 连接器，以太网连接用；⑬ ExtOPT 连接器，附加轴连接用；⑭ RIO 连接器（RIO），扩展并行输入输出连接用；⑮ SLOT1、SLOT2 插槽，未使用时安装盖板

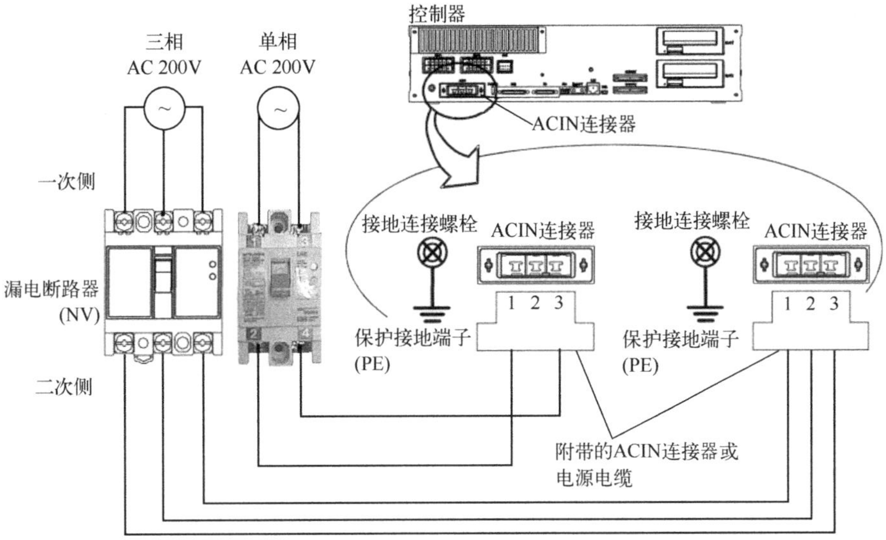

图 4-14　CR751 控制器电源、接地电缆连接示意图

（2）紧急停止与门开关专用输入/输出回路的连接

机器人控制器配有专用输入输出接口 CNUSR1，CNUSR1 接口中提供了 1~50 共 50 个接线端子。其中，1 和 26、6 和 31 之间通过用户在外部形成短路，2 和 27、7 和 32 之间通过用户设置的急停按钮形成两个急停回路，3 和 28、8 和 33 之间通过用户在外部形成短路，4 和 29、9 和 34 之间通过用户在外部设置的门开关形成两个门开关回路，5 和 30、10 和 35 之间通过用户在外部形成短路，如图 4-15 所示。如果上述任意一个回路断开，都会导致控制器出现报警状态。

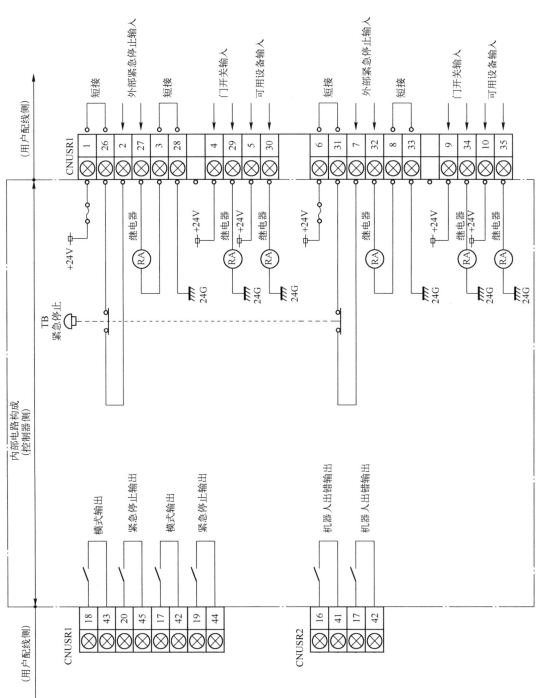

图4-15 急停输入接口内部线路示意图

（3）模式开关回路的连接

机器人控制器配有专用输入输出接口 CNUSR1，CNUSR1 接口中提供了 1~50 共 50 个接线端子。其中，49 和 24、50 和 25 之间通过用户在外部设置的模式开关形成两个模式开关回路。当两个回路同时断开时，系统处于手动模式；当两个回路同时接通时，系统处于自动模式；如果两个回路状态不同时，系统会发生报警，提示模式按键线路异常。

4.3.3 CR800 系列机器人控制器

1. 控制器外形

CR800-D 系列机器人控制器的外形如图 4-16 所示。

图 4-16 CR800-D 系列机器人控制器

CR800-D 控制器前面构成如图 4-17 所示，背面构成如图 4-18 所示。

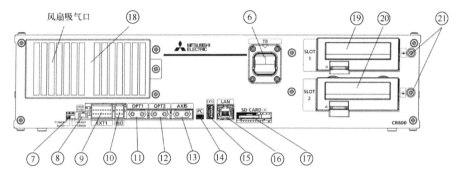

图 4-17 CR1D 控制器前面

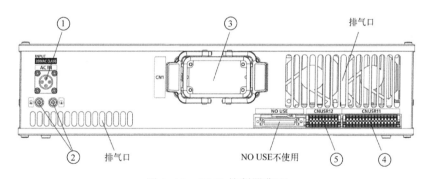

图 4-18 CR1D 控制器背面

① ACIN 连接器，AC 电源输入用；② PE 端子，接地用；③ 与机器人本体连接用的接头 CN1；④、⑤ CNUSR11、CNUSR12 连接器，机器人专用输入输出连接用；⑥ 示教单元连接用连接器（TB），R33TB 连接专用（未连接示教单元时安装假插头）；⑦ LED 指示灯，POWER 显示控制电源的状态，亮灯为控制电源 ON，熄灯为控制电源 OFF，AUTO 显示控制器的模式，亮灯为 AUTOMATIC 模式，熄灯为 MANUAL 模式，ERROR 显示异常发生的状态，亮灯为错误发生，快速闪烁为高级别错误发生，熄灯为正常动作中，READY 显示动作状态，亮灯为控制器启动完成，慢速闪烁为运行中，快速闪烁为中断中；⑧ HAND FUSE 抓手用保险丝；⑨ EXT1 功能扩展用连接器；⑩ RIO 扩展并行输入输出连接用连接器；⑪ OPT1 用于控制器间通信及机器人 CPU 连接的连接器；⑫ OPT2 控制器间通信用连接器；⑬ AXIS 附加轴连接用连接器；⑭ PC 连接用连接器；⑮ EXT2 功能扩展用连接器；⑯ LAN 以太网连接用连接器；⑰ SD CARD，插入 SD 存储卡的插槽；⑱ 滤波器盖板，防尘用滤波器的盖板，滤波器盖板的内侧有空气滤波器；⑲、⑳ SLOT1、SLOT2 插槽，未使用时安装盖板；㉑ FG 端子，连接选购件卡的电缆的接地用端子，M4 螺钉×2

2. 控制器接线回路

（1）电源电缆与接地电缆的连接

机器人控制器的电源电缆、接地电缆的连接方法如图 4-19 所示。

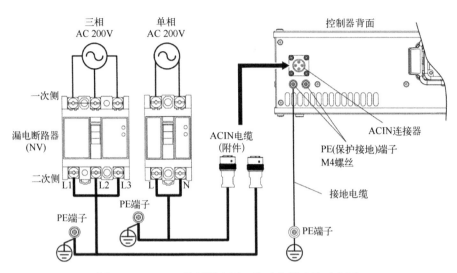

图 4-19　CR751 控制器电源、接地电缆连接示意图

注：漏电断路器应务必安装端子盖板后再使用。

（2）紧急停止与门开关专用输入/输出回路的连接

机器人控制器配有专用输入输出接口 CNUSR11，CNUSR11 接口中提供了 1~32 共 32 个接线端子。其中，14 和 30、7 和 23 之间通过用户设置的急停按钮形成两个急停回路，13 和 29、2 和 22 之间通过用户在外部设置的门开关形成两个门开关回路，如图 4-20 所示。如果上述任意一个回路断开，都会导致控制器出现报警状态。

（3）模式开关回路的连接

机器人控制器配有专用输入输出接口 CNUSR11，CNUSR11 接口中提供了 1~32 共 32 个接线端子。其中，5 和 11、12 和 28 之间通过用户在外部设置的模式开关形成两个模式开关回路。当两个回路同时断开时，系统处于手动模式；当两个回路同时接通时，系统处于自动模式；如果两个回路状态不同时，系统会发生报警，提示按键线路异常。

知识 4.4　三菱工业机器人示教盒的面板构成与功能

机器人示教单元是机器人系统中最常用的外围选购设备之一，IRAL 实训设备中选购的示教单元型号为 R32TB，R32TB 示教单元又称为示教盒，示教盒的部分正面外观和背面外观如图 4-21 所示。示教盒主要由显示屏、指示灯和按钮开关构成，其作用有，对机器人进行程序编程、手动控制机器人关节动作并为程序示教位置、设置机器人参数和监视机器人状态、设定机器人关节原点位置等。此外，无论处于何种操作权限下，通过示教盒都可以实现对机器人的紧急停止和暂停控制。

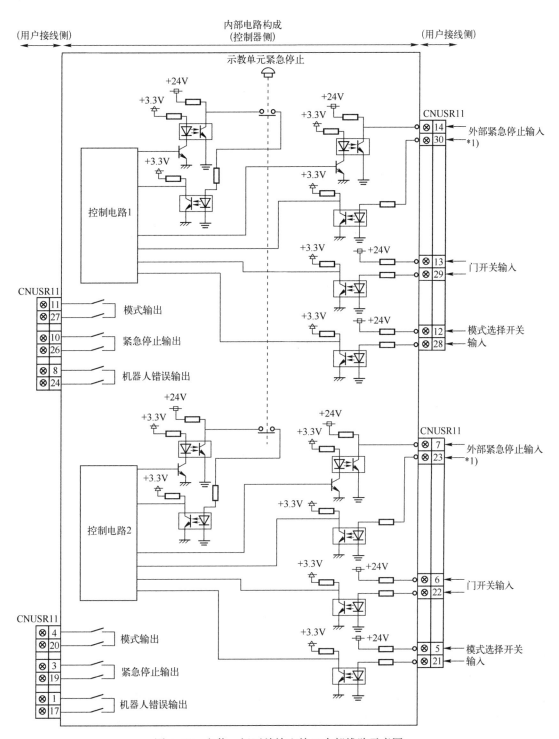

图4-20 急停、门开关输入接口内部线路示意图

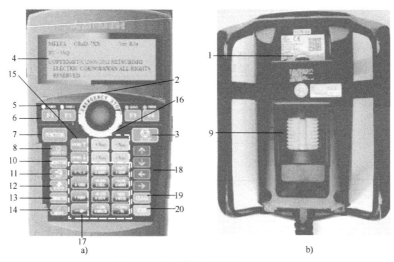

图 4-21　机器人示教单元 R32TB

a）正面面板　b）背面面板

下面将从示教盒的显示部分和按键部分详细介绍相应的功能。

（1）TB Enable 按钮

TB Enable 按钮是示教盒的使能开关，其功能是切换示教盒上除 STOP 键和 EMERGENCY STOP 键以外其他所有按键的操作有效或无效。

当需要使用示教盒操作机器人时，必须按下该使能开关，使示教盒的所有操作键有效。按下使能开关后，该按钮自保持 ON 状态，TB ENABLE 按钮上的指示灯点亮，同时，示教盒正面的"ENABLE"指示，灯也点亮，如图 4-22 所示。

图 4-22　示教盒的 TB ENABLE 按钮

a）未按下状态　b）已按下状态

（2）EMERGENCY STOP 开关

EMERGENCY STOP 开关是机器人系统的紧急停止开关，其功能是，当检测到机器人的动作将发生危险时，按下此紧急停止开关使机器人本体立即停止动作；同时，切断机器人关节电动机的伺服供电，并产生系统报警。

无论示教盒的 TB ENABLE 按钮是否被按下，EMERGENCY STOP 开关的操作都有效。EMERGENCY STOP 开关被按下后，该开关将持续保持有效状态；若要复位紧急停止开关，需顺时针旋转 EMERGENCY STOP 开关至向上弹出位置，开关恢复无效状态。但此时系统仍处于紧急停止报警状态，需要按 RESET 键来复位。

（3）STOP 键

STOP 键是机器人程序运行的暂停键，其功能是，在机器人执行完当前程序的某一指令步后，暂时停止机器人程序。此时机器人关节电动机的伺服仍然继续上电，系统处于暂停状态。

无论示教盒的 TB ENABLE 按钮是否被按下，STOP 键的操作都有效。STOP 键属于触发型按键，只有按键被按下时才有效，系统进入暂停状态，控制箱面板上的 STOP 键指示灯亮；松开按键，STOP 键无效，此时，再按控制箱面板上的 START 键，系统接着上一步继续运行机器人当前程序，控制箱面板上的 STOP 键指示灯灭。

（4）液晶显示屏

液晶显示屏用于显示示教盒的菜单画面、程序操作的相关内容、机器人本体的关节或坐标位置信息、机器人系统参数画面、机器人报警信息等。

（5）状态指示灯

状态指示灯用于显示示教盒及机器人的状态，具体如下。

［POWER］：示教单元有电源供给时，绿色灯亮起。

［ENABLE］：示教单元为有效状态时，绿色灯亮起。

［SERVO］：机器人在伺服开启中时，绿色灯亮起。

［ERROR］：机器人在报警状态时，红色灯亮起。

（6）F1、F2、F3、F4 键

F1、F2、F3、F4 这 4 个键是示教盒上的功能选择键，每个键的功能不固定，当前功能被显示在显示屏的功能显示栏上。按某个 F 键，以执行显示屏上所显示的对应功能。

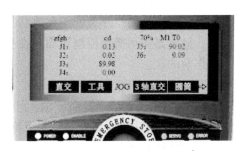

图 4-23　示教盒 JOG 界面

只有在示教盒使能开关处于有效状态时，该按键的操作才有效。

在图 4-23 所示的 JOG 界面下，按一次 F1 键，则选择直交坐标系作为机器人 JOG 运行模式。F2 至 F4 按键依画面显示功能类推。

（7）FUNCTION 键

FUNCTION 键是功能切换键。其作用是为［F1］［F2］［F3］［F4］键分配（或变更）功能。

只有在示教盒使能开关处于有效状态时，该按键的操作才有效。按一次 FUNCTION 键，则［F1］［F2］［F3］［F4］键上方所对应的界面的最下端、用反白字显示的 MENU 内容变更一次。这些［F1］［F2］［F3］［F4］键以左到右的顺序分配。按下对应的功能键，则可以选择显示的 MENU。另外，在 MENU 的右端有显示 "→" 的情况下，还可以显示其他的 MENU，按下［FUNCTION］键，可以切换显示 MENU。

（8）SERVO 键

SERVO 键是伺服开启按键。其功能是给机器人各个关节电动机通上电流，以便为关节动作做准备。

只有在示教盒使能开关处于有效状态，且有效拨杆（示教盒背部 9 号开关）处于 2 档和 3 档之间的情况下，按下此键才能开启关节伺服，为机器人 JOG 操作或单步运行做准备。

（9）有效拨杆（或称有效开关）

有效拨杆是用于配合 SERVO 键开启关节伺服的开关，设置此键的目的是强化机器人操作的安全性。

只有在示教盒使能开关处于有效状态时，此拨杆的操作才有效。有效拨杆一共有 3 档，初始状态，即拨杆处于中间位置为第 1 档；往左或往右拨动拨杆至发出触点动作的声音为第 2 档；继续拨动拨杆到底，再一次发出触点动作声音，为第 3 档。

当有效开关处于第 2 档和第 3 档之间的位置时，按下示教盒面板上的 SERVO 伺服键，机器人伺服被开启。只有当有效开关处于第 2 档和第 3 档之间的位置时，才能通过示教盒开启机器人伺服和手动操作机器人关节运行。

（10）MONITOR 键

MONITOR 键是监视键。按下此键变为监视模式，显示监视菜单。如果再次按下此键，将返回至前一个画面。

（11）JOG 切换键

JOG 切换键是打开或关闭 JOG 点动手动控制界面的按键。

只有在示教盒使能开关处于有效状态时，该按键的操作才有效。按下此键进入 JOG 操作模式，显示屏显示 JOG 界面。在 JOG 界面下，再次按下此键，示教盒回到进入 JOG 操作前的状态。

（12）HAND 键

HAND 键是抓手手动控制界面切换键。

只有在示教盒使能开关处于有效状态时，该按键的操作才有效。按下此键进入抓手操作模式，显示器显示抓手控制界面。在抓手操作界面下，再次按下此键，示教盒回到进入抓手操作前的状态。

（13）CHARACTER 键

CHARACTER 键是字符/数字输入切换键。在需要输入字符或数字的时候，使用［字符/数字］切换键的功能，切换数字及字符间的输入。

（14）RESET 键

RESET 键是系统报警复位键。其功能是解除系统错误报警状态，恢复系统正常状态。

无论示教盒的 TB ENABLE 按钮是否被按下，RESET 键的操作都有效。若引起系统报警的原因没有被消除，即使按 RESET 键，系统仍将继续报警。

（15）OVRD↑和 OVRD↓键

OVRD↑和 OVRD↓键是 JOG 运行时的速度调节键。其功能是增加或减少 JOG 操作中机器人的运行速度。

只有在示教盒的 TB ENABLE 按钮被按下的情况下，OVRD↑和 OVRD↓键的操作才有效。调节范围为 3%、5%、10%、20%、30%、40%、50%、60%、70%、80%、90%和 100%。

（16）JOG 控制键

JOG 控制键是机器人点动控制键，由 12 个按键构成，如图 4-24 所示。其功能是，在 JOG 模式下，按下此键用于控制机器人本体的控制点或各个关节按设定坐标系的自由度运动。

只有在 JOG 操作模式下、伺服开启时，JOG 控制键的操作才有效。在不同坐标系下，按下每个 JOG 控制键时机器人的运动情况都不同。

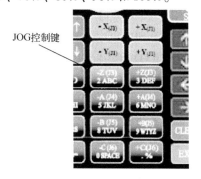

图 4-24　JOG 控制键

（17）字符/数字输入键

字符/数字输入键由 12 个按键构成，其中有 8 个按键与坐标系自由度按键共用。

只有在示教盒需要字符/数字输入的情况下，各个输入键才有效。字符/数字输入键的内容随 CHARACTER 键的切换而不同。

（18）方向键

四个方向键分别为向上、向下、向左和向右。可选择显示屏中的菜单选项或移动字符光标。

（19）CLEAR 键

CLEAR 键是字符删除键，其功能是删除显示屏中光标所在字符。

在可输入数字或文字的界面时，按下此键，可删除光标上的 1 个文字。另外，长时间按住时，会删除光标输入范围的所有文字。

（20）EXE 键

EXE 键是执行键，又称确定键，其功能是执行显示屏中被选中的操作或唤醒示教盒待机状态进入菜单界面，如图 4-25a 所示。

只有在示教盒的 TB ENABLE 按钮被按下的情况下，EXE 键的操作才有效。此时按 EXE 键，显示屏进入主菜单界面，如图 4-25b 所示。

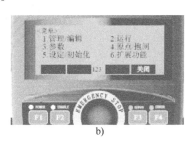

图 4-25　菜单界面

a）待机界面　b）主菜单界面

知识 4.5　工业机器人抓手专用控制

4.5.1　抓手专用的电气回路

在机器人机械本体内部，一共预设了 3 根电缆、2 根空压气软管（气管）这 5 根电、气线路，如图 4-26 所示。

在机器人本体内，预设的 2 根气管分别标记为 "AIR IN" 管和 "AIR OUT" 管。"AIR IN" 管的一端接在机器人机械本体基座的背板上，与 "AIR IN" 快速气管接头相连，接入压缩空气；另一端在机器人机械本体前臂的收纳室内，一般与电磁阀组的进气口 P 相连。"AIR OUT" 管的一端接在机器人机械本体基座的背板上，与 "AIR OUT" 快速气管接头相连，通过消音器排出空气，另一端在机器人机械本体前臂的收纳室内，一般与电磁阀组的排气口 R 相连。

在机器人本体内部，除了上述的气管以外，还有 3 根电缆，分别为①抓手输入信号传输用电缆。该电缆一端接在机械本体基座的背板上，与信号连接头 CN2 中的 12 引脚相连；另一端在机械本体前臂的收纳室内，与抓手输入信号接头 HC1、HC2 相连。②抓手输出信号传输用电缆。该电缆一端接在机械本体基座的背板上，与信号连接头 CN2 中的 12 引脚相连；另一端在机械本体前臂的收纳室内，与抓手输出信号接头 GR1、GR2 相连。③预备电缆。该电缆一端在机械本体基座的收纳室内，与预备线接头 ADD 相连；另一端在机械本体前臂的收纳室内，与预备线接头 ADD 相连。线路连接回路如图 4-27 所示。

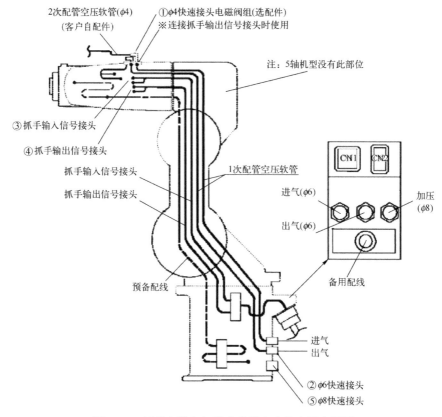

图 4-26　抓手电缆与气管在机器人本体内的布置图

　　每一个抓手输入、输出信号的回路必须按照表 4-5 和表 4-6 所示的电路连接。其中，输入回路可以用外接直流电源连接，但是必须符合表 4-5 中规定的电气规格，否则可能导致抓手输入回路内部元器件损坏；也可以使用抓手内部电源，但是必须注意负载驱动能力。

表 4-5　抓手输入回路及电气规格

项　　目		规　　格	内　部　电　路
形式		DC 输入	
输入点数		8	
绝缘方式		绝缘光纤耦合器	
额定输入电压		DC12 V/DC24 V	
额定输入电流		约 3 mA/约 7 mA	
使用电压范围		DC10.2~26.4 V（波特率 5% 以内）	
ON 电压/ON 电流		DC8 V 以上/2 mA 以上	
OFF 电压/OFF 电流		DC24 V 以下/1 mA 以下	
输入阻抗		约 3.3 kΩ	
响应时间	OFF-ON	10 ms 以下（DC24 V）	
	ON-OFF	10 ms 以下（DC24 V）	

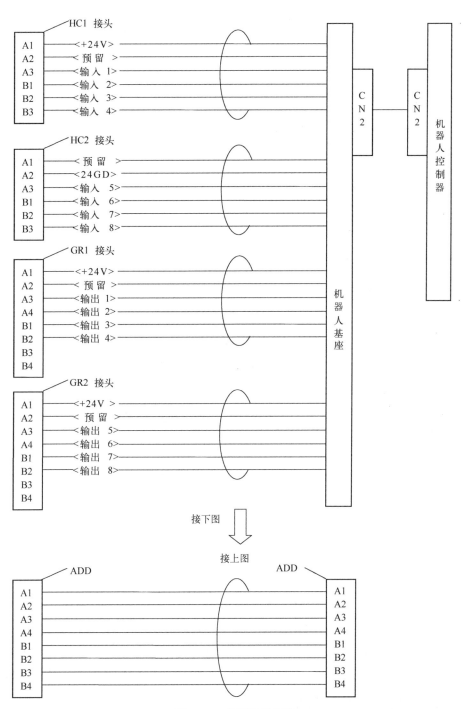

图 4-27 线路连接回路

表 4-6　抓手输出回路及电气规格

项　目		规　格	内　部　电　路
形式		晶体管输出	+24V(COM) (内部电源)
输入点数		8	
绝缘方式		绝缘光纤耦合器	
额定负载电压		DC24 V	GRn*
额定负载电压范围		DC21.6～26.4 V	
最大负载电流		0.1 A/1 点（100%）	
OFF 时泄漏电流		0.1 mA 以下	
ON 时最大电压降		DC0.9 V（TYP）	熔丝 1.0A
响应时间	OFF-ON	2 ms 以下（硬件响应时间）	
	ON-OFF	2 ms 以下（电阻负载）（硬件响应时间）	24GND
额定熔丝		熔丝 1.0 A（公共端里 1 个）	* 抓手输出 GRn=GR1～GR8

4.5.2　抓手专用的参数设置

（1）控制类型及设置参数

抓手的控制类型有单螺线管控制方式和双螺线管控制方式两种，默认情况下的设置为双螺线管控制方式。抓手的控制类型可通过设置参数 HANDTYPE 的值进行更改，该参数出厂时的设置见表 4-7。

表 4-7　出厂时的抓手控制类型设置

参　数　名	值	备　注
HANDTYPE	D900，D902，D904，D906	双螺线管控制

（2）设定方法

使用双螺线管控制方式时，在指定的信号号码前加字母 D，即，将参数 HANDTYPE 的值设置为"D900，D902，D904，D906"，最多控制 4 只抓手；使用单螺线管控制方式时，在指定的信号号码前加字母 S，即，将参数 HANDTYPE 的值设置为"S900，S901，S902，S903，S904，S905，S906，S907"，最多控制 8 只抓手。

（3）设定举例

以双螺线管控制方式，将信号地址 10、11 和 12、13 分别用以控制抓手 1、抓手 2，则HANDTYPE 设置为"D10，D12"；以单螺线管控制方式，将信号 10 用以控制抓手 1，以双螺线管控制方式，将信号 11、12 用以控制抓手 2，则 HANDTYPE 设置为"S10，D11"。

4.5.3　抓手专用的示教盒控制

机器人系统一共分配了 900～907 这 8 个输出信号用于控制抓手的打开或关闭动作。在示教盒上，可受控制的抓手数量视抓手的类型而不同，最多可控制 6 个抓手。当使用双电控电磁阀用于控制气动抓手的开与闭动作时，最多只能控制 4 个抓手，即，900 与 901 互锁控制抓手 1、902 与 903 互锁控制抓手 2、904 与 905 互锁控制抓手 3、906 与 907 互锁控制抓手 4。通过示教盒控制抓手的打开或关闭时，需要按 HAND 键，显示抓手操作界面，如图 4-28 所示。界面及按键含义如下：

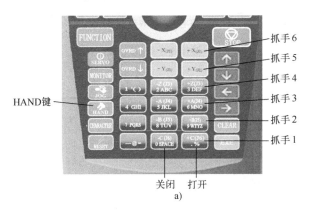
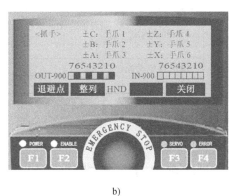

图 4-28　抓手操作界面

a）抓手控制键　b）抓手操作显示界面

（1）抓手输入输出信号显示

OUT-900 显示了抓手控制电磁阀的输出状态，IN-900 显示了外部输入信号的状态。

（2）抓手的打开与闭合控制

单电控模式时，X、Y、Z、A、B、C 这 6 个键分别控制抓手 1、2、3、4、5、6 这 6 只抓手；双电控模式时，Z、A、B、C 这 4 个键分别控制抓手 1、2、3、4 这 4 只抓手。按 "+" 侧键控制抓手开，按 "−" 侧键控制抓手闭。

按 +C（J6）键，抓手 1 打开，抓手输出信号为 OUT-900 = 1，OUT-901 = 0；按 −C（J6）键，抓手 1 关闭，抓手输出信号为 OUT-900 = 0，OUT-901 = 1。

抓手 2~抓手 4 的开闭操作依次类推。

二维码 4-1

知识 4.6　机器人本体的关节原点设置

机器人原点设置是指设定机器人本体每个运动关节的零点位置。机器人在出厂时需要进行一次原点资料的输入来完成机器人的原点位置初设置。当在使用过程中发生以下情况时，则需要采用表 4-8 所列的方式重新设定原点。

二维码 4-2

1）控制箱与机器人本体的组合发生变更。

2）机器人关节电动机更换。

3）编码器发生异常报警，如数据维持电池的耗尽。

二维码 4-3

表 4-8　设定原点位置方式

序号	方　式	方　法	备　注
1	机械限位原点设定	将各轴调整成对准机械限位时的姿态设定原点姿势。与原点数据输入方式相比，精度变低	需要解除轴制动来调整各轴角度时，需要 2 个人以上配合作业

（续）

序号	方　式	方　法	备　注
2	定位销原点设定	使用定位销贯穿各轴的栓孔时各个轴的姿态设定原点	1）需要解除各轴制动来调整各轴角度时，需要2个人以上配合作业 2）该方式需要专用定位销
3	ABS原点设定	将各轴的ABS标签对准时各轴的姿态设定为原点	1）因电池耗尽导致备份原点资料消失时，采用该方法 2）使用此方式前应已做原点设定
4	用户自定义原点设定	将用户指定的各轴任意姿态设定为原点	使用此方式前应已做原点设定

实训任务 4.1　手动控制机器人搬运物体

一、任务分析

　　机器人在执行任务时需要完成一系列的动作，每个动作都要求机器人的各个关节具有确定的位置数据，目的是使末端执行器以一定的姿态处于某个空间位置。这些位置数据的确定方法很多，其中最主要的获取途径就是通过手动 JOG 控制使机器人到达某一具体的实际位置。本次任务的主要内容就是围绕如何手动控制机器人完成搬运物体的一系列动作而展开相关知识的学习和操作实践，以便为下一项目的实施做准备。

　　手动控制机器人搬运物体这个任务需要操作者具备一定的知识和操作技能，如机器人系统的构成、机器人坐标系的种类及定义、示教盒的构成及其功能、机器人关节的 JOG 方式与操作、抓手的手动控制操作等，如图 4-29 所示。本次任务将针对以上内容展开详细的知识讲解和操作技能训练。

示教单元 (T/B)

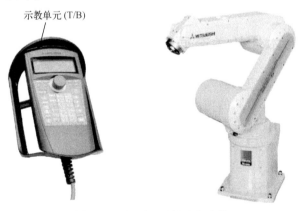

图 4-29　机器人示教器与本体

二、相关知识链接

　　该任务主要训练机器人系统搭建和通过示教器对机器人本体动作进行控制的运用能力。

涉及的知识：知识 4.1 三菱工业机器人系统的构成；知识 4.2 控制器面板构成与功能（CR1D 型控制器）。

三、任务实施

任务 4.1.1　搭建机器人系统

◆ 第 1 步：连接机器人本体与控制箱。

机器人本体与控制箱之间需要两根电缆连接，分别为电动机动力用电缆 CN1 和编码器动力用 CN2，如图 4-30 所示。其中，正方形接口为电动机动力用电缆，矩形接口为编码器用电缆。

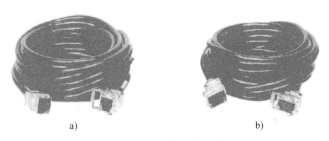

图 4-30　设备连接电缆

a）电动机动力用　b）编码数据用

将机器人本体的机座背部和控制箱背部相应接口分别与电动机动力用和编码器用电缆连接。连接后如图 4-31 所示。

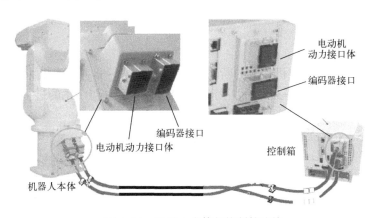

图 4-31　机器人本体与控制箱连接

◆ 第 2 步：连接示教盒与控制箱。

将示教盒电缆插头（图 4-32a）插入控制箱示教盒接口（图 4-32b）。若需要取下示教盒插头，必须将杠杆锁解锁，如图 4-32c 所示。

◆ 第 3 步：连接电源。

将控制箱前方面板左下角处的电源前盖卸下，外部 220 V～经剩余电流保护装置引出后，将相线、零线和地线接入接线端子的相应引脚，如图 4-33 所示。

a)　　　　　　　　　　b)　　　　　　　　　　c)

图 4-32　示教盒与控制箱连接

a）示教盒电缆插头　b）示教盒电缆插头与控制箱连接图　c）插头解锁

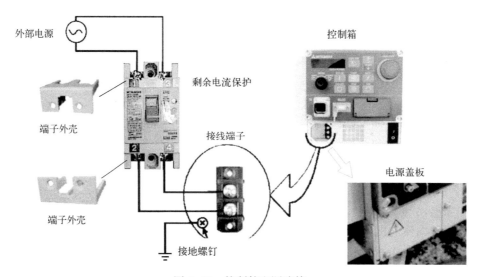

图 4-33　控制箱电源连接

◆ 第 4 步：系统上电。

打开控制柜后门，将相应机器人的断路器合上，如图 4-34 所示。再将机器人控制箱面板上的电源开关合上，如图 4-35 所示。等待控制箱完成上电初始化的过程后，系统将进入待机界面。

图 4-34　机器人断路器

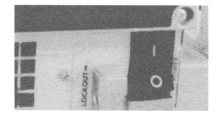

图 4-35　控制箱电源开关 1

任务 4.1.2　设置机器人原点位置参数

机器人系统出厂后，第一次开机时需要向机器人控制系统输入原点位置数据资料，对机器人本体的每个关节进行原点位置设定。设定的详细过程如下。

◆ 第 1 步：关闭机器人系统的电源。

将机器人控制箱的电源开关打向 O 档，如图 4-36 所示。

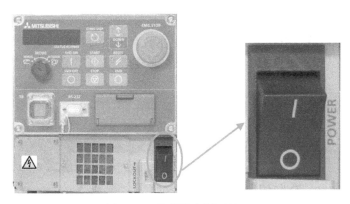

图 4-36　控制箱电源开关 2

二维码 4-4

◆ 第 2 步：记录原点位置数据资料。

打开机器人本体的肩部盖板，在盖板背面贴有一张表格，抄记表格上的原点位置数据资料，如图 4-37 所示。

图 4-37　原点位置数据资料

◆ 第 3 步：机器人系统上电，切换手动（MANUAL）模式。

将机器人控制箱的电源开关打向'｜'档，机器人系统进入上电初始化过程，初始化完成后控制箱显示屏显示上一次关机前的界面，切换机器人控制箱至手动模式，如图 4-38a 所示；示教盒进入待机画面，如图 4-38b 所示。

a)　　　　　　　　　　　　　　　b)

图 4-38　控制箱与示教盒

a）控制箱正面　b）示教盒正面

◆ 第4步：启动示教盒。

按下示教盒使能开关，按钮灯亮起；同时，示教盒正面 ENABLE 指示灯亮起，如图4-39所示。到这步为止，如果机器人系统产生报警，通过按 RESET 键基本上可以解除报警，使机器人系统复位。

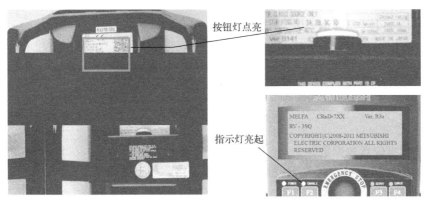

按钮灯点亮

指示灯亮起

图4-39　示教盒使能开关

二维码4-5

二维码4-6

◆ 第5步：向机器人控制系统输入原点位置数据资料。

在示教盒待机画面下（图4-40b），按 EXE 键，示教盒显示菜单界面，在菜单界面下按方向键，选择"原点/抱闸"选项，如图4-40a 所示；按 EXE 执行键，进入原点/抱闸界面，如图4-40b 所示。选择"原点"选项，按 EXE 执行键，示教盒进入原点设定界面，如图4-40c 所示。选择"1. 数据"选项，按 EXE 执行键，示教盒进入原点位置数据输入界面，如图4-40d 所示。依次将第2步抄记下来的原点位置数据资料输入 J1～J6 的括弧内，按 EXE 执行键，系统执行原点位置设定。

二维码4-7

二维码4-8

a)

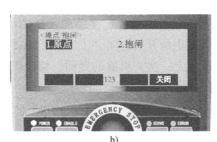

b)

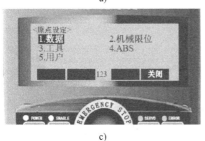

c)

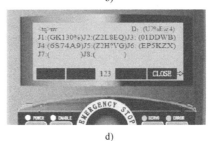

d)

二维码4-9

二维码4-10

图4-40　示教盒界面

a) 菜单界面　b) 原点/抱闸界面　c) 原点设定界面　d) 原点位置数据输入界面

二维码4-11

◆ 第 6 步：重启机器人系统。

任务 4.1.3　控制机器人 JOG 运行

◆ 第 1 步：机器人系统上电。

将机器人控制箱电源开关打向 "I" 档，等待机器人系统完成上电初始化，控制箱显示屏显示上一次关机前的界面，如图 4-41 所示。

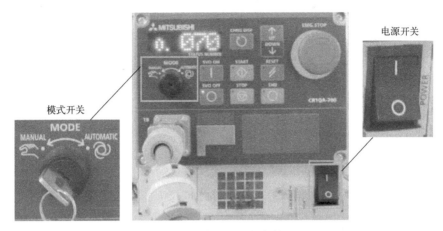

图 4-41　机器人控制箱

◆ 第 2 步：选择系统手动模式。

将机器人控制箱前面板上的 MODE（模式）开关打向 MANUAL 档，如图 4-41 所示。

◆ 第 3 步：启动示教盒。

按下示教盒背部的 TB ENABLE 使能按钮，按钮灯和前面板上的 ENABLE 指示灯亮起，示教盒启动并进入待机界面，如图 4-42 所示。

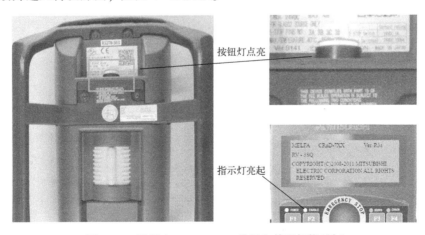

图 4-42　示教盒 TB ENABLE 按钮和前面板指示灯

◆ 第 4 步：进入 JOG 运行模式。

按下示教盒的 JOG 键，系统进入 JOG 运行模式，如图 4-43 所示。其中，进入 JOG 模式时的当前机器人坐标系是上一次退出 JOG 模式时的机器人坐标系。

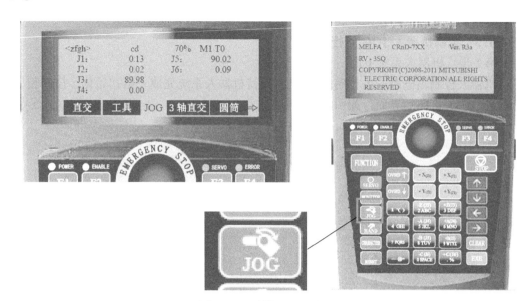

图 4-43 示教盒 JOG 按钮

◆ 第 5 步：开启关节伺服，手动操作机器人运行。

将示教盒背部的有效开关拨至第 2 档和第 3 档之间的位置，按下 SERVO 键，开启机器人关节伺服。在听到机器人关节发出"当"的一声时，表示机器人关节伺服已经开启。此时保持有效开关处于第 2 档和第 3 档之间的位置，并按下 JOG 控制键，观察机器人的运行情况，松开 JOG 控制键，观察机器人的运行情况。在运行期间或运行前后，均可通过速度调节键来调整机器人手动运行的速度。如图 4-44 所示。

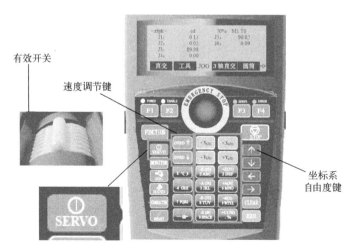

图 4-44 示教盒前面板

◆ 第 6 步：切换坐标系。

在 JOG 模式下，按下 F1、F2、F3、F4 键中的任意键，可随意切换机器人 JOG 坐标系至 F 功能键上方显示屏所显示的对应坐标系，如图 4-45 所示。

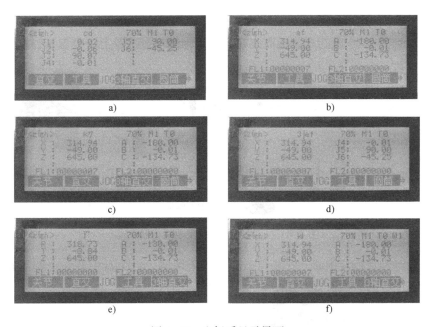

图 4-45 坐标系显示界面

a) 关节坐标系 b) 直交坐标系 c) 工具坐标系 d) 3轴直交坐标系 e) 圆筒坐标系 f) 工件坐标系

实训任务 4.2 码垛工作站的电气设计与连接

一、任务分析

图 4-46 所示的工业机器人工作站为用于码垛搬运阵列工件的工作站。该工作站由 1 套机器人系统、1 套气动吸取式末端执行器（真空吸盘）、1 套库盘、1 套目标盘和 1 套控制盒等部分构成。

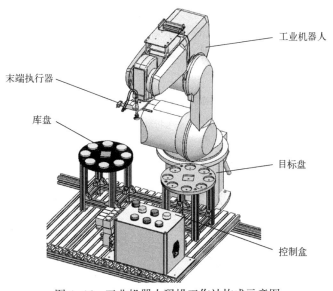

图 4-46 工业机器人码垛工作站构成示意图

其中，末端执行器由吸盘安装板、真空发生器、压力开关和真空吸盘等主要部件构成，如图 4-47 所示。其中，吸盘安装板固定在机器人末端机械法兰上，吸盘安装位置未知。

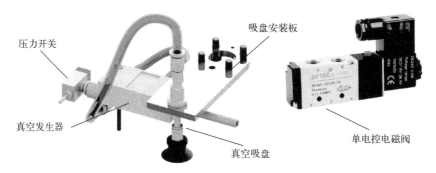

图 4-47　码垛机器人的末端执行器总成

料盘由库盘和目标盘构成，安装在工业机器人两侧。每个盘中有 8 个圆周布置的圆孔位置和 1 个在中心的方槽位置，如图 4-48 所示。

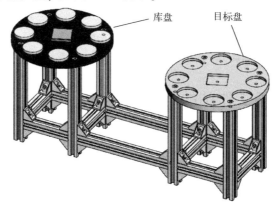

图 4-48　料盘示意图

控制盒部分中有 3 个按钮、3 个状态指示灯、1 个电源指示灯，4 个电磁阀（即控制上述 2 个气爪和 2 个气缸动作的电磁阀）、2 个接线柱和 1 个并口快插模块，如图 4-49 所示。

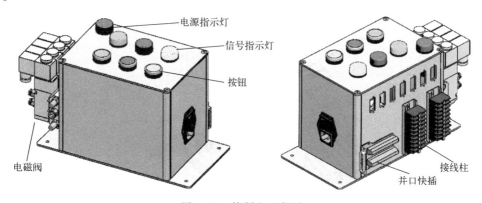

图 4-49　控制盒示意图

本次任务需要设计机器人与外围电气元器件的电气系统，实现将3个按钮、1个两线式传感器（磁环开关）、4个指示灯和1个电磁阀等输入输出元器件接入机器人控制器的目的；要求电路具有区域模块化、快插式插拔设计，能够快速排除电路故障及快速更换电路中的元器件。

二、相关知识链接

涉及的知识：机器人本体内部电、气回路构成；抓手输入输出电缆接头的引脚定义；抓手输入输出信号引脚的回路规格；抓手参数类型、功能及其设置方法；示教器抓手控制界面的构成与操作方法。

三、任务实施

1. 电路设计与连接

（1）分配抓手控制信号引脚与信号地址

该工作站中用到的各类输入输出元器件以及占用机器人的输入输出控制引脚、信号地址分配见表4-9。

表4-9　码垛搬运工作站的输入输出元器件的控制引脚与信号地址分配表

输 出 信 号						输 入 信 号					
序号	符号	名称	功能	引脚	地址	序号	符号	名称	功能	引脚	地址
1	HL1	绿灯	运行中	GR1	900	1	SB1	按钮	启动	HC1	900
2	HL2	红灯	暂停/报警中	GR2	901	2	SB2	按钮	暂停	HC2	901
3	HL3	黄灯	待机/手动中	GR3	902	3	SB3	按钮	复位	HC3	902
4	YV1	电磁阀	抓手吸/放控制	GR4	903	4	SP1	压力开关	抓手吸/放检测	HC4	903

（2）绘制原理图

绘制输入输出电缆接线原理图如图4-50所示。

（3）绘制元器件布局图（框图）

机器人输入输出电缆一共有HC1、HC2、GR1、GR2这4个接头，这些接头安装在机器人前臂的储纳室里，为了将这些接头中的各个引脚延伸到外部控制盒中，在前臂配备了一个26孔的并口快插模块（母头），记为1#DB25F。1#DB25F的一头为25个接线柱（抓手输入输出电缆中的有关引脚可接入这些接线柱上），另一头为26孔引脚的并口母头。机器人前臂的抓手I/O电缆接头和并口快插模块在机器人手臂上的布置情况如图4-51所示，需要注意的是，抓手检测传感器SP1也安装在机器人手臂上。

为了将机器人输入输出电缆中的各个引脚接入控制盒中并分布出来，在控制盒这一侧也配置了一个25针的并口快插模块（公头），记为2#DB25M，2#DB25M的一头为25个接线柱，另一头为25针引脚的并口公头，用一根25芯的公对母并口电缆与1#DB25F模块连接。由于外围设备中有多个电气元器件用到24V+和24GND，故在控制盒中配置了2个10口的接线柱，分别用于分布10个24V+口和24GND口。为了便于快速地将外部元器件接入回路或从回路中移除，配置了9套免焊快插接头（每套由1个公头和1个母座构成），用1#XED~9#XED表示。具体如图4-52所示。

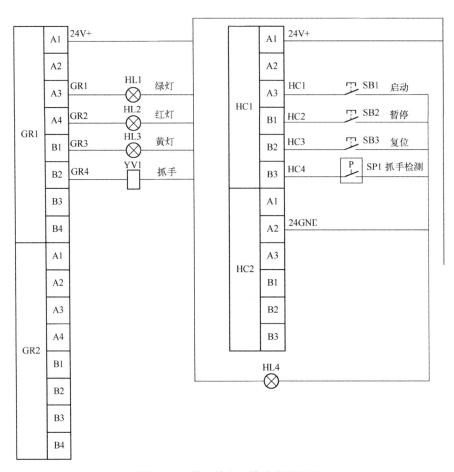

图 4-50　输入输出电缆接线原理图

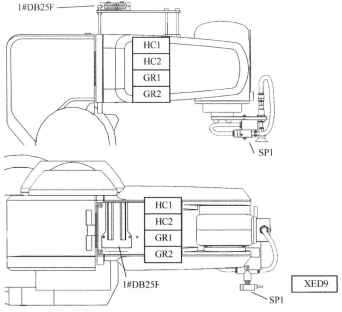

图 4-51　机器人侧元器件布局图

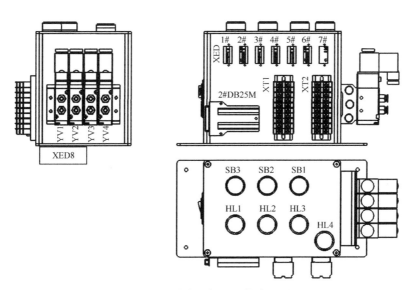

图 4-52 控制盒侧元器件布局图

（4）绘制接线图并接线

根据机器人输入输出回路原理图和元器件布局图中所用的元器件，以元器件所在区域为单位分别设计机器人侧和控制盒侧的接线图，如图 4-53 和图 4-54 所示。最后，以此接线图为技术资料指导接线作业。

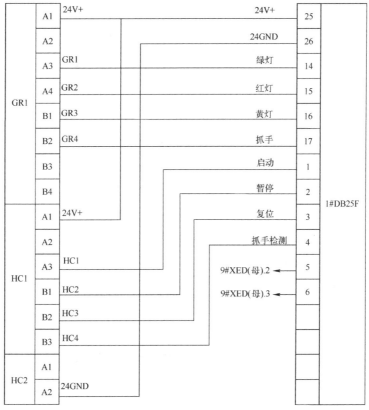

图 4-53 机器人手臂侧接线图

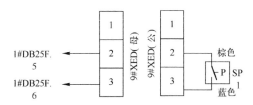

图 4-53　机器人手臂侧接线图（续）

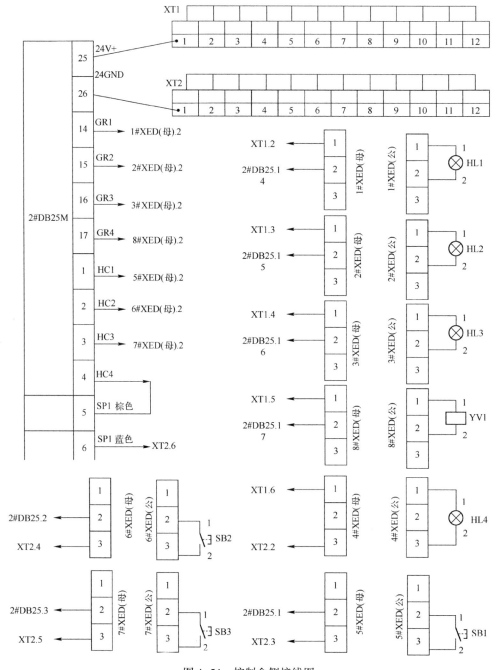

图 4-54　控制盒侧接线图

2. 气路原理图设计与连接

气路原理图设计与连接如图 4-55 所示。

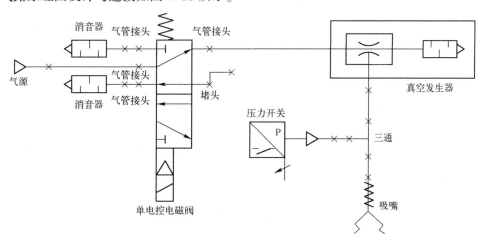

图 4-55 气路原理图

3. 参数设置

根据上述电路设计中的抓手输入输出信号引脚与信号地址分配，在抓手参数中进行设置，需要注意的是，本次项目中采用的是单电控电磁阀控制吸盘，故在"抓手的类型"文本框中选择"单"，设置界面如图 4-56 所示。

图 4-56 抓手引脚的信号地址分配

4. 示教器抓手控制

打开示教器后，按键盘区域左侧部位的"HAND"键，显示器出现抓手控制界面；此时，从下往上依次按键盘区域中的 4 个抓手控制键，可分别控制绿灯、红灯、黄灯和吸嘴。

另外，按控制盒上的绿色、红色和黄色按钮，观察抓手控制界面中 IN-900 一栏的信号显示变化情况。上述操作相关界面如图 4-57 所示。

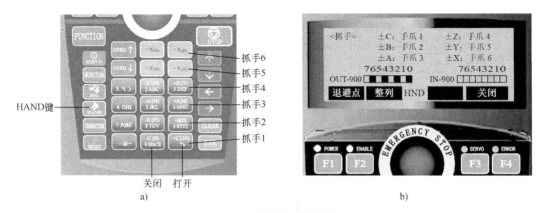

a)   b)

图 4-57　示教器抓手控制界面

实训任务 4.3　机器人搬运单个工件——延时方式

一、任务分析

设计一个搬运工件的机器人任务程序，实现"控制机器人将方块工件从库盘搬运至目标盘"的自动化作业，如图 4-58 所示。要求在吸取工件和释放工件时，采用延时方式确保完成工件的吸放动作；通过机器人控制器面板选择程序、运行程序、暂停程序、复位程序，按控制盒面板上的绿色按钮开始执行任务程序，程序执行一次循环后停止，并等待绿色按钮信号，再开始新的循环。

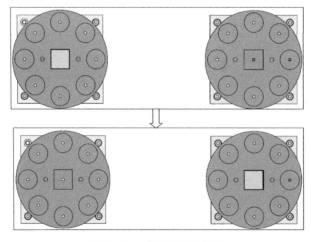

图 4-58　单个搬运示意图

二、相关知识链接

该任务主要训练对机器人本体动作控制、抓手控制、I/O 信号监控、流程控制、相关数据使用、机器人控制器和示教器使用等功能的运用能力。

涉及的知识：Mov 关节插补指令的功能、语法结构；Mvs 直线插补指令的功能、语法结构；Spd 和 JOvrd 调速指令的功能及速度的计算方法、语法结构；伺服上电指令的功能、语法结构；I/O 信号的种类、地址及 I/O 信号的输入输出指令；抓手控制指令与抓手参数设置；Wait 等待指令的功能、语法结构；全局变量 P_Curr 和 M_Svo 的功能与用法；直交位置变量的构成；数据的基本概念及数值型数据的详细知识；Dly 延时指令的功能和语法结构；Hlt 程序暂停指令的功能和语法结构。

三、任务实施

1. 控制流程设计

绘制机器人任务程序的控制流程图，如图 4-59 所示。控制程序的设计过程一般由流程图设计和指令语句编写两部分构成。其中，流程图的设计至关重要，它决定了控制程序的整体结构和逻辑功能，而编写指令语句是用编程语言对控制流程图的翻译过程，是后期编写指令语句的重要参考资料，后期指令语句的编写也会因控制流程图的指引而变得简单。

2. 创建机器人程序文件 "S43"，并编写指令语句

以下程序作为编程参考，请按照图 4-59 所示的流程图完善任务程序。

```
1 '''以下初始化
2 M_Out8(900) = 0              '抓手输出信号初始化
3 Wait M_In(900) = 1           '等待绿色按钮信号
4 Servo On                     '伺服上电命令
5 Wait M_Svo = 1               '等待机器人完成伺服上电
6 PCurr = P_Curr               '获取机器人工具坐标系的当前位姿数据
7 PCurr.Z = PSafe.Z            '事先示教安全高度至 PSafe,并将该高度赋值给当前位置
8 Spd 100                      '设置线性速度为 100mm/s
9 Mvs PCurr                    '从当前位置直线上升至安全高度
10 Dly 0.1                     '等待 0.1s
11 '''以下抓取工件
12 JOvrd 40                    '关节插补速度设置为最高速的 40%
13 Mov PGet,-20                '直线插补至工件抓取位上空 20mm 处,需事先示教工件抓取位
14 Spd 100                     '设置线性速度为 100mm/s
15 Mvs PGet                    '直线插补至工件抓取位
16 Dly 0.1                     '等待 0.1s
17 M_Out(903) = 1              '抓取工件
18 Dly 1                       '等待 1s
19 Spd 60                      '设置线性速度为 60mm/s
20 Mvs PGet,-20                '直线上升至工件抓取位上空 20mm 处
21 ''放置工件
22 JOvrd 40                    '关节插补速度设置为最高速的 40%
23 Mov PPut,-20                '直线插补至工件放置位上空 20mm 处,需事先示教工件放置位
24 Dly 0.1                     '等待 0.1s
25 Spd 80                      '设置线性速度为 80mm/s
```

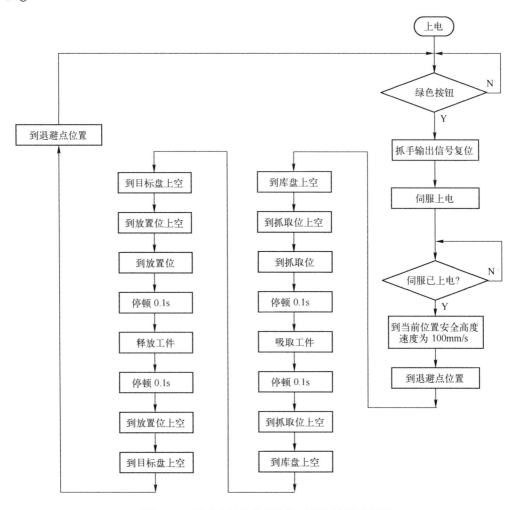

图 4-59　延时确认方式下的搬运任务控制流程图

26 Mvs PPut　　　　　　　　'直线插补至工件放置位

27 Dly 0. 1　　　　　　　　'等待 0. 1 s

28 M_Out(903) = 0　　　　'放置工件

29 Dly 1　　　　　　　　　'等待 1 s

30 Spd 300　　　　　　　　'设置线性速度为 300 mm/s

31 Mvs PPut,-20　　　　　'直线插补至工件放置位上空 20 mm 处

32 Dly 0. 1　　　　　　　　'等待 0. 1 s

33 "回退避点

34 JOvrd 50

35 Mov P_Safe

36 End

PGet = (347. 140,154. 340,572. 300,-179. 980,-0. 080,-180. 000)(7,0)

PPut = (308. 250,139. 610,553. 580,-180. 000,0. 000,180. 000)(7,0)

PSafe = (309. 400,139. 600,613. 570,-180. 000,-0. 010,-180. 000)(7,0)

3. 单步试运行及位置示教

1）下载程序文件至真实机器人控制器。

2）控制器进入手动模式。

3）打开机器人程序文件"S43"。

二维码 4-12

4）单步运行指令语句，并示教 3 个机器人位置数据 PGet、PPut 和 PSafe。

4. 全自动运行

1）关闭示教器使能键。

2）控制器进入自动模式。

3）控制器面板选择机器人程序。

4）设置速度比例为 50%。

5）确认程序步号为 1。

6）启动。

在确保程序全自动运行正常无误后，将控制器速度比例调整为 100%，体验速度效果。

四、任务拓展

请测算出机器人吸嘴末端的工具坐标系相对于机械法兰坐标系的变换数据。通过手动 JOG 验证变换的准确性，并在程序中变换相应的工具坐标系。

实训任务 4.4 机器人搬运单个工件——传感器检测方式

一、任务分析

设计一个搬运工件的机器人任务程序，实现"控制机器人将工件从库盘搬运至目标盘"的自动化作业。要求在吸取工件和释放工件时，采用传感器检测方式确保完成工件的抓放动作，并在超过一定时间后传感器仍未检测到抓放信号时将传感器异常标志位置位，再继续完成下一步动作。通过机器人控制器面板选择程序、运行程序、暂停程序、复位程序，按控制盒面板的绿色按钮开始执行任务程序，程序执行一次循环后停止，并等待绿色按钮信号，再开始新的循环。

二、相关知识链接

该任务主要训练对中断控制、外部传感器信号的读取和子程序控制等功能的运用能力。

涉及的知识：Def…Act 中断定义指令的功能、语法结构；中断开启与关闭功能的语法结构；内部计时器 M_Timer 的功能、语法结构；子程序调用 GoSub 指令的功能、语法结构；不同中断返回方式时 Return 指令的用法。

三、任务实施

1. 控制流程设计

绘制机器人任务程序的控制流程图，如图 4-60 所示。

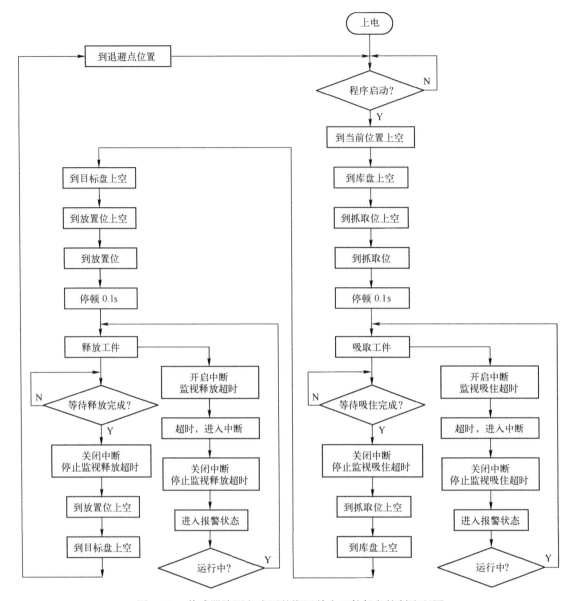

图 4-60　传感器检测方式下的搬运单个工件任务控制流程图

2. 创建机器人程序文件"S44"，并编写指令语句

```
1 '''''''''''''''''''''''''''''''''''''''''''''''''''''''''''''''''''''''''''''''''''''''''''''''''
2 '''''''''''''''''''''''本程序练习中断功能、传感器信号读取和子程序功能''''''''''''
3 ''''''''''''''''''''''''''''''''''''''''''''''''''''''''''''''''''''''''''''''''''''''''''''''''''
4 Wait M_In(900) = 1              '等待绿色按钮信号
5 ''以下初始化
6 Def Act 1, M_Timer(1) > 1000 GoSub *SGetNG        '定义超时的中断
7 Act 1 = 0
8 M_Out8(900) = 0                '抓手输出信号初始化
9 Servo On                      '伺服上电命令
```

10 Wait M_Svo = 1 　　　　　　　'等待机器人完成伺服上电

11 PCurr = P_Curr 　　　　　　　'获取机器人工具坐标系的当前位姿数据

12 PCurr. Z = PSafe. Z 　　　　　'事先示教安全高度至 PSafe,并将该高度赋值给当前位置

13 Spd 100 　　　　　　　　　　　'设置线性速度为 100 mm/s

14 Mvs PCurr 　　　　　　　　　　'从当前位置直线上升至安全高度

15 Dly 0. 1 　　　　　　　　　　　'等待 0. 1 s

16 '''''以下抓取工件

17 JOvrd 40 　　　　　　　　　　　'关节插补速度设置为最高速的 40%

18 Mov PGet, -20 　　　　　　　　'直线插补至工件抓取位上空 20 mm 处,需事先示教工件抓取位

19 Spd 100 　　　　　　　　　　　'设置线性速度为 100 mm/s

20 Mvs PGet 　　　　　　　　　　　'直线插补至工件抓取位

21 Dly 0. 1 　　　　　　　　　　　'等待 0. 1 s

22 M_Out(903) = 1 　　　　　　　'抓取工件

23 M_Timer(1) = 0 　　　　　　　'1 号计时器清零

24 Act 1 = 1 　　　　　　　　　　'1 号中断开启

25 Wait M_In(903) = 1 　　　　　'等待压力开关

26 Act 1 = 0 　　　　　　　　　　'1 号中断关闭

27 Spd 60 　　　　　　　　　　　　'设置线性速度为 60 mm/s

28 Mvs PGet, -20 　　　　　　　　'直线上升至工件抓取位上空 20 mm 处

29 '''''放置工件

30 JOvrd 40 　　　　　　　　　　　'关节插补速度设置为最高速的 40%

31 Mov PPut, -20 　　　　　　　　'直线插补至工件放置位上空 20 mm 处,需事先示教工件放置位

32 Dly 0. 1 　　　　　　　　　　　'等待 0. 1 s

33 Spd 80 　　　　　　　　　　　　'设置线性速度为 80 mm/s

34 Mvs PPut 　　　　　　　　　　　'直线插补至工件放置位

35 Dly 0. 1 　　　　　　　　　　　'等待 0. 1 s

36 M_Out(903) = 0 　　　　　　　'放置工件

37 M_Timer(1) = 0 　　　　　　　'1 号计时器清零

38 Act 1 = 1 　　　　　　　　　　'1 号中断开启

39 Wait M_In(903) = 0 　　　　　'等待压力开关

40 Act 1 = 0 　　　　　　　　　　'1 号中断关闭

41 Spd 300 　　　　　　　　　　　'设置线性速度为 300 mm/s

42 Mvs PPut, -20 　　　　　　　　'直线插补至工件放置位上空 20 mm 处

43 Dly 0. 1 　　　　　　　　　　　'等待 0. 1 s

44 '回退避点

45 JOvrd 50

46 Mov P_Safe

47 End

48 '以下为抓手传感器信号异常时的处理程序

49 　*SGetNG

50 　　Act 1 = 0 　　　　　　　　'1 号中断关闭

51 　　M_Out(255) = 1 　　　　　'假设触摸屏中 255 信号为抓手传感器异常标志位;对于 Q 类型控制器,改为 10255

52 Return 1

需要示教以下位置数据

PGet = (347. 140,154. 340,572. 300,-179. 980,-0. 080,-180. 000) (7,0)

PPut = (308. 250,139. 610,553. 580,-180. 000,0. 000,180. 000) (7,0)

PSafe = (309. 400,139. 600,613. 570,-180. 000,-0. 010,-180. 000) (7,0)

3. 单步试运行及位置示教

1）下载程序文件至真实机器人控制器。

2）控制器进入手动模式。

3）打开机器人程序文件"S44"。

4）单步运行指令语句，并示教 3 个机器人位置数据 PGet、PPut 和 PSafe。

4. 全自动运行

1）关闭示教器使能键。

2）控制器进入自动模式。

3）控制器面板选择机器人程序。

4）设置速度比例为 50%。

5）确认程序步号为 1。

6）启动。

在确保程序全自动运行正常无误后，将控制器速度比例调整为 100%，体验速度效果。

四、任务拓展

用子程序调用的方式，将上述任务程序进一步优化如下：

```
1 '''''''''''''''''''''''''''''''''''''''''''''''''''''''''''''''''''''''''''''''''''''''''''''''''''''
2 '''''''''''''''''''''''本程序练习子程序功能
  ''''''''''''''''''''''
3 '''''''''''''''''''''''''''''''''''''''''''''''''''''''''''''''''''''''''''''''''''''''''''''''''''''
4 Wait M_In(900) = 1              '等待绿色按钮信号
5 GoSub *SINTI                    '调用初始化子程序
6 '以下程序搬运工件
7 GoSub *SGet                     '调用抓取子程序
8 GoSub *SPut                     '调用放置子程序
9 '以下程序回退避点
10 JOvrd 50                       '关节插补速度比例为 50%
11 Mov P_Safe                     '关节插补至退避点
12 End
13 '''以下子程序初始化
14 *SINTI
15     Def Act 1, M_Timer(1) > 1000 GoSub *SGetNG        '定义超时的中断
16     Act 1 = 0
17     M_Out8(900) = 0            '抓手输出信号初始化
18     Servo On                  '伺服上电命令
```

19	Wait M_Svo = 1	'等待机器人完成伺服上电
20	PCurr = P_Curr	'获取机器人工具坐标系的当前位姿数据
21	PCurr. Z = PSafe. Z	'事先示教安全高度至PSafe,并将该高度赋值给当前位置
22	Spd 100	'设置线性速度为100 mm/s
23	Mvs PCurr	'从当前位置直线上升至安全高度
24	Dly 0. 1	'等待0.1 s
25	Return	
26	'''以下子程序抓取工件	
27	*SGet	
28	JOvrd 40	'关节插补速度设置为最高速的40%
29	Mov PGet,−20	'直线插补至工件抓取位上空20 mm处,需事先示教工件抓取位
30	Spd 100	'设置线性速度为100 mm/s
31	Mvs PGet	'直线插补至工件抓取位
32	Dly 0. 1	'等待0.1 s
33	M_Out(903) = 1	'抓取工件
34	M_Timer(1) = 0	'1号计时器清零
35	Act 1 = 1	'1号中断开启
36	Wait M_In(903) = 1	'等待压力开关
37	Act 1 = 0	'1号中断关闭
38	Spd 60	'设置线性速度为60 mm/s
39	Mvs PGet,−20	'直线上升至工件抓取位上空20 mm处
40	Return	
41	''以下子程序放置工件	
42	*SPut	
43	JOvrd 40	'关节插补速度设置为最高速的40%
44	Mov PPut,−20	'直线插补至工件放置位上空20 mm处,需事先示教工件放置位
45	Dly 0. 1	'等待0.1 s
46	Spd 80	'设置线性速度为80 mm/s
47	Mvs PPut	'直线插补至工件放置位
48	Dly 0. 1	'等待0.1 s
49	M_Out(903) = 0	'放置工件
50	M_Timer(1) = 0	'1号计时器清零
51	Act 1 = 1	'1号中断开启
52	Wait M_In(903) = 0	'等待压力开关
53	Act 1 = 0	'1号中断关闭
54	Spd 300	'设置线性速度为300 mm/s
55	Mvs PPut,−20	'直线插补至工件放置位上空20 mm处
56	Dly 0. 1	'等待0.1 s
57	Return	
58	'以下子程序处理中断	
59	*SGetNG	
60	Act 1 = 0	'1号中断关闭
61	M_Out(255) = 1	'假设触摸屏中255信号为抓手传感器异常标志位;对于Q类型

控制器,改为 10255

62 Return 1

示教以下位置变量

PGet=(347.140,154.340,572.300,-179.980,-0.080,-180.000)(7,0)

PPut=(308.250,139.610,553.580,-180.000,0.000,180.000)(7,0)

PSafe=(309.400,139.600,613.570,-180.000,-0.010,-180.000)(7,0)

实训任务 4.5　机器人循环码垛多个工件——传感器检测方式

一、任务分析

设计一个循环码垛工件的机器人任务程序,实现"控制机器人将库盘上 8 个圆形工件依次搬运至目标盘"的自动化作业,如图 4-61 所示。要求机器人启动后,先上升至安全高度后,再回到退避点,并初始化所有输出信号;安全高度为机器人当前位置能达到的最高高度,由程序自动计算并判断;在吸取工件和释放工件时,采用传感器检测方式确保完成工件的抓放动作,并在超过一定时间后传感器仍未检测到抓放信号时将传感器异常标志位置位,再继续完成下一步动作。特别重要的一点是,需要运用实训任务 3.3 所述的工具坐标系测算方法示教出库盘和目标盘上 3 个圆形工件位置几何中心在机器人直交坐标系内的位姿数据,为码垛计算做准备。通过机器人控制器面板选择程序、运行程序、暂停程序、复位程序,按控制盒面板的绿色按钮开始执行任务程序,程序执行一次循环后停止,并等待绿色按钮信号,再开始新的循环。

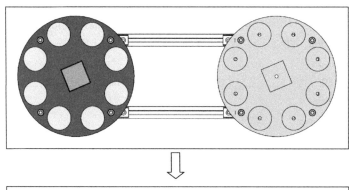

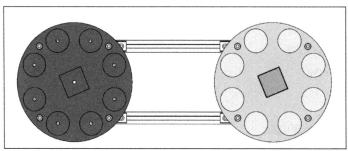

图 4-61　码垛搬运作业示意图

二、相关知识链接

该任务主要训练对码垛控制、循环控制、条件判断、基座坐标系和工具坐标系的位置与姿态数据测算等程序功能的运用能力。

涉及的知识：Def Plt 码垛定义指令的功能、语法结构；Plt 码垛计算指令的功能、语法结构；For…Next 循环语句的功能、语法结构；While 语句的功能、语法结构；PosCq 位置合法判断指令的功能、语法结构；比较运算符；条件判断语句的种类、功能与语法结构；基座变换指令、普通坐标系创建 Fram、坐标系逆变换指令 Inv。

三、任务实施

1. 控制流程设计

绘制机器人任务程序的控制流程图，如图 4-62 所示。

2. 根据任务 3.3 的操作方法，测算出真实码垛盘表面在机器人世界坐标系中的位置与姿态，并创建新的世界坐标系

3. 创建机器人程序文件"S45"，根据图 4-62 所示的控制流程，编写指令语句

```
1  '''''''''''''''''''''''''''''''''''''''''''''''''''''''''''''''''''''''''''''''''''
2  '''''''''''''''''''''''''本程序练习循环控制功能和码垛控制功能   '''''''''''''''''''''
3  '''''''''''''''''''''''''''''''''''''''''''''''''''''''''''''''''''''''''''''''''''
4  Wait M_In(900) = 1                    '等待绿色按钮信号
5  GoSub *SINTI                          '调用初始化程序
6  '以下程序挨个码垛搬运工件
7  For M1 = 1 To 8
8      PGet = Plt 1,M1                   '计算库盘第 M1 个位置数据,赋值给 PGet
9      PPut = Plt 2,M1                   '计算目标盘第 M1 个位置数据,赋值给 PPut
10     GoSub *SGet                       '调用抓取程序
11     GoSub *SPut                       '调用放置程序
12 Next
13 "以下程序回退避点
14 JOvrd 50
15 Mov P_Safe
16 End
17 ""以下子程序初始化
18 *SINTI
19     Def Act 1, M_Timer(1) > 1000 GoSub *SGetNG      '定义超时的中断
20     Def Plt 1,PGet1,PGet2,PGet3,,8,1,13'定义库盘
21     Def Plt 2,PPut1,PPut2,PPut3,,8,1,13'定义目标盘
22     Act 1 = 0
23     M_Out8(900) = 0                   '抓手输出信号初始化
24     Servo On                          '伺服上电命令
25     Wait M_Svo = 1                    '等待机器人完成伺服上电
```

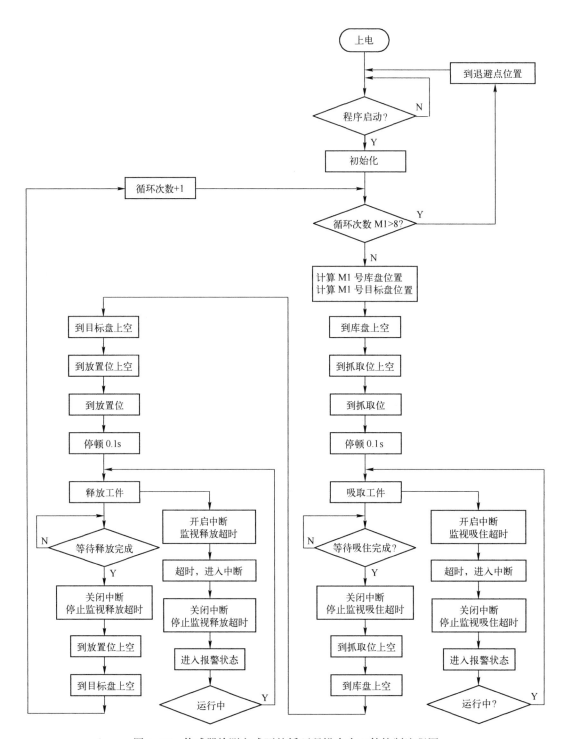

图 4-62　传感器检测方式下的循环码垛多个工件控制流程图

26	PCurr = P_Curr	'获取机器人工具坐标系的当前位姿数据
27	PCurr. Z = 600	'把当前位置的高度修改为 600 mm
28	While PosCq(PCurr) <>1	'判断当前位置的安全高度是否可到达
29	PCurr. Z = PCurr. Z - 30	'将安全高度下降 30 mm
30	WEnd	
31	Spd 100	'设置线性速度为 100 mm/s
32	Mvs PCurr	'从当前位置直线上升至安全高度
33	Dly 0. 1	'等待 0. 1 s
34	Return	
35	"""以下子程序抓取工件	
36	*SGet	
37	JOvrd 40	'关节插补速度设置为最高速的 40%
38	Mov PGet, -20	'直线插补至工件抓取位上空 20 mm 处, 需事先示教工件抓取位
39	Spd 100	'设置线性速度为 100 mm/s
40	Mvs PGet	'直线插补至工件抓取位
41	Dly 0. 1	'等待 0. 1 s
42	M_Out(903) = 1	'抓取工件
43	M_Timer(1) = 0	'1 号计时器清零
44	Act 1 = 1	'1 号中断开启
45	Wait M_In(903) = 1	'等待压力开关
46	Act 1 = 0	'1 号中断关闭
47	Spd 60	'设置线性速度为 60 mm/s
48	Mvs PGet, -20	'直线上升至工件抓取位上空 20 mm 处
49	Return	
50	"""以下子程序放置工件	
51	*SPut	
52	JOvrd 40	'关节插补速度设置为最高速的 40%
53	Mov PPut, -20	'直线插补至工件放置位上空 20 mm 处, 需事先示教工件放置位
54	Dly 0. 1	'等待 0. 1 s
55	Spd 80	'设置线性速度为 80 mm/s
56	Mvs PPut	'直线插补至工件放置位
57	Dly 0. 1	'等待 0. 1 s
58	M_Out(903) = 0	'放置工件
59	M_Timer(1) = 0	'1 号计时器清零
60		'1 号中断开启
61	Wait M_In(903) = 0	'等待压力开关
62	Act 1 = 0	'1 号中断关闭
63	Spd 300	'设置线性速度为 300 mm/s
64	Mvs PPut, -20	'直线插补至工件放置位上空 20 mm 处
65	Dly 0. 1	'等待 0. 1 s

66 Return

67 '以下子程序处理中断

68 　 ∗ SGetNG

69 　　　Act 1 = 0　　　　　　　　　　　'1 号中断关闭

70 　　　M_Out(255) = 1　　　　　　　'假设触摸屏中 255 信号为抓手传感器异常标志位；
　　　　　　　　　　　　　　　　　　　对于 Q 类型控制器，改为 10255

71 Return 1

需要示教以下位置变量的数据：

PGet1 = (0.00,0.00,0.00,0.00,0.00,0.00,0.00,0.00) (,)

PGet2 = (0.00,0.00,0.00,0.00,0.00,0.00,0.00,0.00) (,)

PGet3 = (0.00,0.00,0.00,0.00,0.00,0.00,0.00,0.00) (,)

PPut1 = (0.00,0.00,0.00,0.00,0.00,0.00,0.00,0.00) (,)

PPut2 = (0.00,0.00,0.00,0.00,0.00,0.00,0.00,0.00) (,)

PPut3 = (0.00,0.00,0.00,0.00,0.00,0.00,0.00,0.00) (,)

PSafe = (0.00,0.00,0.00,0.00,0.00,0.00,0.00,0.00) (,)

4. 单步试运行及位置示教

1）下载程序文件至真实机器人控制器。

2）控制器进入手动模式。

3）打开机器人程序文件"S45"。

4）单步运行指令语句，并在新的世界坐标系下示教 3 个机器人位置数据 PGet1、PGet2、PGet3、PPut1、PPut2、PPut3。

5. 全自动运行

1）关闭示教器使能键。

2）控制器进入自动模式。

3）控制器面板选择机器人程序。

4）设置速度比例为 50%。

5）确认程序步号为 1。

6）启动。

在确保程序全自动运行正常无误后，将控制器速度比例调整为 100%，体验速度效果。

四、任务拓展

在上述任务基础上，增加搬运方向在线选择功能。当用户按压红色按钮后，再按压绿色按钮，机器人从红色按钮侧的库盘将工件码垛搬运至黄色按钮侧的目标盘；当用户按压黄色按钮后，再按压绿色按钮，机器人从黄色按钮侧的库盘将工件码垛搬运至红色按钮侧的目标盘；要求在按压绿色按钮后选择搬运方向无效。设计程序如下：

1 '''

2 '''''''''''''''''''本程序练习循环控制功能、码垛控制功能和条件判断功能'''''''''

3 '''

4 '以下程序选择搬运方向

5 While M_In(900)　 <> 1　　　　　　　'等待绿色按钮信号

6	If M_In(901) = 1 Then	'从左边搬运到右边
7	Mplt1 = 1	'将第一个盘(红色按钮侧)设定为库盘
8	Mplt2 = 2	'将第二个盘(黄色按钮侧)设定为目标盘
9	EndIf	
10	If M_In(902) = 1 Then	'从右边搬运到左边
11	Mplt1 = 2	'将第二个盘(黄色按钮侧)设定为库盘
12	Mplt2 = 1	'将第一个盘(红色按钮侧)设定为目标盘
13	EndIf	
14	WEnd	
15	GoSub *SINTI	'调用初始化程序
16	'以下程序挨个码垛搬运工件	
17	For M1 = 1 To 8	
18	PGet = Plt Mplt1,M1	'计算库盘第 M1 个位置数据,赋值给 PGet
19	PPut = Plt Mplt2,M1	'计算目标盘第 M1 个位置数据,赋值给 PPut
20	GoSub *SGet	'调用抓取程序
21	GoSub *SPut	'调用放置程序
22	Next	
23	"以下程序回退避点	
24	JOvrd 50	'关节插补指令速度比例为50%
25	Mov P_Safe	'关节插补至退避点位置
26	End	
27	'"以下子程序初始化	
28	*SINTI	
29	Def Act 1, M_Timer(1) > 1000 GoSub *SGetNG	'定义超时的中断
30	Act 1 = 0	
31	M_Out8(900) = 0	'抓手输出信号初始化
32	Servo On	'伺服上电命令
33	Wait M_Svo = 1	'等待机器人完成伺服上电
34	PCurr = P_Curr	'获取机器人工具坐标系的当前位姿数据
35	PCurr. Z = PSafe. Z	'事先示教安全高度至 PSafe,并将该高度赋值给当前位置
36	Spd 100	'设置线性速度为100 mm/s
37	Mvs PCurr	'从当前位置直线上升至安全高度
38	Dly 0. 1	'等待 0. 1 s
39	Return	
40	'"'以下子程序抓取工件	
41	*SGet	
42	JOvrd 40	'关节插补速度设置为最高速的40%
43	Mov PGet,−20	'直线插补至工件抓取位上空 20 mm 处,需事先示教工件抓取位
44	Spd 100	'设置线性速度为100 mm/s
45	Mvs PGet	'直线插补至工件抓取位
46	Dly 0. 1	'等待 0. 1 s

47	M_Out(903) = 1	'抓取工件
48	M_Timer(1) = 0	'1 号计时器清零
49	Act 1 = 1	'1 号中断开启
50	Wait M_In(903) = 1	'等待压力开关
51	Act 1 = 0	'1 号中断关闭
52	Spd 60	'设置线性速度为 60 mm/s
53	Mvs PGet,-20	'直线上升至工件抓取位上空 20 mm 处

54 Return

55 ''以下子程序放置工件

56 *SPut

57	JOvrd 40	'关节插补速度设置为最高速的 40%
58	Mov PPut,-20	'直线插补至工件放置位上空 20 mm 处,需事先示教工件放置位
59	Dly 0.1	'等待 0.1 s
60	Spd 80	'设置线性速度为 80 mm/s
61	Mvs PPut	'直线插补至工件放置位
62	Dly 0.1	'等待 0.1 s
63	M_Out(903) = 0	'放置工件
64	M_Timer(1) = 0	'1 号计时器清零
65	Act 1 = 1	'1 号中断开启
66	Wait M_In(903) = 0	'等待压力开关
67	Act 1 = 0	'1 号中断关闭
68	Spd 300	'设置线性速度为 300 mm/s
69	Mvs PPut,-20	'直线插补至工件放置位上空 20 mm 处
70	Dly 0.1	'等待 0.1 s

71 Return

72 '以下子程序处理中断

73 *SGetNG

74	Act 1 = 0	'1 号中断关闭
75	M_Out(255) = 1	'假设触摸屏中 255 信号为抓手传感器异常标志位;对于 Q 类型控制器,改为 10255

76 Return 1

示教以下位置变量:

PGet1 = (347.140,154.340,572.300,-179.980,-0.080,-180.000)(7,0)

PGet2 = (347.140,154.340,572.300,-179.980,-0.080,-180.000)(7,0)

PGet3 = (347.140,154.340,572.300,-179.980,-0.080,-180.000)(7,0)

PPut1 = (308.250,139.610,553.580,-180.000,0.000,180.000)(7,0)

PPut2 = (308.250,139.610,553.580,-180.000,0.000,180.000)(7,0)

PPut3 = (308.250,139.610,553.580,-180.000,0.000,180.000)(7,0)

PSafe = (309.400,139.600,613.570,-180.000,-0.010,-180.000)(7,0)

项目 5 工业机器人上下料工作站的现场编程与实操

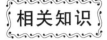

知识 5.1 机器人并行 I/O 扩展板

5.1.1 板卡简要介绍

对于 SD、FD 型机器人产品，系统默认配置有 8 个输入/输出引脚；当该 8 个 I/O 引脚不够用时，可以配置并行 I/O 扩展板卡，板卡型号为 2D-TZ368，如图 5-1 所示。每块并行 I/O 板卡可扩展 32 个输入/输出引脚。

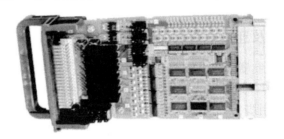

图 5-1 并行 I/O 扩展板卡外观

不同型号的机器人控制器，并行 I/O 扩展板的插槽数量与位置略有不同。比如 CR1D 控制器上只有 1 个 I/O 扩展板的插槽，插槽位置位于控制器背面的 SLOT1，如图 5-2 所示。

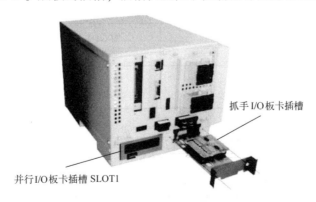

抓手 I/O 板卡插槽

并行 I/O 板卡插槽 SLOT1

图 5-2 CR1D 控制器面板上的并行 I/O 板卡插槽

CR750 控制器上有 2 个 I/O 扩展板的插槽，插槽位置位于控制器正面的 SLOT1 和 SLOT2，如图 5-3 所示。

图 5-3　CR750 控制器面板上的并行 I/O 板卡插槽

　　CR751 控制器上有 2 个 I/O 扩展板的插槽，插槽位置位于控制器正面的 SLOT1 和 SLOT2，如图 5-4 所示。

图 5-4　CR751 控制器面板上的并行 I/O 板卡插槽

5.1.2　板卡外部接头及连接电缆的引脚定义

　　并行 I/O 板卡插入控制器面板上的 SLOT1 插槽中，占用 0~31 号 I/O 地址，插入 SLOT2 插槽中，占用 32~63 号 I/O 地址，实现外部信号的输入输出，见表 5-1。每块板卡有 2 个接口，每个接口有 40 个引脚，分别记为 1A~20A、1B~20B、1C~20C、1D~20D，如图 5-5 所示。板卡上的接口通过连接电缆 2D-CBL（图 5-6a）及中继端子模块 FX-40BB（图 5-6b）才能与外部设备连接，如按钮和指示灯。详细请查阅三菱工业机器人相关说明书。

表 5-1　插槽号与 I/O 信号地址分配

插槽编号	站　号	通用输入输出编号范围	
		连接器<1>	连接器<2>
SLOT1	0	输入：0~15 输出：0~15	输入：16~31 输出：16~31
SLOT2	1	输入：32~47 输出：32~47	输入：48~63 输出：48~63

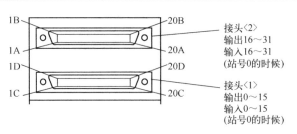

图 5-5　并行 I/O 板卡的输入输出接头引脚配置图

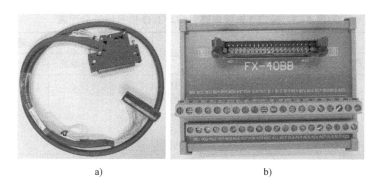

图 5-6　连接电缆与中继模块

a) 连接电缆　b) 中继端子模块

　　安装在 SLOT1 中的并行 I/O 板卡的连接器针编号及信号地址分配见表 5-2 和表 5-3。安装在 SLOT2 插槽中的情况下，信号地址相应增加 32。

表 5-2　接口 1 连接电缆引脚与 I/O 信号地址分配表

针编号	线色	通用输入输出编号范围		针编号	线色	通用输入输出编号范围	
		信号地址	电源·公共端			信号地址	电源·公共端
1C	橙红 a		0 V：5D~20D 针用	1D	橙黑 a		12 V/24 V：5D~20D 针用
2C	灰红 a		COM：5C~20C 针用①	2D	灰黑 a		空余
3C	白红 a		空余	3D	白黑 a		空余
4C	黄红 a		空余	4D	黄黑 a		空余
5C	桃红 a	通用输入 15		5D	桃黑 a	通用输出 15	
6C	橙红 b	通用输入 14		6D	橙黑 b	通用输出 14	
7C	灰红 b	通用输入 13		7D	灰黑 b	通用输出 13	
8C	白红 b	通用输入 12		8D	白黑 b	通用输出 12	
9C	黄红 b	通用输入 11		9D	黄黑 b	通用输出 11	
10C	桃红 b	通用输入 10		10D	桃黑 b	通用输出 10	
11C	橙红 c	通用输入 9		11D	橙黑 c	通用输出 9	
12C	灰红 c	通用输入 8		12D	灰黑 c	通用输出 8	
13C	白红 c	通用输入 7	操作权输入信号②	13D	白黑 c	通用输出 7	
14C	黄红 c	通用输入 6		14D	黄黑 c	通用输出 6	
15C	桃红 c	通用输入 5		15D	桃黑 c	通用输出 5	
16C	橙红 d	通用输入 4	伺服 ON 输入信号②	16D	橙黑 d	通用输出 4	操作权输出信号②
17C	灰红 d	通用输入 3	启动输入②	17D	灰黑 d	通用输出 3	出错发生中输出信号②
18C	白红 d	通用输入 2	出错复位输入信号②	18D	白黑 d	通用输出 2	伺服 ON 输出信号②
19C	黄红 d	通用输入 1	伺服 OFF 输入信号②	19D	黄黑 d	通用输出 1	运行中信号②
20C	桃红 d	通用输入 0	停止输入③	20D	桃黑 d	通用输出 0	

　　① 漏型 12 V/24 V（COM），源型：0V（COM）。

　　② 出厂时分配有专用信号。可通过参数进行更改。

　　③ 出厂时分配有专用信号（停止）。信号编号固定。

表 5-3　接口 2 连接电缆引脚与 I/O 信号地址分配表

针编号	线色	通用输入输出编号范围		针编号	线色	通用输入输出编号范围	
		信号地址	电源·公共端			信号地址	电源·公共端
1A	橙红 a		0 V：5B~20B 针用	1B	橙黑 a		12 V/24 V：5B~20B 针用
2A	灰红 a		COM：5A~20A 针用①	2B	灰黑 a		空余
3A	白红 a		空余	3B	白黑 a		空余
4A	黄红 a		空余	4B	黄黑 a		空余
5A	桃红 a	通用输入 31		5B	桃黑 a	通用输出 31	
6A	橙红 b	通用输入 30		6B	橙黑 b	通用输出 30	
7A	灰红 b	通用输入 29		7B	灰黑 b	通用输出 29	
8A	白红 b	通用输入 28		8B	白黑 b	通用输出 28	
9A	黄红 b	通用输入 27		9B	黄黑 b	通用输出 27	
10A	桃红 b	通用输入 26		10B	桃黑 b	通用输出 26	
11A	橙红 c	通用输入 25		11B	橙黑 c	通用输出 25	
12A	灰红 c	通用输入 24		12B	灰黑 c	通用输出 24	
13A	白红 c	通用输入 23		13B	白黑 c	通用输出 23	
14A	黄红 c	通用输入 22		14B	黄黑 c	通用输出 22	
15A	桃红 c	通用输入 21		15B	桃黑 c	通用输出 21	
16A	橙红 d	通用输入 20		16B	橙黑 d	通用输出 20	
17A	灰红 d	通用输入 19		17B	灰黑 d	通用输出 19	
18A	白红 d	通用输入 18		18B	白黑 d	通用输出 18	
19A	黄红 d	通用输入 17		19B	黄黑 d	通用输出 17	
20A	桃红 d	通用输入 16		20B	桃黑 d	通用输出 16	

① 漏型 12 V/24 V（COM），源型：0V（COM）。

5.1.3　电气规格与回路连接

每一个输入、输出信号的回路必须按照表 5-4 和表 5-5 所示的规格连接。

表 5-4　并行 I/O 板卡的输入电路电气规格

项　目		规　格		内　部　电　路
形式		DC 输入		
输入点数		32		
绝缘方式		光耦合器绝缘		
额定输入电压		DC12V	DC24V	
额定输入电流		约 3 mA	约 9 mA	
使用电压范围		DC10.2~26.4 V（波特率 5% 以内）		
ON 电压/ON 电流		DC8V 以上/2 mA 以上		
OFF 电压/OFF 电流		DC24V 以下/1 mA 以下		
输入电阻		约 2.7 kΩ		
响应时间	OFF-ON	10 ms 以下（DC24V）		
	ON-OFF	10ms 以下（DC24V）		
公共端方式		32 点 1 个公共端		
外连接方式		连接器		

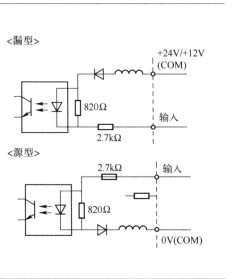

表 5-5 并行 I/O 板的输出电路电气规格

项 目		规 格	内 部 电 路
形式		晶体管输出	
输入点数		32	
绝缘方式		光耦合器绝缘	
额定负载电压		DC12V/DC24V	
额定负载电压范围		DC10.2~30V（峰值电压 30 V）	
最大负载电流		0.1A/1 点（100%）	
OFF 时泄漏电流		0.1 mA 以下	
ON 时最大电压降		DC0.9V（TYP）	
响应时间	OFF-ON	10 ms 以下（电阻负载）（硬件响应时间）	
	ON-OFF	10 ms 以下（电阻负载）（硬件响应时间）	
额定熔丝		熔丝 1.6 A（1 个公共端 1 个熔丝）可更换熔丝（最多 3 个）	
公共端方式		16 点 1 个公共端（公共端端子，2 点）	
外连接方式		连接器	
外部供应电源	电压	DC12/24 V（DC10.2~30 V）	
	电流	60 mA（TYP，DC24V 每一个公共端）（基座驱动电流）	

其中，输入回路用外接直流电源供电，必须符合表 5-4 中规定的电气规格，否则可能导致输入回路内部元器件损坏。对于漏型并行 I/O 板卡的输入回路来说，高电平接入 COM 端，低电平接信号端有效；对于源型并行 I/O 板卡的输入回路来说，低电平接入 COM 端，高电平接信号端有效。

以并行 I/O 模块的输入回路和三菱 PLC 输出模块连接为例，设计连接回路如图 5-7 所示。

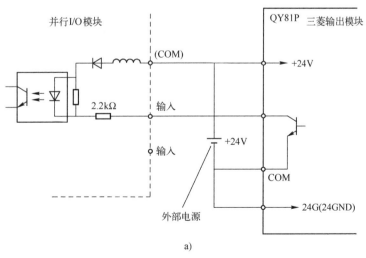

a)

图 5-7 并行 I/O 模块的输入回路连接实例

a）漏型

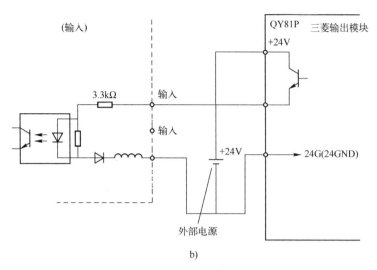

图 5-7　并行 I/O 模块的输入回路连接实例（续）

b）源型

　　输出回路用外接直流电源供电，必须符合表 5-5 中规定的电气规格，否则可能导致输出回路内部元器件损坏。对于漏型并行 I/O 板卡的输出回路来说，输出信号 ON 时，信号端与低电平导通；对于源型并行 I/O 板卡的输出回路来说，输出信号 ON 时，信号端与低电平形成电势差。

　　输出电路的熔丝是用于防止负载短路时或错误连接时的故障。所连接的负载不能超过最大额定电流。如果超过最大额定电流，则有可能导致内部晶体管损坏。

　　以并行 I/O 模块的输出回路和三菱 PLC 输入模块连接为例，设计连接回路如图 5-8 所示。

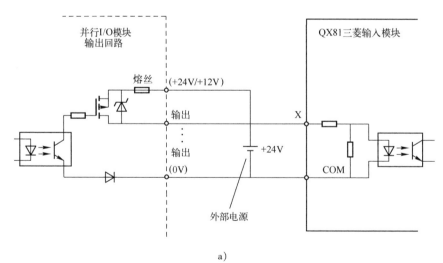

a）

图 5-8　并行 I/O 模块的输出回路连接实例

a）漏型

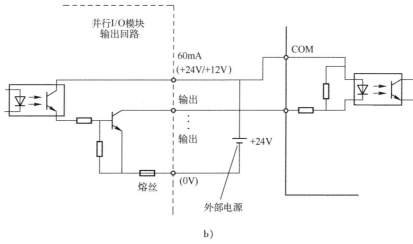

b)

图 5-8　并行 I/O 模块的输出回路连接实例（续）

b）源型

知识 5.2　多任务处理功能

5.2.1　多任务处理功能的基本概念

机器人任务程序文件只有被加载至机器人的任务插槽中，其程序指令语句才能自动地被逐条执行；一个任务插槽一次只能加载一个机器人任务程序文件。三菱工业机器人出厂时的默认配置为 8 个任务插槽，最多可扩展至 32 个任务插槽。

所谓多任务处理功能是指将 2 个及 2 个以上的机器人任务程序文件分别加载至相应个数的任务插槽中，进行并列处理的功能（如加载、运行、复位、暂停、清除等），如图 5-9 所示。

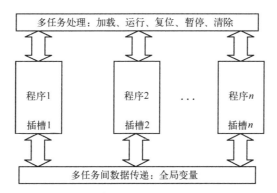

图 5-9　多任务处理功能示意图

但是，需要特别注意的是，多任务运行并不是真正让控制器同时执行多个程序文件内的指令语句，而是在单线程多任务的处理模式下，以轮回循环的方式，从任务插槽 1 开始执行指定行数的指令语句后，再执行下一个插槽内指定行数的指令语句，如此周而复始（行数可变更，由该程序所在的任务插槽中设定的优先级而定，详细请参见知识 5.2.3 中任务插槽参数的设置）。

5.2.2　多任务处理功能的使能设置

想要在上电自动运行的插槽中执行 XRun、XLoad、XStp、Servo、XRst、Reset Error 等指令，必须先将 ALWENA 参数的值设为 1，见表 5-6。

表 5-6　ALWENA 参数设置说明

参　　　数	参 数 名	数据类型及个数	内 容 说 明	默认时设定值
将在通常执行程序内的多任务指令（如 XRun、XLoad 等）、Servo 指令、Reset Error 指令设定为可以执行	ALWENA	整数，1 个	在 SLT＊参数里被设定为 ALWAYS 执行的程序内将 XRun、XLoad、XStp、Servo、XRst、Reset Error 指令设为能够执行 设定值=1：可以执行 设定值=0：不可执行	0（不可执行）

5.2.3　多任务处理功能的基本类型

多任务处理功能包括在任务插槽中加载、运行、暂停、复位和清除程序文件这 5 种基本类型。以下详细介绍各种处理功能类型的操作方法。

1.　在任务插槽中加载程序

只要插槽处于程序可选择状态，即可通过控制器面板的程序选择、任务插槽参数的设置和加载指令的执行 3 种方式为插槽加载程序文件。有关通过控制器面板选择程序的加载方式介绍，请参见知识 2.9。以下详细介绍通过任务插槽参数的设置和加载指令的执行两种加载方式。

（1）通过任务插槽参数的设置

打开插槽参数设置界面，如图 5-10 所示，可以看到任务插槽参数设置的内容有程序名、运行模式、启动条件和优先级。设定意义如下。

图 5-10　插槽参数设置界面

1）程序名：为当前插槽选择控制器中保存的某个程序文件，并加载至该插槽中。一个插槽一次只能加载一个程序文件。特别注意，通过控制器面板选择的程序会被默认加载至插槽 1 中，因此，即使事先已经通过参数设定方式为插槽 1 加载某一程序（假定程序名是

S1），一旦通过控制器面板选择了另一程序文件时（假定程序名为 S2），事先加载的程序文件 S1 也会被覆盖。因此，对于有控制器面板的机器人系统，要特别注意插槽 1 中加载的程序文件名，具体见表 5-7。

表 5-7　程序名选择

参 数 名	初 始 值	可 设 定 值	说　　明
程序名	STL1：空或控制器面板选择的程序 STL2～STL32：空	控制器中保存的程序文件	当前加载至插槽中的程序文件名会显示在这个参数上

2）运行模式：指定当前插槽是连续循环运行程序文件还是单周循环运行程序文件，具体见表 5-8。

表 5-8　运行模式选择

参 数 名	初 始 值	可 设 定 值	说　　明
运行模式	REP	REP：连续	若指定 REP 运行，程序执行中遇到 End 指令或最后一行指令语句时，则会自动从第 1 步语句开始继续重复执行
		CYC：单周	若指定 CYC 运行，程序执行中遇到 End 指令或最后一行指令语句时，程序执行状态则会进入暂停中。再次运行插槽时会重复循环一次

3）启动条件：指定当前插槽运行程序的时机。从这个部分的说明中可以明确一点，保存在控制器中的程序文件需要借助插槽的运行才能被执行，而插槽运行的条件有 3 种，分别为 START 信号启动、ALWAYS 上电自动运行和 ERROR 错误发生时启动，详细介绍见表 5-9。

表 5-9　启动条件选择

参 数 名	初 始 值	可 设 定 值	说　　明
启动条件	START	START：当控制器面板的 START 按钮、I/O 信号中的 START 信号为 ON 时，插槽被运行	一般把主程序的启动条件设定为该方式
		ALWAYS：当控制器上电时，插槽被运行	上电自动运行的插槽中加载的程序文件不能执行 Mov 等动作控制指令语句。上电自动运行的插槽不能被控制器面板或外部 I/O 信号停止，也不能被紧急停止
		ERROR：当控制发生错误时，插槽被运行	错误发生后运行的插槽中加载的程序文件不能执行 Mov 等动作控制指令语句

4）优先级：由于机器人控制器采用单线程多任务的执行方式，因此，当有 2 个及以上的插槽在"同时"启动运行程序文件时，必须为每个任务插槽设定轮循时执行指令语句的行数，即当轮到运行某一个插槽时，该插槽执行指令语句的行数。例如，插槽 1 优先级设定 2，插槽 2 优先级设定 4，插槽 3 优先级设定 1，则轮到插槽 1 执行程序指令语句时，依次执行插槽 1 程序文件的 2 行指令语句；再把程序执行权交给插槽 2，插槽 2 中的程序文件

会有4行指令语句被依次执行；再把程序执行权交给插槽3，插槽3中的程序文件会有1行指令语句被依次执行，每一个插槽最多可设置31个优先级，见表5-10。按照上述执行方式周而复始地循环轮换程序执行权，图5-11所示。

表5-10　优先级选择

参 数 名	初 始 值	可 设 定 值	说 明
优先级	1	1~31	数字越大，依次执行的指令语句行数越多

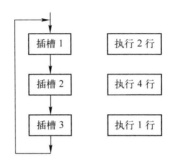

图5-11　单线程多任务的轮循执行举例

参数设置步骤如图5-12所示。

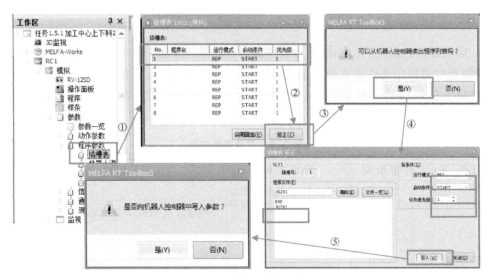

图5-12　插槽参数设置举例

（2）通过加载指令 XLoad 的执行

无论是离线虚拟仿真还是在线现场操作，通过指令调用方式加载机器人程序文件的步骤和内容基本一致。

在使用加载指令给插槽加载程序文件之前，必须通过控制器面板或参数设置的方式将一个程序文件加载至任务插槽中，再在该程序文件中添加程序文件加载指令语句，才能实现该方式下的程序文件加载。程序加载指令 XLoad 的功能、语法结构和使用说明如下：

【指令】

　　XLoad

【功能】

　　从指令所在程序行,为指定插槽加载指定程序。

【语法结构】

　　XLoad　　<插槽号码> <程序名>

【参数】

　　<插槽号码>:指定 1~32 的插槽号码。以常数或变量指定。

　　< 程序名>:指定程序名。以常数或变量指定。

【举例】

　　1 If M_Psa(2)= 0 Then ＊LblRun　　　　　　　　'确认插槽 2 的程序可以选择状态

　　2 XLoad 2,"10"　　　　　　　　　　　　　　　　'在插槽 2 选择程序 10

　　3 ＊L30:If C_Prg(2)<>"10" Then GoTo ＊L30　　'到载入前等待

　　4 XRun 2　　　　　　　　　　　　　　　　　　'启动插槽 2

　　5 Wait M_Run(2)= 1　　　　　　　　　　　　　'等待插槽 2 的启动确认

　　6 ＊LblRun　　　　　　　　　　　　　　　　　'插槽 2 在运行中的情况,从这里开始执行

【说明】

　　1)指定的程序不存在的情况下,会发生报警。

　　2)指定的程序被其他的插槽选择的情况下,执行时会发生报警。

　　3)指定的程序在编辑中的情况下,执行时会发生报警。

　　4)指定的插槽在运行中的情况下,执行时会发生报警。

　　5)程序名的指定以双引号("程序名")来指定。

　　6)在 ALWAYS 常时执行插槽中运行的程序内,若要使用该指令语句,必须先将参数【ALWENA】参数设置为 1,否则,执行时会报警。参数设置后断电重启才有效。

　　7)在 XLoad 执行后,若执行 XRun,因为程序在加载中所以会发生报警,必要情况下,可与上述程序样例中的第 3 步一样,等待目标插槽加载程序完成后再执行启动。

　　只有当插槽处于程序可选择状态下, 才能为该插槽选择程序。因此, 在执行加载指令之前, 必须先确认目标插槽是否处于程序可选择状态。程序可选择特殊状态变量 M_Psa 的功能、语法结构和使用说明如下:

【指令】

　　M_Psa

【功能】

　　已指定的任务插槽返还为程序可选择。该变量为只读变量。

　　1:可以选择程序

　　0:不可选择程序

【语法结构】

　　<数值变量>＝M_Psa[(<数式>)]

【参数】

　　<数值变量>:指定代入的数值变量。

　　<数式>:1~32、输入任务插槽号码。省略时为现在的插槽号码。

【举例】

　　1 M1＝M_Psa(2)　　　'在 M1 输入任务插槽 2 的程序可以选择状态

XLoad 指令语句执行的速度快于插槽加载程序文件的响应速度。只有当插槽内的程序名为目标程序名时，才能认为插槽中的程序已经加载完成。因此，在执行加载指令 XLoad 后，还必须等待插槽中的程序名为目标程序名。插槽程序名特殊状态变量 C_Prg 的功能、语法结构和使用说明如下：

【指令】
　　C_Prg
【功能】
　　返回已选择的程序名，以字符串表示。该变量为只读变量。
【语法结构】
　　<字符串变量>=C_Prg[(<数值>)]
【参数】
　　<字符串变量>:指定代入的字符串变量。
　　<数值>:1~32,代入任务插槽号码。省略时为 1。
【举例】
　　1 C1 $=C_Prg(1)　　'在 C1 $代入 "10"（程序号码为 10 的情况）

综上，通过加载指令语句为插槽加载程序文件的基本流程如图 5-13 所示。

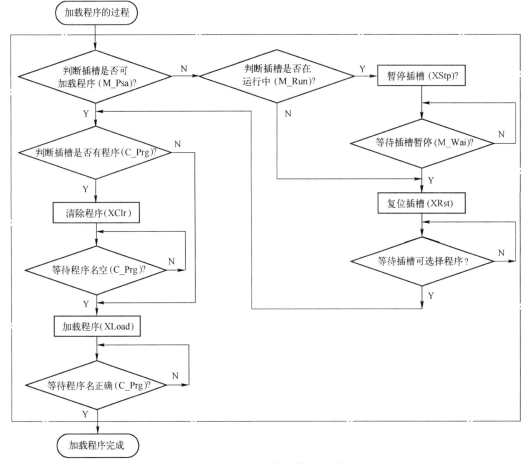

图 5-13　插槽加载程序文件的基本流程

2. 在任务插槽中运行程序

只有先将程序文件加载至任务插槽后，才能启动任务插槽，自动地运行程序文件。

任务插槽运行的启动条件有3种，分别为启动信号运行（START）、上电自动运行、错误发生时运行。

这3种启动条件的设置可通过任务插槽参数设置来实现，设置的详细说明如下。

（1）START启动信号运行

将插槽参数〔SLT *〕的启动条件设定为START，则控制器在处于暂停或待机状态下，收到START启动命令时，对应插槽立即运行所加载的程序文件。

START启动命令可由控制器面板上的START按钮、专用START输入信号和XRun指令3种方式输入。前两种方式的有关说明请参见三菱工业机器人的编程技术手册，本节只对XRun指令方式做详细介绍。XRun指令的功能、语法结构和使用说明如下：

【指令】

　　XRun

【功能】

　　在程序中启动指定的插槽或将指定的程序文件加载至指定的插槽中后启动该插槽。

【语法结构】

　　XRun　<插槽号码>〔,〔"<程序名>"〕〔,<运行模式>〕〕

【参数】

　　<插槽号码>：指定1~32的插槽号码。以常数或变量指定。

　　<程序名>：指定程序名。以字符串常数或字符串变量指定。

　　　　　　　　指定的插槽里已有程序的情况下可以省略。

　　<运行模式>：0=连续运行；1=循环停止运行；省略时会变成当前的模式运行。以常数或变量
　　　　　　　　指定。

【举例】

　　（1）以XRun指令指定程序运行的情况（连续运行）

　　1 XRun 2,"1"　　　　　　　　　　　　　　　'程序1以插槽2启动

　　2 Wait M_Run(2)=1　　　　　　　　　　　　'等待插槽2启动完成

　　（2）以XRun指令指定程序运行的情况（循环运行）

　　1 XRun 3,"2",1　　　　　　　　　　　　　　'将程序2在插槽3以循环运行模式启动

　　2 Wait M_Run(3)=1　　　　　　　　　　　　'等待插槽3启动完成

　　（3）使用XLoad指令指定程序运行的情况（连续运行）

　　1 XLoad 2, "1"　　　　　　　　　　　　　　'在插槽2中加载程序文件"1"

　　2 *LBL：If C_Prg(2)<>"1" Then GoTo *LBL　'等待到加载完成为止

　　3 XRun 2　　　　　　　　　　　　　　　　　'将插槽2启动

　　（4）使用XLoad指令指定程序运行的情况（连续运行）

　　1 XLoad 3, "2"　　　　　　　　　　　　　　'在插槽3中加载程序文件"2"

　　2 *LBL：If C_Prg (3)<>"2" Then GoTo *LBL　'等待到加载完成为止

　　3 XRun 3,,1　　　　　　　　　　　　　　　'将插槽3以循环运行模式启动

【说明】

　　1）指定的程序文件不存在的情况下，会发生报警。

　　2）指定的插槽号码处于运行中的情况下，执行时会发生报警。

3）即使任务插槽里没有程序事先被加载进去，若 XRun 指令语句含有程序名，也可以启动插槽运行程序。

4）插槽处于暂停状态下，若执行 XRun，则会继续运行程序。

5）程序名的指定以双引号（"程序名"）来指定。

6）运行模式省略时会以当前的运行模式执行。

7）若要在 ALWAYS 上电自动运行的插槽内执行 XRun 指令语句，必须先将参数【ALWENA】设置为 1，否则，执行时会报警。参数设置后断电重启才有效。

8）若 XLoad 指令语句在执行中、尚未执行完成的情况下，执行 XRun 时会有程序加载中的报警发生；因此，应该如例（3）的 Step 号码 2、例（4）的 Step 号码 2 一样，确认加载完成后再执行 XRun 指令语句。

只有当插槽处于暂停或待机时，才能执行 XRun 指令语句。其中，XRun 指令语句在省略程序名参数的情况下，还必须确保目标插槽中已经加载目标程序。因此，在执行运行指令 XRun 前，必须确保插槽处于暂停状态（M_Wai = 1）或程序可选择状态（M_Psa = 1），并且插槽内的程序为目标程序（C_Prg = "目标程序名"）。插槽程序名特殊状态变量 C_Prg 和程序可选择特殊状态变量 M_Psa 有关知识已经在上文中做过介绍，现对暂停特殊状态变量 M_Wai 的功能、语法结构和使用说明介绍如下：

【指令】

　　M_Wai

【功能】

　　返回目标插槽是否处于暂停状态。该变量为只读变量。

　　1：暂停中

　　0：没有暂停

【语法结构】

　　<数值变量> = M_Wai[（<数式>）]

【参数】

　　<数值变量>：指定代入的数值变量。

　　<数式>：1~32，即目标插槽号。省略时为当前的插槽号码。

【举例】

　　1M1 = M_Wai(1)　　　　'在 M1 输入插槽 1 的暂停状态

XRun 指令语句执行的速度快于插槽被真正运行的响应速度。只有当插槽处于运行中状态时，才能认为插槽已经被运行成功。因此，在执行加载指令 XRun 后，还必须等待插槽处于运行中状态。插槽运行中状态变量 M_Run 的功能、语法结构和使用说明介绍如下：

【指令】

　　M_Run

【功能】

　　返回目标插槽是否处于运行中状态。该变量为只读变量。

　　1：运行中

　　0：没有运行中

【语法结构】

　　　　<数值变量>=M_Run[(<数式>)]

【参数】

　　<数值变量>:指定代入的数值变量。

　　<数式>:1~32,即目标插槽号。省略时为当前的插槽号码。

【举例】

　　1M1=M_Run(1)　　　　'在 M1 输入插槽 1 的运行状态

综上,通过运行指令语句启动插槽、运行程序的基本流程如图 5-14 所示。

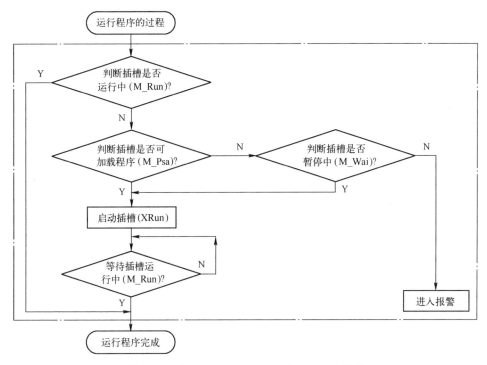

图 5-14　启动插槽、运行程序文件的基本流程

（2）ALWAYS 上电自动运行

将插槽参数［SLT＊］的启动条件设定为 ALWAYS。一旦系统正常上电后,对应插槽立即运行加载的程序文件,若无加载程序文件,则会报错。在上电期间,无法打开和修改该插槽内的程序文件。若要修改,则必须将对应插槽的启动条件改为 START,并重启控制器电源。

必须先将【ALWENA】参数的值设为 1 时,才能在设定为 ALWAYS 上电自动运行的插槽中执行 XLoad、XRun、XStp、XRst、Servo、Reset Error 等指令语句。

（3）ERROR 错误发生时运行

将插槽参数［SLT＊］的启动条件设定为 ERROR。一旦系统发生错误时,对应插槽立即运行所加载的程序文件。在错误发生时,无法打开和修改该程序文件。

3. 在任务插槽中暂停程序

若插槽处于运行中的状态,只要输入 STOP 暂停命令,即可暂停插槽,使插槽处于暂停状态。

STOP 暂停命令可由控制器面板或示教器上的 STOP 按钮、专用 STOP 输入信号和 XStp 指令 3 种方式输入。

前两种 STOP 暂停命令输入方式的有关说明请参见三菱工业机器人的编程技术手册，本节只对 XStp 指令方式做详细介绍。XStp 指令的功能、语法结构和使用说明如下：

【指令】

　　XStp

【功能】

　　在程序中暂停指定的插槽。

【语法结构】

　　XStp　<插槽号码>

【参数】

　　<插槽号码>：指定 1~32 的插槽号码。以常数或变量指定。

【举例】

　　1 XRun 2　　　　　　　　　　　　　'执行

　　　⋮

　　10 XStp 2　　　　　　　　　　　　　'停止

　　11 Wait M_Wai(2)= 1　　　　　　　　'等待停止完了

【说明】

　　1）指定的插槽已经处于暂停中的情况下，使用该指令语句不会报错。

　　2）若要在 ALWAYS 上电自动运行的插槽内执行 XStp 指令语句，必须先将参数【ALWENA】设置为 1，否则，执行时会报警。参数设置后断电重启才有效

　　3）若指定插槽为上电自动运行模式，也可以通过该指令语句暂停该插槽的运行状态。

只有当插槽处于运行中时，使用 XStp 指令语句才能暂停插槽。因此，在执行暂停指令 XStp 前，先确认插槽是否处于运行中状态（M_Run=1）。有关插槽运行中特殊状态变量 M_Run 的功能、语法结构和使用说明已经在上文中做过详细介绍，本处不再详述。

XStp 指令语句执行的速度快于插槽被暂停的响应速度。只有当插槽处于暂停状态时（M_Wai=1），才能认为插槽已经被暂停成功。因此，在执行加载指令 XStp 后，还必须等待插槽处于暂停状态。插槽暂停状态变量 M_Wai 的功能、语法结构和使用说明已经在上文中做过详细介绍，本处不再详述。

综上，通过暂停指令语句暂停插槽、中断程序执行的基本流程如图 5-15 所示。

4. 在任务插槽中复位程序

若插槽处于暂停中，只要输入 RESET 复位命令，即可复位插槽，使插槽程序指针回到第 1 步，同时插槽处于程序可选择的待机状态。

RESET 复位命令可由控制器面板或示教器上的 RESET 按钮、专用 RESET 输入信号和 XRst 指令语句 3 种方式输入。

前两种复位命令输入方式的有关说明请参见三菱工业机器人的编程技术手册，本节只对 XRst 指令方式做详细介绍。XRst 指令的功能、语法结构和使用说明如下：

【指令】

　　XRst

【功能】

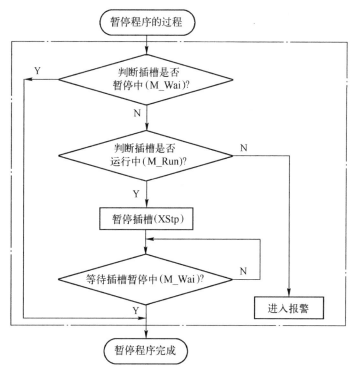

图 5-15　暂停插槽、中断运行程序文件的基本流程

将处于暂停状态的插槽复位至程序可选择的待机状态,同时程序指针回到第 1 步。

【语法结构】

　　XRst　　<插槽号码>

【参数】

　　<插槽号码>:指定 1~32 的插槽号码。以常数或变量指定。

【举例】

　　1 XRun 2　　　　　　　　　　　　'启动

　　2 Wait M_Run(2)= 1　　　　　　　'等待启动完成

　　⋮

　　10 XStp 2 '停止

　　11 Wait M_Wai(2)= 1　　　　　　　'等待停止完成

　　⋮

　　15 XRst 2　　　　　　　　　　　　'程序的执行开始行设为前头行

　　16 Wait M_Psa(2)= 1　　　　　　　'等待程序复位完成

【说明】

　　1)只有在插槽处于暂停状态下有效(插槽在运行中的状况或程序未选择时会变成报警状态)。

　　2) 若要在 ALWAYS 上电自动运行的插槽内执行 XRst 指令语句 ,必须先将参数【ALWENA】设置为 1,否则,执行时会报警。参数设置后断电重启才有效。

　　只有当插槽处于暂停状态时, 使用 XRst 指令语句才能复位插槽, 使程序指针回到第 1 步。因此, 在执行暂停指令 XStp 前, 先确认插槽是否处于暂停状态 (M_Wai =1)。有关插槽暂停特殊状态变量 M_Wai 的功能、语法结构和使用说明已经在上文中做过详细介绍,本处不再详述。

XStp 指令语句执行的速度快于插槽被暂停的响应速度。只有当插槽处于暂停状态时（M_Wai＝1），才能认为插槽已经被暂停成功。因此，在执行加载指令 XStp 后，还必须等待插槽处于暂停状态。

综上，通过暂停指令语句暂停插槽、中断程序执行的基本流程如图 5-16 所示。

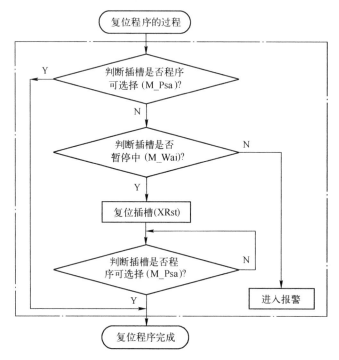

图 5-16　复位插槽、初始化程序文件的基本流程

5. 在任务插槽中清除程序

若插槽处于程序可选择的待机状态时，只要输入清除命令，即可清除插槽中的程序文件，解除插槽的程序加载状态，使插槽内的程序名为空。

清除命令可由 XClr 指令语句输入。

XClr 指令的功能、语法结构和使用说明如下：

【指令】
　　XClr
【功能】
　　清除指定插槽内的程序文件,解除插槽的程序加载状态,使插槽的程序名为空。
【语法结构】
　　XClr　　<插槽号码>
【参数】
　　<插槽号码>:指定 1~32 的插槽号码。以常数或变量指定。
【举例】
　　1 XRun 2　　　　　　　　　　'启动
　　2 Wait M_Run(2)＝1　　　　　'等待启动完成
　　　⋮

```
10 XStp 2                         '停止
11 Wait M_Wai( 2)= 1             '等待停止完成
  ⋮
15 XRst 2                        '程序的执行开始行设为前头行
16 Wait M_Psa( 2)= 1             '等待程序复位完成
17 XClr 2                        '清除插槽内的程序
18 Wait C_Prg =" "
```

【说明】

    1)在指定的插槽内没有被选择的程序,会发生报警。

    2)已指定插槽在运行中的情况下会发生报警。

    3)已指定插槽在暂停中的情况下会发生报警。

    4)若要在 ALWAYS 上电自动运行的插槽内执行 XClr 指令语句,必须先将参数【ALWENA】设置为1,否则,执行时会报警。参数设置后断电重启才有效。

只有当插槽处于程序可选择的待机状态, 使用 XClr 指令语句才能清除插槽内的程序, 使插槽程序名为空。因此, 在执行暂停指令 XClr 前, 先确认插槽是否处于程序可选择的待机状态 (M_Psa=1)。有关特殊状态变量 M_Psa 的功能、语法结构和使用说明已经在上文中做过详细介绍, 本处不再详述。

XClr 指令语句执行的速度快于插槽被清除程序的响应速度。只有当插槽的程序名为空时 (C_Prg=" "), 才能认为插槽已经被解除程序。因此, 在执行清除指令 XClr 后, 还必须等待插槽的程序名为空。插槽程序名变量 C_Prg 的功能、语法结构和使用说明已经在上文中做过详细介绍, 本处不再详述。

综上, 通过清除指令语句移除插槽中的程序文件的基本流程如图 5-17 所示。

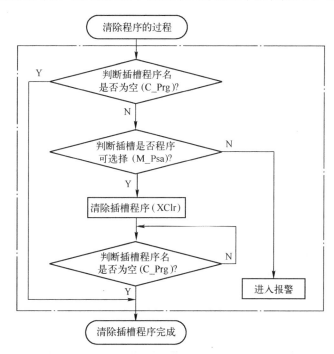

图 5-17　清除插槽内程序文件的基本流程

知识 5.3　全局变量

1. 定义

所谓全局变量，是指在识别符号（变量的名称）的第 2 个文字加上 "_"（下划线）的变量，其值在任务插槽间有效，不同程序可相互访问。

2. 全局变量的分类

根据全局变量定义方式和功能的不同，全局变量分为程序全局变量、用户自定义全局变量和系统特殊状态变量 3 类。详细如下。

（1）程序全局变量

程序全局变量即系统自带的全局变量，无特殊含义，无须用户定义，具体见表 5-11。

表 5-11　程序全局变量范围

数 据 类 型	变 量 名	个　　数	备　　注
位置	P_00~P_39	40	
位置数关节组	P_100( )~P_109( )	10	数组要素只能使用 1 维
关节	J_00~J_39	40	
关节数组	J_100( )~J_109( )	10	数组要素只能使用 1 维
数值	M_00~M_39	40	变量类型为双精度
数值数组	M_100( )~M_109( )	10	数组要素只能使用 1 维，变量类型为双精度
字符串	C_00~C_39	40	
字符串数组	C_100( )~C_109( )	10	数组要素只能使用 1 维

（2）用户自定义全局变量

如果系统自带的程序全局变量不够用或者用户想用便于记忆的字符作为变量名时，需要使用用户自定义全局变量。用户自定义变量的定义步骤如下：

1）创建用户自定义变量的程序文件。

2）在用户自定义变量程序中定义全局变量。

3）将用户自定义变量程序文件下载至控制器中，在参数 PRGUSR 中设定程序文件名。

例如，主程序 "S1"：

```
1 Dim P_200(10)      '全局变量的再声明
2 Dim M_200(10)      '全局变量的再声明
3 Mov P_100(1)
4 If M_200(1)=1 Then Hlt
5 M1=1               '区域性变量
```

用户自定义变量程序 "100"：

```
1 Def Pos P_900, P_901, P_902, P_903
2 Dim P_200(10)      '使用的程序侧也需要再度定义
3 Def Inte M_100
4 Dim M_200(10)      '使用的程序侧也需要再度定义
```

参数设置如下：

参　数　名	值
PRGUSR	100

1）用户自定义变量程序中的 Dim 语句里，在识别符号的第 2 个文字加上"_"（下画线），此变量会变成使用者定义全局变量。

2）不需要执行用户自定义变量程序"100"，只需要将该程序下载到机器人控制器中，并在参数 PRGUSR 中填入该程序名 100 即可。

3）用户自定义变量程序中，只记述变量的声明行。

4）用户自定义变量程序里定义数组变量，作为全局变量使用的情况下，即使是在主程序的程序侧，也要再次在 Dim 指令单做配列声明。区域性变量（只在程序内有效的变量）则没有必要再声明。

知识 5.4　机器控制权

1. 机器控制权的基本概念

在默认情况下，插槽 1 具有对机器人本体和附加轴的机器控制权。只有当插槽具有机器控制权时，插槽内的程序文件才能执行机器人本体及附加轴相关的动作控制指令，例如，关节插补指令、伺服 ON 指令、Tool 指令、Base 指令、速度控制指令和加速度控制指令等。

若要在插槽 1 以外的某个插槽 n 中运行上述相关动作控制指令，则必须先在插槽 1 内运行控制权释放指令语句，再在插槽 n 内运行控制权获得指令语句。否则，控制器会发生错误并报警。

2. 控制权释放指令 RelM

【指令】RelM

【语法格式】

　　RelM

【举例】

从任务插槽 1 开始启动运行任务插槽 2，且在任务插槽 2 控制机器 1。

任务插槽 1：

1 RelM	'为了用插槽 2 控制机器 1，开放机器的控制权
2 XRun 2," 10"	'在插槽 2 选择程序 10
3 Wait M_Run(2)= 1	'等待插槽 2 的启动确认

任务插槽 2（程序"10"）：

1 GetM 1	'取得机器 1 的来源
2 Servo On	'开启机器 1 的伺服
3 Mov P1	
4 Mvs P2	
5 Servo Off	'关闭机器 1 的伺服
6 RelM	'开放机器 1 的来源
7 End	

【说明】

1）如果暂停插槽 2，则插槽 2 会自动失去对机器的控制权。

2）在 ALWAYS 上电自动运行的插槽内，无法使用该指令。

3. 控制权获取指令 GetM

【指令】GetM

【语法格式】

GetM　<机器号码>

<机器号码>：1~3，用常数或变量来表示。机器人本体用1，其他两个附加轴用 2 和 3 表示。

【举例】

从任务插槽 1 开始启动运行任务插槽 2，且在任务插槽 2 控制机器 1。

任务插槽 1：

1 RelM	'为了用插槽 2 控制机器 1,开放机器的控制权
2 XRun 2,"10"	'在插槽 2 选择程序 10
3 Wait M_Run(2)=1	'等待插槽 2 的启动确认

任务插槽 2（程序"10"）：

1 GetM 1	'取得机器 1 的来源
2 Servo On	'开启机器 1 的伺服
3 Mov P1	
4 Mvs P2	
5 Servo Off	'关闭机器 1 的伺服
6 RelM	'开放机器 1 的来源
7 End	

【说明】

1）如果暂停插槽 2，则插槽 2 会自动失去对机器的控制权；再次启动插槽 2，若暂停以前已经获得机器控制权，则会自动继续获得控制权。

2）在 ALWAYS 上电自动运行的插槽内，无法使用该指令。

3）一个插槽内不得重复执行 GetM 指令语句，否则，控制器会报错。

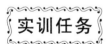
实训任务

实训任务 5.1　上下料工作站之电气设计与连接

一、任务分析

图 5-18 所示的工业机器人工作站为用于挤压机自动上下料作业的工作站。该工作站由 1 套机器人系统、1 套上下料抓手单元（毛坯抓手和成品抓手）、1 套供料单元、1 套挤压机和 1 套控制盒等部分构成。

其中，上下料抓手单元由 2 只气爪和 4 只磁环开关构成，每只气爪由 1 个单电控电磁阀控制抓手的打开与闭合动作，并由 1 只磁环开关检测气爪的闭合状态和由 1 只磁环开关检测气爪的张开状态，如图 5-19 所示。

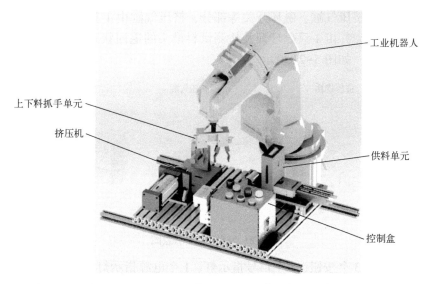

图 5-18　工业机器人自动上下料工作站构成示意图

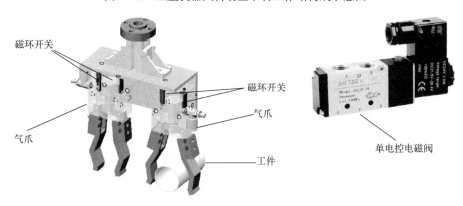

图 5-19　上下料抓手单元示意图

供料单元包括供料气缸、磁环开关、供料推头、料仓、光电开关等部分，供料气缸由 1 只单电控电磁阀控制供料推头的推出与退回动作，并由 1 只磁环开关检测供料推头的退回状态，由 1 只光电开关检测工件的推出状态，如图 5-20 所示。

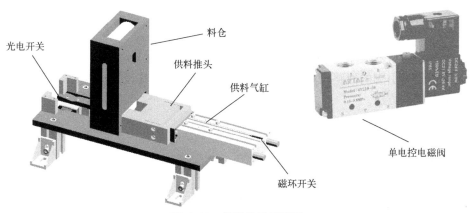

图 5-20　供料单元示意图

挤压机单元包括挤压气缸、磁环开关等部分，挤压气缸由 1 只单电控电磁阀控制挤压机的推出与退回动作，并由 1 只磁环开关检测供料推头的退回状态和由 1 只磁环开关检测供料推头的推出状态，如图 5-21 所示。

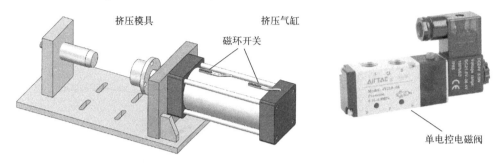

图 5-21　挤压单元示意图

控制盒部分中有 3 个按钮、3 个信号指示灯、1 个电源指示灯，4 个电磁阀（即控制上述 2 个气爪和 2 个气缸动作的电磁阀）、2 个接线柱和 1 个并口快插模块，如图 5-22 所示。

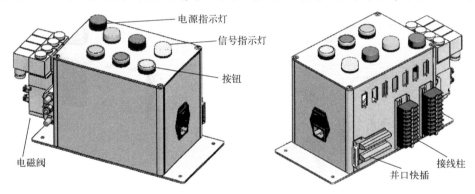

图 5-22　控制盒示意图

本次任务需要设计机器人与外围电气元器件的电气系统，实现将上述 3 个按钮、4 个两线式传感器（磁环开关）、1 个光电开关、1 个电源指示灯和 3 个信号指示灯、4 个电磁阀等输入输出元器件接入机器人控制器的目的；要求电路具有区域模块化、快插式插拔设计，能够快速排除电路故障及快速更换电路中的元器件。

二、相关知识链接

涉及的知识：机器人本体内部电、气回路构成；抓手输入输出电缆接头的引脚定义；抓手输入输出信号引脚的回路规格；抓手参数类型、功能及其设置方法；示教器抓手控制界面的构成与操作方法。

三、任务实施

1. 电路设计与连接

（1）分配并行 I/O 扩展板的信号地址

该工作站中用到的各类输入输出元器件以及所占用机器人的输入输出控制引脚、信号地址见表 5-12。

表5-12 上下料工作站的输入输出元器件的控制引脚与信号地址分配表

输 出 信 号						输 入 信 号					
序号	符号	名称	功能	引脚	地址	序号	符号	名称	功能	引脚	地址
1	HL1	绿灯	运行中	19D	1	1	SB1	按钮	启动	19C	1
2	HL2	红灯	暂停/报警中	18D	2	2	SB2	按钮	暂停	18C	2
3	HL3	黄灯	待机/手动中	17D	3	3	SB3	按钮	复位	17C	3
4	YV1	电磁阀	毛坯抓手控制	16D	4	4	SQ1	磁环开关	毛坯抓手闭合	16C	4
						5	SQ2	磁环开关	毛坯抓手张开	15C	5
5	YV2	电磁阀	成品抓手控制	15D	5	6	SQ3	磁环开关	成品抓手闭合	14C	6
						7	SQ4	磁环开关	成品抓手张开	13C	7
6	YV3	电磁阀	供料控制	14D	6	8	SQ5	磁环开关	供料退	12C	8
7	YV4	电磁阀	挤压控制	13D	7	9	SQ6	光电开关	供料台	11C	9
						10	SQ7	磁环开关	挤压退	10C	10
						11	SQ8	磁环开关	挤压进	9C	11

（2）绘制原理图

根据上述机器人I/O分配情况，设计机器人I/O连接原理图，如图5-23所示。

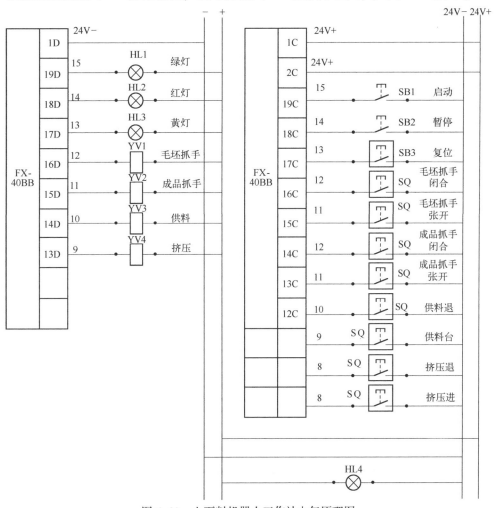

图5-23 上下料机器人工作站电气原理图

2. 气路原理图设计与连接

上下料机器人工作站气路原理图如图 5-24 所示。

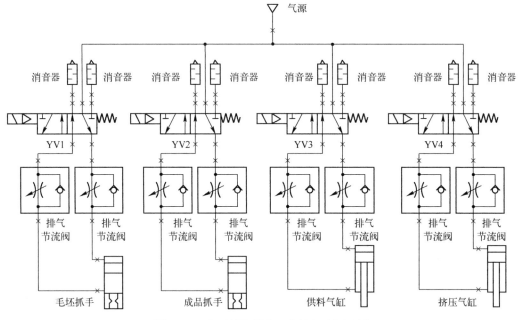

图 5-24　上下料机器人工作站气路原理图

实训任务 5.2　上下料工作站之系统状态控制

一、任务分析

设计一个机器人工作站系统状态的控制程序，根据按钮输入生成相应的系统状态。要求在机器人系统上电后，根据机器人控制器上的模式开关信号、控制盒上的绿色按钮、红色按钮和黄色按钮等信号，控制机器人工作站系统进入手动中、待机中、运行中、暂停中等对应的状态。机器人工作站进入上述各个状态后，信号灯按照以下方式工作：

1）手动中，黄灯闪烁，其他信号灯灭。

2）待机中，黄灯常亮，其他信号灯灭。

3）运行中，绿灯常亮，其他信号灯灭。

4）暂停中，红灯常亮，其他信号灯灭。

控制盒上的按钮和指示灯如图 5-25 所示。

二、相关知识链接

该任务主要训练对全局变量、任务插槽控制等功能的运用能力。

涉及的知识：知识 3.7.2 If 条件语句，GoTo 语句；知识 3.7.4 GoSub 语句；知识 5.2 多任务处理功能；知识 5.3 全局变量。

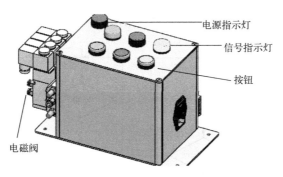

图 5-25　控制盒上按钮和指示灯示意图

三、任务实施

1）设置机器人参数 ALWEN 的值为 1。

2）创建机器人全局变量的定义程序文件 100. prg，在该程序文件中，定义全局变量 M_STTIn 表示启动按钮信号地址、M_STPIn 表示暂停按钮信号地址、M_RSTIn 表示复位按钮信号地址；定义全局变量 M_GL 表示绿色指示灯地址、M_RL 表示红色指示灯地址、M_YL 表示黄色指示灯地址；定义全局变量 M_Manual 表示机器人手动状态、M_Waiting 表示待机状态、M_Running 表示运行状态、M_STPing 表示暂停状态、M_ALMing 表示报警状态。编写指令语句如下：

```
1 Def Inte M_STTIn        '启动
2 Def Inte M_STPIn        '暂停
3 Def Inte M_RSTIn        '复位
4 Def Inte M_GL           '绿灯
5 Def Inte M_RL           '红灯
6 Def Inte M_YL           '黄灯
7 Def Inte M_Manual       '手动中
8 Def Inte M_Waiting      '待机中
9 Def Inte M_Running      '运行中
10 Def Inte M_STPing      '暂停中
11 Def Inte M_ALMing      '报警中
```

3）将全局变量定义程序文件 100. prg 下载至机器人控制器中。

4）注册全局变量定义程序文件 100. prg，即在参数 PRGUSR 中写入 100，如图 5-26 所示，并重启控制器电源。

图 5-26　全局变量定义文件的注册界面

5）设计工作站系统状态控制与指示灯控制的流程图与规则，如图 5-27 所示。

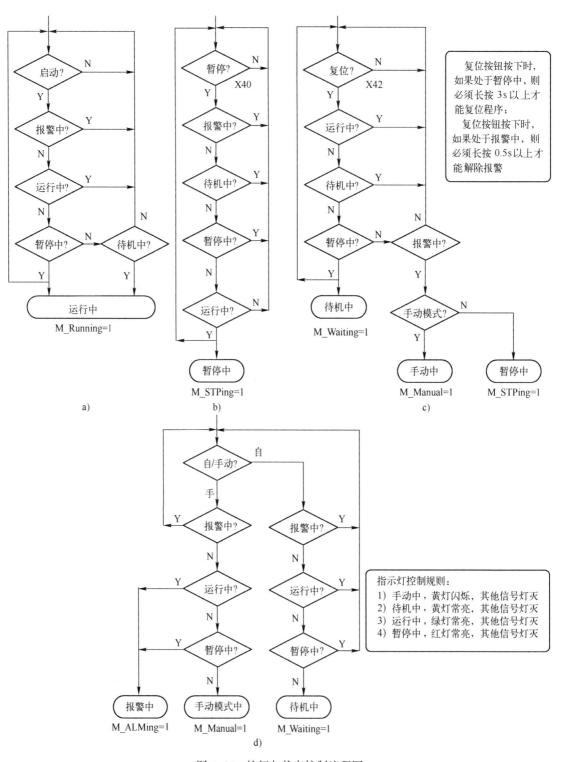

图 5-27　按钮与状态控制流程图

　　只有当系统处于暂停或者待机状态时，按启动按钮才进入运行中，否则其他状态下对启动按钮不做出响应，如图 5-27a 所示。

　　只有当系统处于运行中状态时，按暂停按钮才进入暂停中，否则其他状态下对暂停按钮不做出响应，如图 5-27b 所示。

　　只有当系统处于暂停中时，按复位按钮才进入待机中；只有当系统处于自动模式下的报警状态时，才进入暂停中；只有当系统处于手动模式下的报警状态时，按复位按钮才进入手动中；否则其他状态下对复位按钮不做出响应，如图 5-27c 所示。

　　只有当系统未处于运行中、暂停中、报警中等状态时，将模式开关旋转至自动模式，才进入待机状态；只有当系统未处于运行中、暂停中、报警中等状态时，将模式开关旋转至手动模式，才进入手动状态；当系统在报警中，不对模式开关做出响应；当系统在暂停中或运行中，进入手动模式时报警，进入自动模式时不做出响应，如图 5-27d 所示。

　　系统进入上述 5 个状态后，控制指示灯按照图 5-27 所示的规则进行工作。

　　6) 针对上述控制流程与规则，编写子程序语句如下：

　　① 模式开关响应程序——对应于图 5-27d 流程。

```
 7 '-------------------模式开关响应程序-------------------^
 8 *SSTATION        '状态控制程序入口
 9     '以下程序处理自动模式
10     If M_Mode = 2 And M_ALMing = 0 And M_Running = 0 And M_STPing = 0 Then '待机中
11         M_Manual = 0                '手动中复位
12         M_Waiting = 1               '待机中置位
13         M_Running = 0               '运行中复位
14         M_STPing = 0                '暂停中复位
15         M_ALMing = 0                '报警中复位
16     EndIf
17     '以下程序处理手动模式
18     If M_Mode = 1 And M_ALMing = 0 Then
19     '以下程序处理运行中或暂停中突然出现手动模式的情况
20         If M_Running = 1 Or M_STPing = 1 Then    '报警中
21             M_Manual = 0            '手动中复位
22             M_Waiting = 0           '待机中复位
23             M_Running = 0           '运行中复位
24             M_STPing = 0            '暂停中复位
25             M_ALMing = 1            '报警中置位
26         '以下程序处理非运行中或暂停中进入手动模式的情况
27         Else                        '手动中
28             M_Manual = 1            '手动中置位
29             M_Waiting = 0           '待机中复位
30             M_Running = 0           '运行中复位
31             M_STPing = 0            '暂停中复位
32             M_ALMing = 0            '报警中复位
33         EndIf
34     EndIf
```

② 启动按钮响应程序——对应于图 5-27a 流程。

```
35  '------------------启动按钮响应程序------------------^
36  If M_In( M_STTIn) = 1 And M_ALMing = 0 And M_Running = 0 Then '运行中
37       M_Manual = 0        '手动中复位
38       M_Waiting = 0       '待机中复位
39       M_Running = 1       '运行中置位
40       M_STPing = 0        '暂停中复位
41       M_ALMing = 0        '报警中复位
42  EndIf
```

③ 暂停按钮响应程序对应于图 5-27b 流程。

```
43  '------------------暂停按钮响应程序------------------^
44  If M_In( M_STPIn) = 1 And M_Running = 1 Then '暂停中
45       M_Manual = 0        '手动中复位
46       M_Waiting = 0       '待机中复位
47       M_Running = 0       '运行中复位
48       M_STPing = 1        '暂停中置位
49       M_ALMing = 0        '报警中复位
50  EndIf
```

④ 复位按钮响应程序对应于图 5-27c 流程，该流程中取复位按钮的上升沿信号。

```
51      '------------------复位按钮响应程序------------------^
52      If M_In( M_RSTIn) = 1 and M_In( M_RSTIn) <> MSTP Then   '复位按钮上升沿
53      '以下程序处理暂停中复位的情况
54          If M_STPing = 1 Then              '暂停中
55              M_Manual = 0                  '手动中复位
56              M_Waiting = 1                 '待机中置位
57              M_Running = 0                 '运行中复位
58              M_STPing = 0                  '暂停中复位
59              M_ALMing = 0                  '报警中复位
60          Else
61      '以下程序处理报警中复位的情况
62              If M_ALMing = 1 Then
63      '以下程序处理报警中复位后处于手动模式的情况
64                  If M_Mode = 1 Then        '手动中
65                      M_Manual = 1          '手动中置位
66                      M_Waiting = 0         '待机中复位
67                      M_Running = 0         '运行中复位
68                      M_STPing = 0          '暂停中复位
69                      M_ALMing = 0          '报警中复位
70                  EndIf
```

71	'以下程序处理报警中复位后处于自动模式的情况	
72	If M_Mode = 2 Then	'待机中
73	M_Manual = 0	'手动中复位
74	M_Waiting = 0	'待机中复位
75	M_Running = 0	'运行中复位
76	M_STPing = 1	'暂停中置位
77	M_ALMing = 0	'报警中复位
78	EndIf	
79	EndIf	
80	EndIf	
81	EndIf	
82	MSTP = M_In(M_RSTIn)	'保存本周期复位按钮的状态
83	Return	

⑤ 指示灯控制子程序对应于图 5-27e 流程。

84	'-----------------状态指示灯显示程序-------------------^	
85	* SLAMP	'指示灯控制程序入口
86	'以下处理手动中的指示灯显示	
87	If M_Manual = 1 Then	
88	M_Out(M_GL) = 0	'绿灯
89	M_Out(M_RL) = 0	'红灯
90	M_Out(M_YL) = 1	'黄灯
91	Dly 0. 5	
92	M_Out(M_YL) = 0	'黄灯
93	Dly 0. 5	
94	EndIf	
95	'以下处理待机中的指示灯显示	
96	If M_Waiting = 1 Then	
97	M_Out(M_GL) = 0	'绿灯
98	M_Out(M_RL) = 0	'红灯
99	M_Out(M_YL) = 1	'黄灯
100	EndIf	
101	'以下处理运行中的指示灯显示	
102	If M_Running = 1 Then	
103	M_Out(M_GL) = 1	'绿灯
104	M_Out(M_RL) = 0	'红灯
105	M_Out(M_YL) = 0	'黄灯
106	EndIf	
107	'以下处理暂停中的指示灯显示	
108	If M_STPing = 1 Then	
109	M_Out(M_GL) = 0	'绿灯

```
110        M_Out(M_RL) = 1    '红灯
111        M_Out(M_YL) = 0    '黄灯
112    EndIf
113    '以下处理报警中的指示灯显示
114    If M_ALMing = 1 Then
115        M_Out(M_GL) = 0    '绿灯
116        M_Out(M_RL) = 1    '红灯
117        Dly 0.5
118        M_Out(M_RL) = 0    '红灯
119        Dly 0.5
120        M_Out(M_YL) = 0    '黄灯
121    EndIf
122 Return                        '对应于第8步,状态控制程序 * SSTATION 的结尾
```

7）在上述程序语句中，为了便于记忆和程序的阅读，需要把难以辨别的各种 I/O 元器件的信号地址存储于简单易懂的全局变量名中，通过引用这些变量来访问特定 I/O 信号地址；编写程序语句如下：

```
123 '以下将 I/O 地址与全局变量绑定
124  * SPort              '引脚地址分配程序入口
125      M_STTIn = 1      '启动按钮
126      M_STPIn = 2      '暂停按钮
127      M_RSTIn = 3      '复位按钮
128      M_GL = 1         '绿灯
129      M_RL = 2         '红灯
130      M_RL = 3         '红灯
131 Return
```

8）创建主程序文件 Button.prg，编写程序语句如下：

```
1 GoSub  * SPort                  '调用引脚地址分配程序
2  * LMain                        '循环程序入口
3    GoSub  * SSTATION            '调用状态控制程序,处理开关按钮信号
4    GoSub  * SLAMP               '调用指示灯控制程序
5  Goto  * LMain                  '跳至循环程序入口
6 End                             '系统主程序结束
```

由于引脚地址只需要分配一次，所以程序运行后只需要调用 1 次引脚地址分配程序 * SPort，之后便一直在开关按钮和指示灯信号的处理循环中。将第 6)步和第 7)步程序复制在第 8)步创建的程序语句后面，作为子程序调用。

9）设置任务插槽：插槽 2 的程序名选 Button.prg，运行模式选 REP，启动条件选 AL-WAYS，优先级选 1，写入参数后重启控制器电源，如图 5-28 所示。

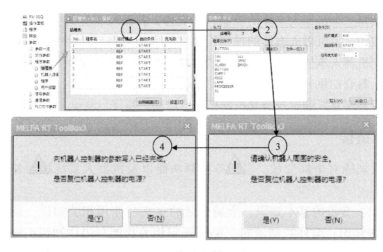

图 5-28　任务插槽 2 设置

10）清除所有专用 I/O 信号分配。提示：参数→信号参数→专用输入输出信号分配→通用 1。

11）重启机器人控制器电源后，按下各个按钮，观察指示灯工作情况，确认程序是否正确。

实训任务 5.3　上下料工作站之供料单元控制

一、任务分析

设计一个料仓供料控制的机器人任务程序，实现"将料仓中的管型工件自动推至供料台"的自动化作业，如图 5-29 所示。为了配合该部分控制程

二维码 5-1

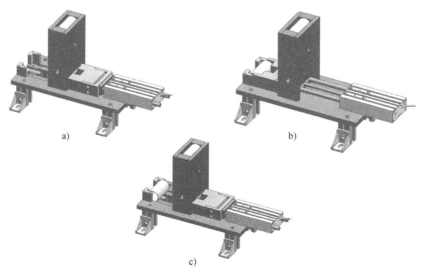

图 5-29　供料单元控制过程示意图

a）供料准备　b）供料推出　c）供料完成

序调试，需要创建一个机器人本体的控制程序文件，并编写相应指令语句。要求按一次控制盒上的启动按钮，由机器人本体的控制程序文件发出供料启动命令，供料单元完成一个循环。在接收到机器人本体控制程序发出的供料命令后，供料程序文件对供料命令进行应答交互，再开始料仓的供料动作；在供料完成后输出供料完成标志，并等待抓料完成信号，对该信号进行应答交互。通过控制盒控制程序的启动、暂停与复位。

二、相关知识链接

该任务主要训练对全局变量、多任务控制功能以及机器人系统控制外部设备的运用能力。

涉及的知识：变量的基本知识，全局变量的定义与使用相关知识；条件判断语句的相关功能与语法知识；循环控制语句；Wait 语句相关功能与语法知识；输入输出变量相关功能与语法知识；多任务插槽控制指令与多任务插槽特殊状态变量相关功能与语法知识。

三、任务实施

1）设计工作站供料单元的控制流程图与规则。供料单元的供料流程大致分为"等待供料命令，并与供料命令交互判断推料机构是否在退回位置，若没有，则控制该机构回到退回状态""判断供料台是否已经有料，若没有，则推料机构将料推出，推到供料台后退回，并确保已经退回""发出供料完成标志，并与供料完成标志应答交互" 3 个部分。供料单元必须在收到机器人本体控制程序的供料命令后，才能开始供料动作；供料完成后再回到第一步，继续等待供料命令。如此周而复始地工作，如图 5-30 所示。在该控制流程中，机器人本体的控制程序只需要与供料单元的控制程序之间进行信号交互，全程也不需要控制机器人本体的关节和抓手。

为了达到按一次启动按钮，供料单元完成一个循环的目的，在启动按钮被释放以前，必须防止机器人本体控制程序在采集到启动按钮信号并完成一个循环后，又迅速重新进入启动按钮信号采集的程序。因此，在流程图右侧底部添加一个延时 4 s 的动作，按钮被按下的时间不能超过 4 s。

2）在前一个任务所创建的全局变量定义程序文件"100. prg"中，添加以下全局变量定义语句：

```
12 Def Inte M_FdCmd          '供料命令，由供料控制程序发出
13 Def Inte M_FdCmdAns       '供料命令应答，由机器人本体控制程序发出
14 Def Inte M_FdBack         '推料机构退回传感器
15 Def Inte M_Feed           '推料机构控制电磁阀
16 Def Inte M_FdOut          '推料机构供料台传感器
17 Def Inte M_FdOK           '供料完成标志
18 Def Inte M_FdOkAns        '供料完成标志应答
```

3）创建供料控制程序文件 Feed. prg，针对上述控制流程与规则，编写程序语句如下：

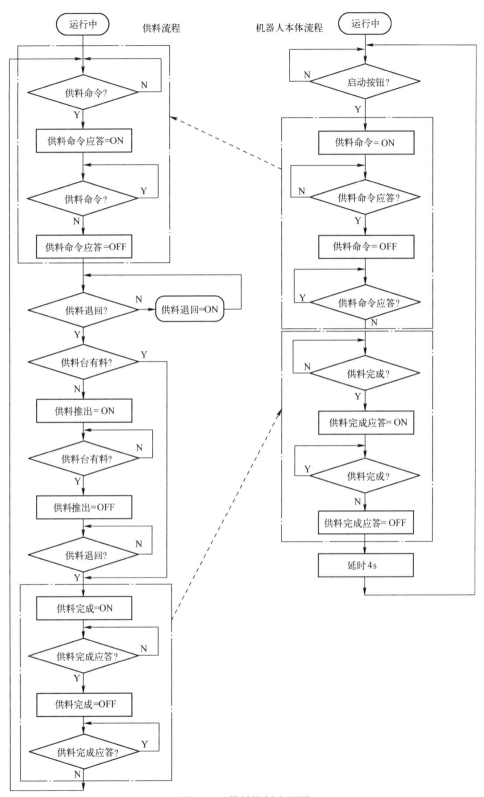

图 5-30 供料控制流程图

```
1  M_Feed = 6          '供料气缸控制信号地址分配
2  M_FDBack = 8        '供料气缸退检测信号地址分配
3  M_FDOut = 9         '供料台检测信号地址分配
4  '''''''''''''''''''''''''''''''''''''''''''
5  '*********************************
6  *LMain               '主循环入口
7     GoSub *SFdCmdAns  '等待供料命令及交互
8     GoSub *SFd        '供料动作
9     GoSub *SFdOk      '输出供料完成标志及交互
10 GoTo *LMain          '返回主循环程序入口
11 End
12 '''''''''''''''''''''''''''''''''''''''''''
13 '*********************************
14 *SFdCmdAns
15    Wait M_FdCmd = 1   '由于供料命令来自于外部程序文件,因此需要用全局变量在程序之
                          间传递信号
16    M_FdCmdANS = 1     '由于供料命令应答信号发往外部程序文件,因此需要用全局变量在
                          程序之间传递信号
17    Wait M_FdCmd = 0   '供料命令复位
18    M_FdCmdANS = 0     '供料命令应答信号复位
19 Return
20 '''''''''''''''''''''''''''''''''''''''''''
21 '*********************************
22 *SFd                          '以下程序开始供料动作控制
23    If M_In(M_FDBack) = 0 Then  '如果供料未退回到位
24        M_Out(M_Feed) = 0       '供料退回
25        Wait M_In(M_FDBack) = 1 '等待供料退回信号
26    EndIf
27    If M_In(M_FDOut) = 0 Then   '如果供料台无料
28        M_Out(M_Feed) = 1       '供料推出
29        Wait M_In(M_FDOut) = 1  '等待供料推出信号
30        M_Out(M_Feed) = 0       '供料退回
31        Wait M_In(M_FDBack) = 1 '等待供料退回信号
32    EndIf
33 Return
34 '''''''''''''''''''''''''''''''''''''''''''
35 '*********************************
36 *SFdOk                         '以下程序输出供料完成标志,并与应答交互
37    M_FDOK = 1                  '供料完成标志输出1
38    Wait M_FDOKANS = 1          '等待供料完成标志应答
39    M_FDOK = 0                  '供料完成标志复位
40    Wait M_FDOKANS = 0          '等待供料完成标志应答
41 Return
```

　　42 """

　　4）创建机器人本体控制程序文件 SCarry53. prg，针对上述控制流程与规则，编写程序语句如下：

```
1 Wait M_In(1) = 1              '等待启动按钮输入
2 GoSub *SFdCmd                 '调用供料命令及交互程序
3 GoSub *SFdOkAns               '调用供料完成应答及交互程序
4 Dly 4                         '延时 4 s
5 End
6 """""""""""""""""""""""""""""""""""""""""""
7 '*********************************
8 *SFdCmd                        '供料命令及交互
9     M_FdCmd = 1               '供料命令输出
10    Wait M_FdCmdAns = 1       '等待供料命令应答输出
11    M_FdCmd = 0               '供料命令清零
12    Wait M_FdCmdAns = 0       '等待供料命令应答清零
13 Return
14 """""""""""""""""""""""""""""""""""""""""""
15 '*********************************
16 *SFdOkAns                     '供料完成应答及交互
17    Wait M_FdOk = 1           '等待供料完成标志输出
18    M_FdOkAns = 1             '供料完成标志应答输出
19    Wait M_FdOk = 0           '等待供料完成标志清零
20    M_FdOkAns = 0             '供料完成标志应答清零
21 Return
22 """""""""""""""""""""""""""""""""""""""""""
```

　　5）在任务 5.2 基础上，根据系统状态情况，控制插槽 3 和 4 是否加载、运行、暂停和复位供料控制程序文件 Feed. prg 和 SCarry53. prg。若系统待机中，分别将程序文件 Feed. prg 和 SCarry53. prg 加载至插槽 3 和 4 中；若系统运行中，运行插槽 3 和 4；若系统暂停中，暂停插槽 3 和 4；若系统报警中，暂停插槽 3 和 4；若系统手动中，清除插槽 3 和 4 内的任何程序文件。

　　6）创建任务主程序文件 SMain53. prg，根据上述控制规则，编写程序语句如下：

```
1 '以下程序处理待机中状态
2 If M_Waiting  = 1 Then        '若系统待机中
3     '以下程序处理插槽 3 供料程序的控制
4     If M_Run(3) = 1 Then      '若插槽 3 运行中
5         XStp 3                '暂停插槽 3
6         Wait M_Wai(3) = 1     '确保插槽 3 已经暂停
7     EndIf
8     If M_Wai(3) = 1 Then      '若插槽 3 暂停中
9         XRst 3                '复位插槽 3
```

```
10        Wait M_Psa(3) = 1              '程序可选择,确保插槽3已经复位
11     EndIf
12     If M_Psa(3) = 1 Then              '若插槽3程序可选择
13        If C_Prg(3) <> "Feed" Then     '若插槽3中的程序名不是Feed
14           XLoad 5,"Feed"              '插槽3加载程序文件Feed.prg
15           Wait C_Prg(3) = "Feed"      '确保插槽3已经加载供料程序
16        EndIf
17     EndIf
18     M_FdCmdAns = 0                    '供料命令应答
19     M_FdOk = 0                        '供料完成标志清零
20     '以下程序处理插槽4机器人本体程序的控制
21     If M_Run(4) = 1 Then              '若插槽4运行中
22        XStp 4                         '暂停插槽4
23        Wait M_Wai(4) = 1              '确保插槽4已经暂停
24     EndIf
25     If M_Wai(4) = 1 Then              '若插槽4暂停中
26        XRst 4                         '复位插槽4
27        Wait M_Psa(4) = 1              '程序可选择,确保插槽4已经复位
28     EndIf
29     If M_Psa(4) = 1 Then              '若插槽4程序可选择
30        If C_Prg(4) <> "SCarry53" Then '若插槽4中的程序名不是SCarry53
31           XLoad 4,"SCarry53"          '插槽4加载程序文件SCarry53.prg
32           Wait C_Prg(4) = "SCarry53"  '确保插槽4已经加载机器人本体控制程序
33        EndIf
34     EndIf
35     M_FdCmd = 0                       '供料命令清零
36     M_FdOkAns = 0                     '供料完成标志应答清零
37 EndIf
38 '以下程序处理运行中状态
39 If M_Running   = 1 Then              '若系统运行中
40     '以下程序处理插槽3供料机程序的控制
41     If M_Run(3) = 0 Then              '若插槽3没有运行中
42        XRun 3                         '运行插槽3
43        Wait M_Run(3) = 1              '确保插槽3已经运行
44     EndIf
45     '以下程序处理插槽4机器人本体程序的控制
46     If M_Run(4) = 0 Then              '若插槽4没有运行中
47        XRun 4                         '运行插槽4
48        Wait M_Run(4) = 1              '确保插槽4已经运行
49     EndIf
50 EndIf
51 '以下程序处理暂停中或报警中状态
52 If M_STPing   = 1 Or M_ALMing = 1 Then '若系统暂停中或报警中
```

53	'以下程序处理插槽3供料机程序的控制	
54	If M_Wai(3) = 0 Then	'若插槽3没有暂停中
55	XStp 3	'暂停插槽3
56	Wait M_Wai(3) = 1	'确保插槽3已经暂停
57	EndIf	
58	'以下程序处理插槽4机器人本体程序的控制	
59	If M_Wai(4) = 0 Then	'若插槽4没有暂停中
60	XStp 4	'暂停插槽4
61	Wait M_Wai(4) = 1	'确保插槽4已经暂停
62	EndIf	
63	EndIf	
64	'以下程序处理手动中状态	
65	If M_Manual = 1 Then	'若系统暂停中或报警中
66	'以下程序处理插槽3供料机程序的控制	
67	If M_Run(3) = 1 Then	'若插槽3运行中
68	XStp 3	'暂停插槽3
69	Wait M_Wai(3) = 1	'确保插槽3已经暂停
70	EndIf	
71	If M_Wai(3) = 1 Then	'若插槽3暂停中
72	XRst 3	'复位插槽3
73	Wait M_Psa(3) = 1	'程序可选择,确保插槽3已经复位
74	EndIf	
75	If M_Psa(3) = 1 Then	'若插槽3程序可选择
76	XClr 3	'清除插槽3中的程序文件
77	Wait C_Prg(3) = " "	'确保插槽3已经清除程序
78	EndIf	
79	'以下程序处理插槽4供料机程序的控制	
80	If M_Run(4) = 1 Then	'若插槽4运行中
81	XStp 4	'暂停插槽4
82	Wait M_Wai(4) = 1	'确保插槽4已经暂停
83	EndIf	
84	If M_Wai(4) = 1 Then	'若插槽4暂停中
85	XRst 4	'复位插槽4
86	Wait M_Psa(4) = 1	'程序可选择,确保插槽4已经复位
87	EndIf	
88	If M_Psa(4) = 1 Then	'若插槽4程序可选择
89	XClr 4　'清除插槽3中的程序文件	
90	Wait C_Prg(4) = " "	'确保插槽4已经清除程序
91	EndIf	
92	EndIf	

需要注意的是，主程序文件SMain53.prg在插槽1中运行，系统状态控制与指示灯控制

程序文件 Button. prg 在插槽 2 中运行，因此，供料控制程序文件 Feed. prg 在插槽 3 中运行，机器人抓料控制程序文件 SCarry53. prg 在插槽 4 中运行。

7）设置任务插槽：在任务 5.2 基础上，插槽 1 的程序名选 SMain53. prg，运行模式选 REP，启动条件选 ALWAYS，优先级选 1，写入参数后重启控制器电源，如图 5-31 所示。

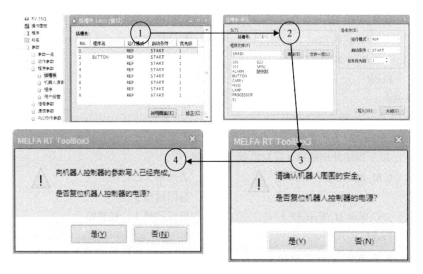

图 5-31　任务插槽 3 设置

8）重启机器人控制器电源后，按下启动按钮，观察供料动作情况，确认程序是否正确。

四、任务拓展

请用 GoSub 指令优化"SMain. prg"程序语句。

实训任务 5.4　上下料工作站之挤压机单元控制

一、任务分析

设计一个挤压机加工工件的动作控制任务程序，实现"挤压机挤压工件成型"的自动化作业，如图 5-32 所示。为了配合该部分控制程序调试，需要创建一个机器人本体的控制程序文件，并编写相应指令语句。要求按一次控制盒上的启动按钮，由机器人本体的控制程序文件发出加工启动命令，挤压机完成一个循环。挤压机控制程序在接收到机器人本体控制程序发出的挤压命令后，对挤压命令进行应答交互，再开始挤压机加工动作的控制程序；在加工完成后输出挤压完成标志，并等待挤压完成应答信号，对该信号进行应答交互。通过控制盒控制程序的启动、暂停与复位。

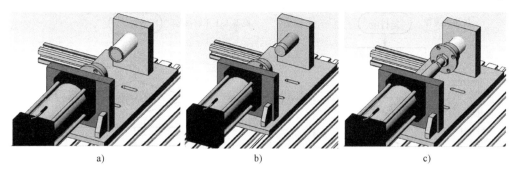

图 5-32　挤压机单元控制过程示意图

a) 加工完成中　b) 空闲中　c) 加工中

二、相关知识链接

该任务主要训练对全局变量、多任务控制功能以及机器人系统控制外部设备的运用能力。

涉及的知识：变量的基本知识，全局变量的定义与使用相关知识；条件判断语句的相关功能与语法知识；循环控制语句；Wait 语句相关功能与语法知识；输入输出变量相关功能与语法知识；多任务插槽控制指令与多任务插槽特殊状态变量相关功能与语法知识。

三、任务实施

1) 控制流程设计。挤压机的加工动作大致分为挤压模具推出、延时一段时间、挤压模具退回 3 个动作。挤压机工作前必须复位，并输出挤压完成标志；挤压机必须在收到机器人本体控制程序的挤压命令后，才能开始挤压加工；加工完成后再回到第一步，输出挤压完成标志。如此周而复始地工作，如图 5-33 所示。在该控制流程中，机器人本体的控制程序只需要与挤压机控制程序之间进行信号交互，全程也不需要控制机器人本体的关节和抓手。

为了达到按一次启动按钮，挤压机完成一个循环的目的，在启动按钮被释放以前，必须防止机器人本体控制程序在采集到启动按钮信号并完成一个循环后，又迅速重新进入启动按钮信号采集的程序。因此，在流程图右侧底部添加一个延时 4 s 的动作，按钮被按下的时间不能超过 4 s。

2) 在前一个任务所创建的全局变量定义程序文件"100. prg"中，添加以下全局变量定义语句：

```
19 Def Inte M_ProOk        '加工完成标志
20 Def Inte M_ProOkAns     '加工完成标志应答
21 Def Inte M_ProCmd       '加工命令
22 Def Inte M_ProCmdAns    '加工命令应答
23 Def Inte M_Processor    '挤压机控制
24 Def Inte M_ProOut       '挤压机推出检测
25 Def Inte M_ProBack      '挤压机退回检测
```

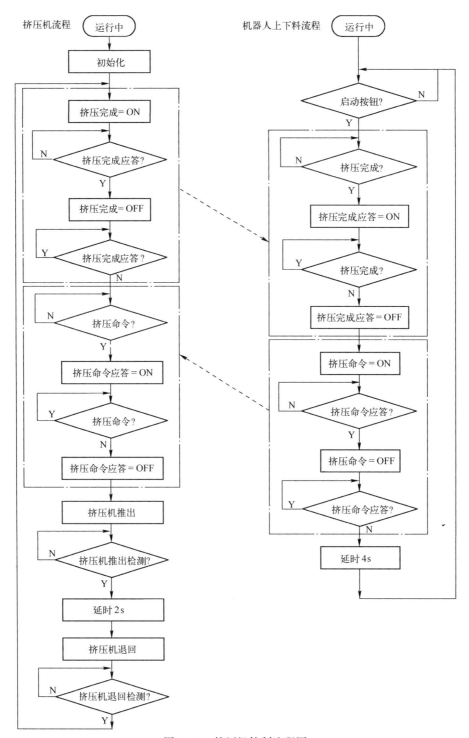

图 5-33　挤压机控制流程图

3) 创建挤压机控制程序文件 Processor. prg, 针对上述控制流程与规则, 编写程序语句如下:

```
1 M_Processor = 7              '挤压气缸控制信号地址分配
2 M_ProOut = 11                '挤压气缸推出检测信号地址分配
```

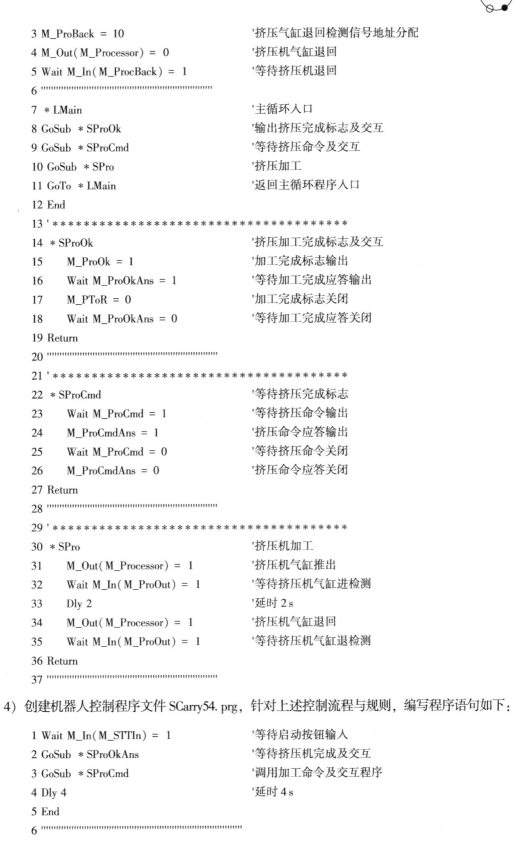

```
 3 M_ProBack = 10              '挤压气缸退回检测信号地址分配
 4 M_Out(M_Processor) = 0      '挤压机气缸退回
 5 Wait M_In(M_ProcBack) = 1   '等待挤压机退回
 6 '"""""""""""""""""""""""""""""""""""""""""
 7 *LMain                      '主循环入口
 8 GoSub *SProOk               '输出挤压完成标志及交互
 9 GoSub *SProCmd              '等待挤压命令及交互
10 GoSub *SPro                 '挤压加工
11 GoTo *LMain                 '返回主循环程序入口
12 End
13 '*****************************
14 *SProOk                     '挤压加工完成标志及交互
15     M_ProOk = 1             '加工完成标志输出
16     Wait M_ProOkAns = 1     '等待加工完成应答输出
17     M_PToR = 0              '加工完成标志关闭
18     Wait M_ProOkAns = 0     '等待加工完成应答关闭
19 Return
20 '"""""""""""""""""""""""""""""""""""""""""
21 '*****************************
22 *SProCmd                    '等待挤压完成标志
23     Wait M_ProCmd = 1       '等待挤压命令输出
24     M_ProCmdAns = 1         '挤压命令应答输出
25     Wait M_ProCmd = 0       '等待挤压命令关闭
26     M_ProCmdAns = 0         '挤压命令应答关闭
27 Return
28 '"""""""""""""""""""""""""""""""""""""""""
29 '*****************************
30 *SPro                       '挤压机加工
31     M_Out(M_Processor) = 1  '挤压机气缸推出
32     Wait M_In(M_ProOut) = 1 '等待挤压机气缸进检测
33     Dly 2                   '延时2 s
34     M_Out(M_Processor) = 1  '挤压机气缸退回
35     Wait M_In(M_ProOut) = 1 '等待挤压机气缸退检测
36 Return
37 '"""""""""""""""""""""""""""""""""""""""""
```

4) 创建机器人控制程序文件 SCarry54. prg，针对上述控制流程与规则，编写程序语句如下：

```
1 Wait M_In(M_STTIn) = 1      '等待启动按钮输入
2 GoSub *SProOkAns            '等待挤压机完成及交互
3 GoSub *SProCmd              '调用加工命令及交互程序
4 Dly 4                       '延时4 s
5 End
6 '"""""""""""""""""""""""""""""""""""""""""
```

```
7  ' * * * * * * * * * * * * * * * * * * * * * * * * * * * * *
8  * SProOkAns                          '挤压完成应答及交互
9      Wait M_ProOk = 1                  '等待加工完成标志输出
10     M_ProOkAns = 1                    '加工完成标志应答输出
11     Wait M_ProOk = 0                  '等待加工完成标志清零
12     M_ProOkAns = 0                    '加工完成标志应答清零
13 Return
14 ''''''''''''''''''''''''''''''''''''''''''''''''''''''''
15 ' * * * * * * * * * * * * * * * * * * * * * * * * * * * * *
16 * SProCmd                            '挤压加工命令及交互
17     M_ProCmd = 1                      '挤压命令输出
18     Wait M_ProCmdAns = 1              '等待加压命令应答输出
19     M_ProCmd = 0                      '挤压命令清零
20     Wait M_ProCmdAns = 0              '等待挤压命令应答清零
21 Return
22 ''''''''''''''''''''''''''''''''''''''''''''''''''''''''
```

5) 在任务 5.2 基础上, 根据系统状态情况, 控制插槽 4 和 5 是否加载、运行、暂停和复位机器人控制程序文件 SCarry54. prg 和挤压机控制程序文件 Processor. prg。若系统待机中, 分别将程序文件 SCarry54. prg 和 Processor. prg 加载至插槽 4 和 5 中; 若系统运行中, 运行插槽 4 和 5; 若系统暂停中, 暂停插槽 4 和 5; 若系统报警中, 暂停插槽 4 和 5; 若系统手动中, 清除插槽 4 和 5 内的任何程序文件。

6) 创建任务主程序文件 SMain54. prg, 根据上述控制规则, 编写程序语句如下:

```
1  '以下程序处理待机中状态
2  If M_Waiting  = 1 Then                      '若系统待机中
3      '以下程序处理插槽 5 供料程序的控制
4      If M_Run(5) = 1 Then                    '若插槽 5 运行中
5          XStp 5                              '暂停插槽 5
6          Wait M_Wai(5) = 1                   '确保插槽 5 已经暂停
7      EndIf
8      If M_Wai(5) = 1 Then                    '若插槽 5 暂停中
9          XRst 5                              '复位插槽 5
10         Wait M_Psa(5) = 1                   '程序可选择,确保插槽 5 已经复位
11     EndIf
12     If M_Psa(5) = 1 Then                    '若插槽 5 程序可选择
13         If C_Prg(5) <> "Processor" Then     '若插槽 5 中的程序名不是 Processor
14             XLoad 5,"Processor"             '插槽 5 加载程序文件 Processor. prg
15             Wait C_Prg(5) = "Processor"     '确保插槽 5 已经加载供料程序
16         EndIf
17     EndIf
18     M_ProCmdAns = 0                         '挤压命令应答
19     M_ProOk = 0                             '挤压完成标志清零
```

```
20     '以下程序处理插槽4机器人本体程序的控制
21         If M_Run(4) = 1 Then                           '若插槽4运行中
22             XStp 4                                      '暂停插槽4
23             Wait M_Wai(4) = 1                           '确保插槽4已经暂停
24         EndIf
25         If M_Wai(4) = 1 Then                           '若插槽4暂停中
26             XRst 4                                      '复位插槽4
27             Wait M_Psa(4) = 1                           '程序可选择,确保插槽4已经复位
28         EndIf
29         If M_Psa(4) = 1 Then                           '若插槽4程序可选择
30             If C_Prg(4) <> "SCarry54" Then              '若插槽4中的程序名不是SCarry54
31                 XLoad 4,"SCarry54"                      '插槽4加载程序文件SCarry54.prg
32                 Wait C_Prg(4) = "SCarry54"              '确保插槽4已经加载机器人本体控制程序
33             EndIf
34         EndIf
35         M_ProCmd = 0                                    '挤压命令清零
36         M_ProOkAns = 0                                  '挤压完成标志应答清零
37 EndIf
38 '以下程序处理运行中状态
39 If M_Running   = 1 Then                                 '若系统运行中
40     '以下程序处理插槽5挤压机程序的控制
41         If M_Run(5) = 0 Then                           '若插槽5没有运行中
42             XRun 5                                      '运行插槽5
43             Wait M_Run(5) = 1                           '确保插槽5已经运行
44         EndIf
45     '以下程序处理插槽4机器人本体程序的控制
46         If M_Run(4) = 0 Then                           '若插槽4没有运行中
47             XRun 4                                      '运行插槽4
48             Wait M_Run(4) = 1                           '确保插槽4已经运行
49         EndIf
50 EndIf
51 '以下程序处理暂停中或报警中状态
52 If M_STPing   = 1 Or M_ALMing = 1 Then                  '若系统暂停中或报警中
53     '以下程序处理插槽5挤压机程序的控制
54         If M_Wai(5) = 0 Then                           '若插槽5没有暂停中
55             XStp 5                                      '暂停插槽5
56             Wait M_Wai(5) = 1                           '确保插槽5已经暂停
57         EndIf
58     '以下程序处理插槽4机器人本体程序的控制
59         If M_Wai(4) = 0 Then                           '若插槽4没有暂停中
60             XStp 4                                      '暂停插槽4
61             Wait M_Wai(4) = 1                           '确保插槽4已经暂停
62         EndIf
```

```
63    EndIf
64    '以下程序处理手动中状态
65    If M_Manual   = 1 Then              '若系统暂停中或报警中
66        '以下程序处理插槽5挤压机程序的控制
67        If M_Run(5) = 1 Then            '若插槽5运行中
68            XStp 5                       '暂停插槽5
69            Wait M_Wai(5) = 1           '确保插槽5已经暂停
70        EndIf
71        If M_Wai(5) = 1 Then            '若插槽5暂停中
72            XRst 5                       '复位插槽5
73            Wait M_Psa(5) = 1           '程序可选择,确保插槽5已经复位
74        EndIf
75        If M_Psa(5) = 1 Then            '若插槽5程序可选择
76            XClr 5                       '清除插槽5中的程序文件
77            Wait C_Prg(5) = ""          '确保插槽5已经清除程序
78        EndIf
79        '以下程序处理插槽4挤压机程序的控制
80        If M_Run(4) = 1 Then            '若插槽4运行中
81            XStp 4                       '暂停插槽4
82            Wait M_Wai(4) = 1           '确保插槽4已经暂停
83        EndIf
84        If M_Wai(4) = 1 Then            '若插槽4暂停中
85            XRst 4                       '复位插槽4
86            Wait M_Psa(4) = 1           '程序可选择,确保插槽4已经复位
87        EndIf
88        If M_Psa(4) = 1 Then            '若插槽4程序可选择
89            XClr 4                       '清除插槽5中的程序文件
90            Wait C_Prg(4) = ""          '确保插槽4已经清除程序
91        EndIf
92    EndIf
```

需要注意的是，主程序文件 SMain54. prg 在插槽 1 中运行，系统状态控制与指示灯控制程序文件 Button. prg 在插槽 2 中运行，供料控制程序文件 Feed. prg 在插槽 3 中运行，机器人控制程序文件 SCarry54. prg 在插槽 4 中运行。因此，把挤压机控制程序 Processor. prg 放在插槽 5 中运行。

7）设置任务插槽。在任务 5.2 基础上，插槽 1 的程序名选 SMain54. prg，运行模式选 REP，启动条件选 ALWAYS，优先级选 1，写入参数后重启控制器电源，如图 5-31 所示。

8）重启机器人控制器电源后，按下启动按钮，观察挤压动作情况，确认程序是否正确。

四、任务拓展

请用 GoSub 指令优化 "SMain54. prg" 程序语句。

实训任务5.5 上下料工作站之机器人本体控制

一、任务分析

设计一个机器人本体控制程序，控制机器人放置成品、抓取毛坯、抓取成品和套入毛坯的自动上下料程序，并与供料单元、挤压机单元进行交互，实现"挤压机自动上下料"的自动化作业，如图5-34所示。为了配合该部分控制程序调试，需要将任务5.2的系统状态监控程序"Button. prg"、供料单元的控制程序"Feed. prg"和挤压机控制程序"Processor. prg"下载至控制器中配合调试。要求按一次控制盒上的启动按钮后，供料单元开始供料。若抓手2已抓成品，则机器人本体移动至料仓，用抓手2放置成品；若抓手2未抓成品，则机器人本体移动至供料台，用抓手1抓取毛坯。机器人本体移动至挤压机主轴，若抓手1已套入毛坯，则用抓手2取出成品；用抓手1套入毛坯。挤压机单元开始加工；整个上下料作业系统按照上述循环周而复始地工作。通过控制盒控制程序的启动、暂停与复位。

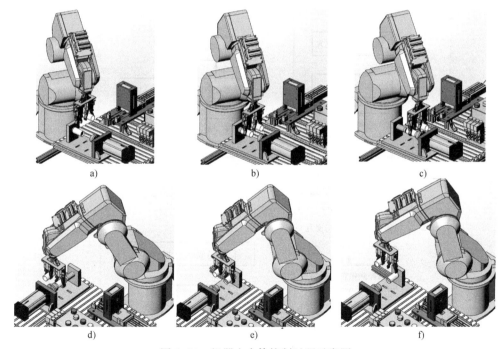

图5-34 机器人本体控制过程示意图

a) 成品下料前 b) 成品抓料中 c) 成品下料后 d) 毛坯上料前 e) 毛坯抓料中 f) 毛坯上料后

二、相关知识链接

该任务主要训练对全局变量、多任务控制功能以及机器人系统控制外部设备的运用能力。

涉及的知识：变量的基本知识，全局变量的定义与使用相关知识；条件判断语句的相关功能与语法知识；循环控制语句；Wait语句相关功能与语法知识；输入输出变量相关功能与语法知识；多任务插槽控制指令与多任务插槽特殊状态变量相关功能与语法知识。

三、任务实施

1) 控制流程设计。供料单元控制程序及其与机器人本体控制程序之间交互与任务 5.3 一样;挤压机控制程序及其与机器人本体控制程序之间的交互与任务 5.4 一样。本次任务开始,对机器人本体控制程序内部进行修改,实现毛坯和成品的自动上下料作业,机器人本体控制流程图如图 5-35 所示。在该控制流程中,供料单元控制流程图及挤压机控制流程

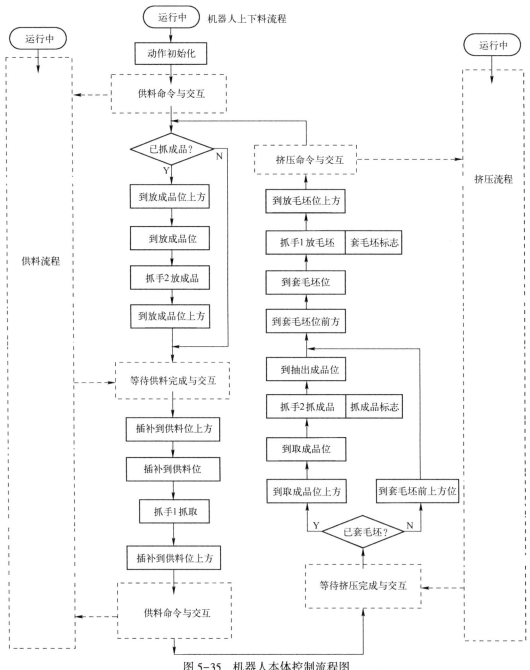

图 5-35 机器人本体控制流程图

图请参考图 5-30 和图 5-33。在机器人本体第一个工作循环中，由于还没有加工成品，因此不需要抓取成品和放置成品。

2）在前一个任务所创建的全局变量定义程序文件"100. prg"中，添加以下全局变量定义语句：

```
26 Def Inte M_HdCmd1      '抓手 1 控制
27 Def Inte M_HdCl1       '抓手 1 闭合检测
28 Def Inte M_HdOp1       '抓手 1 张开检测
29 Def Inte M_HdCmd2      '抓手 2 控制
30 Def Inte M_HdCl2       '抓手 2 闭合检测
31 Def Inte M_HdOp2       '抓手 2 张开检测
32 Def Inte M_Put1        '抓手 1 已套入毛坯标志
33 Def Inte M_Get2        '抓手 2 已抓取成品标志
```

3）创建机器人本体控制程序文件 SCarry55. prg，针对上述控制流程与规则，编写程序语句如下：

```
 1 GoSub ＊SINTI               '机器人本体初始化程序
 2 GoSub ＊SFdCmd              '供料命令及交互程序
 3 ＊LMain                     '任务主程序入口
 4     GoSub ＊SPut2           '抓手 2 放成品
 5     GoSub ＊SFdOkAns        '等待供料完成及应答交互程序
 6     GoSub ＊SGet1           '抓手 1 抓毛坯
 7     GoSub ＊SFdCmd          '供料命令及交互程序
 8     GoSub ＊SProOkAns       '等待挤压机完成及交互
 9     GoSub ＊SLoad           '抓手 2 抓取成品和抓手 1 放置毛坯
10     GoSub ＊SProCmd         '挤压命令及交互
11 GoTo ＊LMain                '跳至任务主程序入口
12 End
13 """"""""""""""""""""""""""""""""""""""""""""""""""""""""
14 '＊＊＊＊＊＊＊＊＊＊＊＊＊＊＊＊＊＊＊＊＊＊＊＊＊＊＊＊＊＊
15 ＊SINTI                     '机器人本体初始化程序
16     GetM 1                  '获取机器人本体控制权
17     M_HdCmd1 = 4            '分配抓手 1 的控制信号地址
18     M_HdCl1 = 4             '分配抓手 1 闭合信号地址
19     M_HdOp1 = 5             '分配抓手 1 打开信号地址
20     M_HdCmd2 = 5            '分配抓手 2 的控制信号地址
21     M_HdCl2 = 6             '分配抓手 2 闭合信号地址
22     M_HdOp2 = 7             '分配抓手 2 打开信号地址
23     M_Put1 = 0              '抓手 1 已套入毛坯标志清零
24     M_Get2 = 0              '抓手 2 已抓取成品标志清零
25     M_Out( M_HdCmd1) = 0    '抓手 1 打开
26     Wait M_In( M_HdOp1) = 1 '等待抓手 1 打开
```

```
27      M_Out( M_HdCmd2) = 0        '抓手 2 打开
28      Wait M_In( M_HdOp2) = 1     '等待抓手 1 打开
29      Servo On                     '伺服上电命令
30      Wait M_Svo = 1               '等待机器人完成伺服上电
31      PCurr = P_Curr               '获取机器人工具坐标系的当前位姿数据
32      PCurr. Z = 600               "把当前位置的高度修改为 600 mm
33      While PosCq( PCurr) <>1      '判断当前位置的安全高度是否可到达
34          PCurr. Z =   PCurr. Z - 30   '将安全高度下降 30 mm
35      WEnd
36      Spd 100                      "设置线性速度为 100 mm/s
37      Mvs PCurr                    '从当前位置直线上升至安全高度
38      Dly 0. 1                     '等待 0.1 s
39 Return
40 '''''''''''''''''''''''''''''''''''''''''''''''''''''''''''''''''''
41 '********************************
42  *SPut2                          '抓手 2 放成品
43      IfM_Get2 = 1 Then           '如果抓手 2 已抓取成品
44          JOvrd 100               '关节插补速度比例为 100%
45          Mov PPut2,-30           '关节插补至成品放置位上方 30 mm 处
46          Spd 50                  '直线插补速度为 50 mm/s
47          Mvs PPut2               '直线插补至成品放置位
48          Dly 0. 1                '延时 0.1 s
49          M_Out( M_HdCmd2) = 0    '打开抓手 2
50          Wait M_In( M_HdOp2) = 1 '等待抓手 2 已打开
51      Mvs PPut,-30                '直线插补至成品放置位上方 30 mm 处
52      EndIf
53 Return
54 '''''''''''''''''''''''''''''''''''''''''''''''''''''''''''''''''''
55 '********************************
56  *SFdCmd                         '供料命令及交互
57      M_FdCmd = 1                 '供料命令输出
58      Wait M_FdCmdAns = 1         '等待供料命令应答输出
59      M_FdCmd = 0                 '供料命令清零
60      Wait M_FdCmdAns = 0         '等待供料命令应答清零
61 Return
62 '********************************
63  *SFdOkAns                       '供料完成应答及交互
64      Wait M_FdOk = 1            '等待供料完成标志输出
65      M_FdOkAns = 1             '供料完成标志应答输出
66      Wait M_FdOk = 0           '等待供料完成标志清零
67      M_FdOkAns = 0            '供料完成标志应答清零
68 Return
```

```
69 '**************************************
70  *SGet1                              '抓取毛坯工件程序
71     Mov PGet1,-150                   '插补到毛坯抓取位上方150mm处
72     Dly 0.1                          '延时0.1s
73     Mvs PGet1                        '插补到毛坯抓取位
74     Dly 0.1                          '延时0.1s
75     M_Out(M_HdCmd1) = 1              '闭合毛坯抓手
76     Wait M_In(M_HdCl1) = 1           '等待抓手1闭合
77     Mvs PGet1,-150                   '插补到毛坯抓取位上方150mm处
78 Return
79 '''''''''''''''''''''''''''''''''''''''''''
80 '**************************************
81  *SProOkAns                         '挤压完成应答及交互
82     Wait M_ProOk = 1                 '等待供料完成标志输出
83     M_ProOkAns = 1                   '供料完成标志应答输出
84     Wait M_ProOk = 0                 '等待供料完成标志清零
85     M_ProOkAns = 0                   '供料完成标志应答清零
86 Return
87 '''''''''''''''''''''''''''''''''''''''''''
88 '**************************************
89  *SLoad                             '抓取成品方式毛坯
90     If M_Put1 = 1 Then               '如果抓手1已套毛坯
91        JOvrd 100                     '关节插补速度比例为100%
92        Mov PGet2,-150                '关节插补到毛坯放置位上方50mm处
93        Spd 50                        '直线插补速度为50mm/s
94        Mvs PGet2                     '直线插补到毛坯放置位
95        Dly 0.1                       '延时0.1s
96        M_Out(M_HdCmd2) = 1           '闭合抓手2,抓取成品
97        Wait M_In(M_HdCl2) = 1        '等待抓手2闭合
98        M_Get2 = 1                    '抓手2已抓成品标志置位
99        Spd 50                        '直线插补速度为50mm/s
100       Mvs PGet2F                    '直线插补到抽出成品位
101    Else                            '如果抓手1未套毛坯
102       JOvrd 100                     '关节插补速度比例为100%
103       Mov PPut1F,-150               '关节插补到抓手1套毛坯前位上方150mm处
104    EndIf
105    Spd 50                          '直线插补速度为50mm/s
106    Mvs PPut1F                      '直线插补到抓手1套毛坯前位
107    Dly 0.1                         '延时0.1s
108    Mvs PPut1                       '直线插补到抓手1套毛坯位
109    Dly 0.1                         '延时0.1s
110    M_Out(M_HdCmd1) = 0             '打开抓手1,放置毛坯
```

```
111    Wait M_In(M_HdOp1) = 1            '等待抓手1打开
112    M_Put1 = 1                        '抓手1已套毛坯标志置位
113    Mvs PPut1,-150                    '直线插补到抓手1套毛坯位上方150mm处
114 Return
115 '**********************************
116 '**********************************
117  *SProCmd                           '挤压加工命令及交互
118    M_ProCmd = 1                      '挤压命令输出
119    Wait M_ProCmdAns = 1             '等待加压命令应答输出
120    M_ProCmd = 0                      '挤压命令清零
121    Wait M_ProCmdAns = 0             '等待挤压命令应答清零
122 Return
123 ''''''''''''''''''''''''''''''''''''''''''''''''''''
```

4）将任务5.3创建的供料单元控制程序文件"Feed. prg"和任务5.4创建的挤压机控制程序文件"Processor. prg"下载至机器人控制中。

5）在任务5.2基础上，根据系统状态情况，控制插槽3、4和5是否加载、运行、暂停和复位供料单元控制程序文件"Feed. prg"、机器人控制程序文件"SCarry55. prg"和挤压机控制程序文件"Processor. prg"。若系统待机中，分别将程序文件"Feed. prg""SCarry55. prg"和"Processor. prg"加载至插槽3、4和5中；若系统运行中，运行插槽3、4和5；若系统暂停中，暂停插槽3、4和5；若系统报警中，暂停插槽3、4和5；若系统手动中，清除插槽3、4和5内的任何程序文件。当工作站系统处于自动模式待机中，则将所有相关标志位复位。

6）创建任务主程序文件SMain55. prg，根据上述控制规则，编写程序语句如下：

```
1 RelM                                '释放所在插槽对机器人本体的控制权
2 '以下程序处理待机中状态
3 If M_Waiting = 1 Then                '若系统待机中
4      '以下程序处理插槽5供料程序的控制
5      If M_Run(5) = 1 Then            '若插槽5运行中
6          XStp 5                      '暂停插槽5
7          Wait M_Wai(5) = 1          '确保插槽5已经暂停
8      EndIf
9      If M_Wai(5) = 1 Then            '若插槽5暂停中
10         XRst 5                      '复位插槽5
11         Wait M_Psa(5) = 1          '程序可选择,确保插槽5已经复位
12     EndIf
13     If M_Psa(5) = 1 Then            '若插槽5程序可选择
14         If C_Prg(5) <> "Processor" Then    '若插槽5中的程序名不是Processor
15             XLoad 5,"Processor"     '插槽5加载程序文件Processor. prg
16             Wait C_Prg(5) = "Processor"    '确保插槽5已经加载供料程序
17         EndIf
```

18　　　EndIf

19　　M_ProCmdAns = 0　　　　　　　　　'挤压命令应答

20　　M_ProOk = 0　　　　　　　　　　　'挤压完成标志清零

21　　'以下程序处理插槽 4 机器人本体程序的控制

22　　If M_Run(4) = 1 Then　　　　　　　　'若插槽 4 运行中

23　　　　XStp 4　　　　　　　　　　　　'暂停插槽 4

24　　　　Wait M_Wai(4) = 1　　　　　　　'确保插槽 4 已经暂停

25　　EndIf

26　　If M_Wai(4) = 1 Then　　　　　　　'若插槽 4 暂停中

27　　　　XRst 4　　　　　　　　　　　　'复位插槽 4

28　　　　Wait M_Psa(4) = 1　　　　　　　'程序可选择,确保插槽 4 已经复位

29　　EndIf

30　　If M_Psa(4) = 1 Then　　　　　　　'若插槽 4 程序可选择

31　　　　If C_Prg(4) <> "SCarry55" Then　　'若插槽 4 中的程序名不是 SCarry55

32　　　　　　XLoad 4,"SCarry55"　　　　'插槽 4 加载程序文件 SCarry55. prg

33　　　　　　Wait C_Prg(4) = "SCarry55"　'确保插槽 4 已经加载机器人本体控制程序

34　　　　EndIf

35　　EndIf

36　　M_FdCmd = 0　　　　　　　　　　'供料命令清零

37　　M_FdOkAns = 0　　　　　　　　　'供料完成应答清零

38　M_ProCmd = 0　　　　　　　　　　'挤压命令清零

39　　M_ProOkAns = 0　　　　　　　　'挤压完成应答清零

40　　M_Put1 = 0

41　　M_Get2 = 0

42　　'以下程序处理插槽 3 供料程序的控制

43　　If M_Run(3) = 1 Then　　　　　　　'若插槽 3 运行中

44　　　　XStp 3　　　　　　　　　　　　'暂停插槽 3

45　　　　Wait M_Wai(3) = 1　　　　　　　'确保插槽 3 已经暂停

46　　EndIf

47　　If M_Wai(3) = 1 Then　　　　　　　'若插槽 3 暂停中

48　　　　XRst 3　　　　　　　　　　　　'复位插槽 3

49　　　　Wait M_Psa(3) = 1　　　　　　　'程序可选择,确保插槽 3 已经复位

50　　EndIf

51　　If M_Psa(3) = 1 Then　　　　　　　'若插槽 3 程序可选择

52　　　　If C_Prg(3) <> "Feed" Then　　　'若插槽 3 中的程序名不是 Feed

53　　　　　　XLoad 5,"Feed"　　　　　　'插槽 3 加载程序文件 Feed. prg

54　　　　　　Wait C_Prg(3) = "Feed"　　'确保插槽 3 已经加载供料程序

55　　　　EndIf

56　　EndIf

57　　M_FdCmdAns = 0　　　　　　　　'供料命令应答清零

58　　M_FdOk = 0　　　　　　　　　　'供料完成标志清零

59 EndIf

```
60 '以下程序处理运行中状态
61 If M_Running   = 1 Then                     '若系统运行中
62    '以下程序处理插槽 5 挤压机程序的控制
63    If M_Run(5) = 0 Then                     '若插槽 5 没有运行中
64       XRun 5                                '运行插槽 5
65       Wait M_Run(5) = 1                     '确保插槽 5 已经运行
66    EndIf
67    '以下程序处理插槽 4 机器人本体程序的控制
68    If M_Run(4) = 0 Then                     '若插槽 4 没有运行中
69       XRun 4                                '运行插槽 4
70       Wait M_Run(4) = 1                     '确保插槽 4 已经运行
71    EndIf
72    '以下程序处理插槽 3 供料机程序的控制
73    If M_Run(3) = 0 Then                     '若插槽 3 没有运行中
74       XRun 3                                '运行插槽 3
75       Wait M_Run(3) = 1                     '确保插槽 3 已经运行
76    EndIf
77 EndIf
78 '以下程序处理暂停中或报警中状态
79 If M_STPing   = 1 Or M_ALMing = 1 Then      '若系统暂停中或报警中
80    '以下程序处理插槽 5 挤压机程序的控制
81    If M_Wai(5) = 0 Then                     '若插槽 5 没有暂停中
82       XStp 5                                '暂停插槽 5
83       Wait M_Wai(5) = 1                     '确保插槽 5 已经暂停
84    EndIf
85    '以下程序处理插槽 4 机器人本体程序的控制
86    If M_Wai(4) = 0 Then                     '若插槽 4 没有暂停中
87       XStp 4                                '暂停插槽 4
88       Wait M_Wai(4) = 1                     '确保插槽 4 已经暂停
89    EndIf
90    '以下程序处理插槽 3 供料机程序的控制
91    If M_Wai(3) = 0 Then                     '若插槽 3 没有暂停中
92       XStp 3                                '暂停插槽 3
93       Wait M_Wai(3) = 1                     '确保插槽 3 已经暂停
94    EndIf
95 EndIf
96 '以下程序处理手动中状态
97 If M_Manual   = 1 Then                      '若系统暂停中或报警中
98    '以下程序处理插槽 5 挤压机程序的控制
99    If M_Run(5) = 1 Then                     '若插槽 5 运行中
100       XStp 5                               '暂停插槽 5
101       Wait M_Wai(5) = 1                    '确保插槽 5 已经暂停
```

102	EndIf	
103	If M_Wai(5) = 1 Then	'若插槽 5 暂停中
104	XRst 5	'复位插槽 5
105	Wait M_Psa(5) = 1	'程序可选择,确保插槽 5 已经复位
106	EndIf	
107	If M_Psa(5) = 1 Then	'若插槽 5 程序可选择
108	XClr 5	'清除插槽 5 中的程序文件
109	Wait C_Prg(5) = " "	'确保插槽 5 已经清除程序
110	EndIf	
111	'以下程序处理插槽 4 挤压机程序的控制	
112	If M_Run(4) = 1 Then	'若插槽 4 运行中
113	XStp 4	'暂停插槽 4
114	Wait M_Wai(4) = 1	'确保插槽 4 已经暂停
115	EndIf	
116	If M_Wai(4) = 1 Then	'若插槽 4 暂停中
117	XRst 4	'复位插槽 4
118	Wait M_Psa(4) = 1	'程序可选择,确保插槽 4 已经复位
119	EndIf	
120	If M_Psa(4) = 1 Then	'若插槽 4 程序可选择
121	XClr 4	'清除插槽 5 中的程序文件
122	Wait C_Prg(4) = " "	'确保插槽 4 已经清除程序
123	EndIf	
124	'以下程序处理插槽 3 供料机程序的控制	
125	If M_Run(3) = 1 Then	'若插槽 3 运行中
126	XStp 3	'暂停插槽 3
127	Wait M_Wai(3) = 1	'确保插槽 3 已经暂停
128	EndIf	
129	If M_Wai(3) = 1 Then	'若插槽 3 暂停中
130	XRst 3	'复位插槽 3
131	Wait M_Psa(3) = 1	'程序可选择,确保插槽 3 已经复位
132	EndIf	
133	If M_Psa(3) = 1 Then	'若插槽 3 程序可选择
134	XClr 3	'清除插槽 3 中的程序文件
135	Wait C_Prg(3) = " "	'确保插槽 3 已经清除程序
136	EndIf	
137	EndIf	

需要注意的是,主程序文件 SMain55. prg 在插槽 1 中运行,系统状态控制与指示灯控制程序文件 Button. prg 在插槽 2 中运行,供料控制程序文件 Feed. prg 在插槽 3 中运行,机器人控制程序文件 SCarry55. prg 在插槽 4 中运行,挤压机控制程序 Processor. prg 放在插槽 5 中运行。

由于机器人本体的控制发生在插槽 4 中的程序文件 SCarry55. prg 内,默认具备机器控制权的插槽 1 中没有控制机器人本体的程序语句。因此，在插槽 1 中的程序文件 SMain55. prg 内释放机器人控制权后，再在插槽 4 中的程序文件 SCarry55. prg 内获取机器控制权。

7）设置任务插槽：在任务 5.2 基础上，插槽 1 的程序名选 SMain55. prg，运行模式选 REP，启动条件选 ALWAYS，优先级选 1，写入参数后重启控制器电源，如图 5-31 所示。

8）重启机器人控制器电源后，按下启动按钮，观察机器人动作情况，确认程序是否正确。

四、任务拓展

请用 GoSub 指令优化 "SMain55. prg" 程序语句。

参 考 文 献

[1] 李卫国. 工业机器人基础 [M]. 北京：北京理工大学出版社，2018.

[2] 许文稼，张飞. 工业机器人技术基础 [M]. 北京：高等教育出版社，2017.

[3] 刘小波. 工业机器人技术基础 [M]. 北京：机械工业出版社，2016.

[4] 张宪民，杨立新，黄沿江. 工业机器人应用基础 [M]. 北京：机械工业出版社，2015.

[5] 蔡自兴. 机器人学 [M]. 北京：清华大学出版社，2000.

[6] 孙树栋. 工业机器人技术基础 [M]. 西安：西北工业大学出版社，2007.

[7] 汤晓华，蒋正炎，陈永，等. 工业机器人应用技术 [M]. 北京：高等教育出版社，2015.

[8] 王保军，滕少锋. 工业机器人基础 [M]. 武汉：华中科技大学出版社，2015.

[9] 韩建海. 工业机器人 [M]. 武汉：华中科技大学出版社，2015.

[10] 三菱电机自动化（中国）有限公司. CR750/CR751/CR760 系列控制器的操作说明书：功能和操作的详细说明 [Z]. 2015.

[11] 三菱电机自动化（中国）有限公司. CR750/CR751/CR760 系列控制器的操作说明书：从控制器安装及基本操作到维护 [Z]. 2015.

[12] 三菱电机自动化（中国）有限公司. RT ToolBox3 / RT ToolBox3 mini 操作说明书 [Z]. 2015.

[13] 三菱电机自动化（中国）有限公司. RT ToolBox3 Pro MELFA-Works 功能说明书 [Z]. 2017.

[14] 三菱电机自动化（中国）有限公司官方网站，http://cn.mitsubishielectric.com/fa/zh/.

[15] 三菱电机自动化（中国）有限公司资料中心网站 https://mitsubishielectric.yangben.cn/assets/51447151038d45ff881ac6bbad6f387f.